KB132661
연산 능력 강화
개념 기억력 강화
기초력 완성

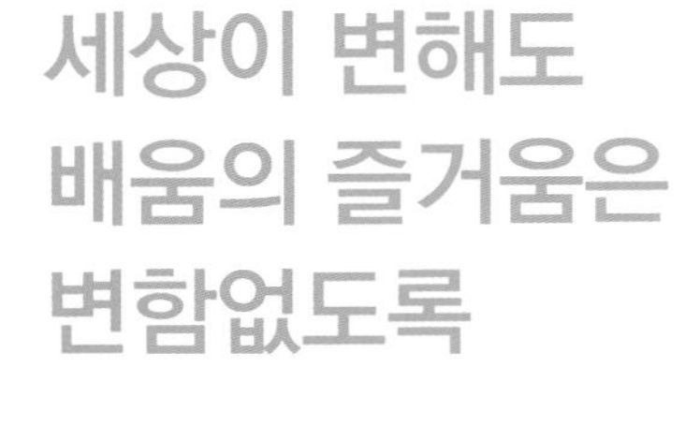
세상이 변해도
배움의 즐거움은
변함없도록

개념+연산

초등수학 수와 연산 한눈에 보기

수와 연산

1학년

1-1 9까지의 수
- 1부터 9까지의 수
- 몇째
- 수의 순서
- 1만큼 더 큰 수, 1만큼 더 작은 수
- 두 수의 크기 비교

1-1 덧셈과 뺄셈
- 9까지의 수 모으기와 가르기
- 더하기, 빼기 나타내기
- 덧셈하기
- 뺄셈하기
- 0을 더하거나 빼기

1-1 50까지의 수
- 10 / 십몇
- 19까지의 수 모으기와 가르기
- 몇십 / 몇십몇
- 수의 순서
- 수의 크기 비교

1-2 100까지의 수
- 60, 70, 80, 90
- 99까지의 수
- 수의 순서
- 수의 크기 비교
- 짝수와 홀수

1-2 덧셈과 뺄셈 (1)
- 받아올림이 없는 (몇십몇)+(몇), (몇십)+(몇십), (몇십몇)+(몇십몇)
- 받아내림이 없는 (몇십몇)−(몇), (몇십)−(몇십), (몇십몇)−(몇십몇)

1-2 덧셈과 뺄셈 (2)
- 계산 결과가 한 자리 수인 세 수의 덧셈과 뺄셈
- 두 수를 더하기
- 10이 되는 더하기
- 10에서 빼기
- 두 수의 합이 10인 세 수의 덧셈

1-2 덧셈과 뺄셈 (3)
- 10을 이용하여 모으기와 가르기
- 받아올림이 있는 (몇)+(몇)
- 받아내림이 있는 (십몇)−(몇)

2학년

2-1 세 자리 수
- 100 / 몇백
- 세 자리 수
- 각 자리의 숫자가 나타내는 수
- 뛰어서 세기
- 수의 크기 비교

2-1 덧셈과 뺄셈
- 받아올림이 있는 (두 자리 수)+(한 자리 수), (두 자리 수)+(두자리 수)
- 여러 가지 방법으로 덧셈하기
- 받아내림이 있는 (두 자리 수)−(한 자리 수), (몇십)−(몇십몇), (두 자리 수)−(두 자리 수)
- 여러 가지 방법으로 뺄셈하기

2-1 곱셈
- 여러 가지 방법으로 세어 보기
- 묶어 세어 보기
- 몇의 몇 배
- 곱셈식

2-2 네 자리 수
- 1000 / 몇천
- 네 자리 수
- 각 자리의 숫자가 나타내는 수
- 뛰어서 세기
- 수의 크기 비교

2-2 곱셈구구
- 2단 곱셈구구
- 5단 곱셈구구
- 3단, 6단 곱셈구구
- 4단, 8단 곱셈구구
- 7단 곱셈구구
- 9단 곱셈구구
- 1단 곱셈구구 / 0의 곱
- 곱셈표 만들기

3학년

3-1 덧셈과 뺄셈
- (세 자리 수)+(세 자리 수)
- (세 자리 수)−(세 자리 수)

3-1 나눗셈
- 똑같이 나누어 보기
- 곱셈과 나눗셈의 관계
- 나눗셈의 몫을 곱셈식으로 구하기
- 나눗셈의 몫을 곱셈구구로 구하기

3-1 곱셈
- (몇십)×(몇)
- (몇십몇)×(몇)

3-1 분수와 소수
- 똑같이 나누어 보기
- 분수
- 분모가 같은 분수의 크기 비교
- 단위분수의 크기 비교
- 소수
- 소수의 크기 비교

3-2 곱셈
- (세 자리 수)×(한 자리 수)
- (몇십)×(몇십), (몇십몇)×(몇십)
- (몇)×(몇십몇)
- (몇십몇)×(몇십몇)

3-2 나눗셈
- (몇십)÷(몇)
- (몇십몇)÷(몇)
- (세 자리 수)÷(한 자리 수)

3-2 분수
- 분수로 나타내기
- 분수만큼은 얼마인지 알아보기
- 진분수, 가분수, 자연수, 대분수
- 분모가 같은 분수의 크기 비교

잘라서 사용할 수 있습니다.

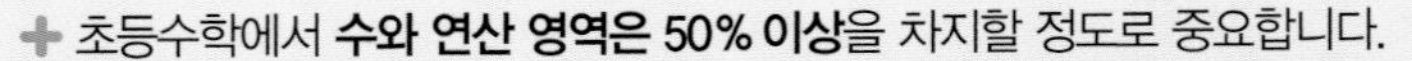

- 초등수학에서 **수와 연산 영역은 50% 이상**을 차지할 정도로 중요합니다.
- 수와 연산 영역의 핵심은 **수의 개념**을 알고, **계산을 정확하고 빠르게** 할 수 있는 **계산력**입니다.
- 수와 연산 영역에서 빈틈이 있는지 점검하고, 빈틈이 있다면 그 부분의 **계산력을 단단히** 다져보세요.

4학년

4-1 큰 수
- 10000
- 다섯 자리 수
- 십만, 백만, 천만
- 억, 조
- 뛰어서 세기
- 수의 크기 비교

4-1 곱셈과 나눗셈
- (세 자리 수)×(몇십)
- (세 자리 수)×(두 자리 수)
- (세 자리 수)÷(몇십)
- (두 자리 수)÷(두 자리 수), (세 자리 수)÷(두 자리 수)

4-2 분수의 덧셈과 뺄셈
- 두 진분수의 덧셈
- 두 진분수의 뺄셈, 1−(진분수)
- 대분수의 덧셈
- (자연수)−(분수)
- (대분수)−(대분수), (대분수)−(가분수)

4-2 소수의 덧셈과 뺄셈
- 소수 두 자리 수 / 소수 세 자리 수
- 소수의 크기 비교
- 소수 사이의 관계
- 소수 한 자리 수의 덧셈과 뺄셈 / 소수 두 자리 수의 덧셈과 뺄셈

5학년

5-1 자연수의 혼합 계산
- 덧셈과 뺄셈이 섞여 있는 식
- 곱셈과 나눗셈이 섞여 있는 식
- 덧셈, 뺄셈, 곱셈이 섞여 있는 식
- 덧셈, 뺄셈, 나눗셈이 섞여 있는 식
- 덧셈, 뺄셈, 곱셈, 나눗셈이 섞여 있는 식

5-1 약수와 배수
- 약수와 배수
- 약수와 배수의 관계
- 공약수와 최대공약수
- 공배수와 최소공배수

5-1 약분과 통분
- 크기가 같은 분수
- 약분
- 통분
- 분수의 크기 비교
- 분수와 소수의 크기 비교

5-1 분수의 덧셈과 뺄셈
- 진분수의 덧셈
- 대분수의 덧셈
- 진분수의 뺄셈
- 대분수의 뺄셈

5-2 분수의 곱셈
- (분수)×(자연수)
- (자연수)×(분수)
- (진분수)×(진분수)
- (대분수)×(대분수)

5-2 소수의 곱셈
- (소수)×(자연수)
- (자연수)×(소수)
- (소수)×(소수)
- 곱의 소수점의 위치

6학년

6-1 분수의 나눗셈
- (자연수)÷(자연수)의 몫을 분수로 나타내기
- (분수)÷(자연수)
- (대분수)÷(자연수)

6-1 소수의 나눗셈
- (소수)÷(자연수)
- (자연수)÷(자연수)의 몫을 소수로 나타내기
- 몫의 소수점 위치 확인하기

6-2 분수의 나눗셈
- (분수)÷(분수)
- (분수)÷(분수)를 (분수)×(분수)로 나타내기
- (자연수)÷(분수), (가분수)÷(분수), (대분수)÷(분수)

6-2 소수의 나눗셈
- (소수)÷(소수)
- (자연수)÷(소수)
- 소수의 나눗셈의 몫을 반올림하여 나타내기

자연수	분수의 덧셈과 뺄셈
자연수의 덧셈과 뺄셈	소수의 덧셈과 뺄셈
자연수의 곱셈	분수의 곱셈과 나눗셈
자연수의 나눗셈	소수의 곱셈과 나눗셈
자연수의 혼합 계산	

개념+연산

초등수학

10 단계

5·2

구성과 특징

개념 + 드릴

기억에 오래 남는 **한 컷 개념**과 **계산력 강화를 위한 드릴 문제 4쪽**으로 수와 연산을 익혀요.

연산

계산력 강화 단원

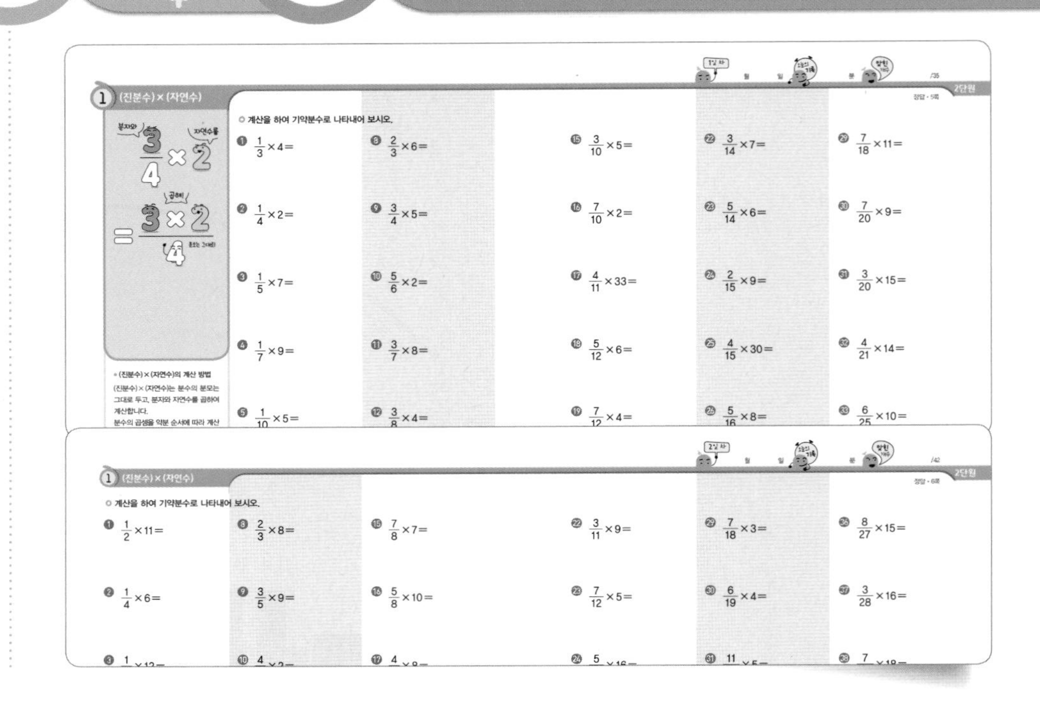

개념 + 익힘

기억에 오래 남는 **한 컷 개념**과 **기초 개념 강화를 위한 익힘 문제 2쪽**으로 도형, 측정 등을 익혀요.

도형, 측정 등

기초 개념 강화 단원

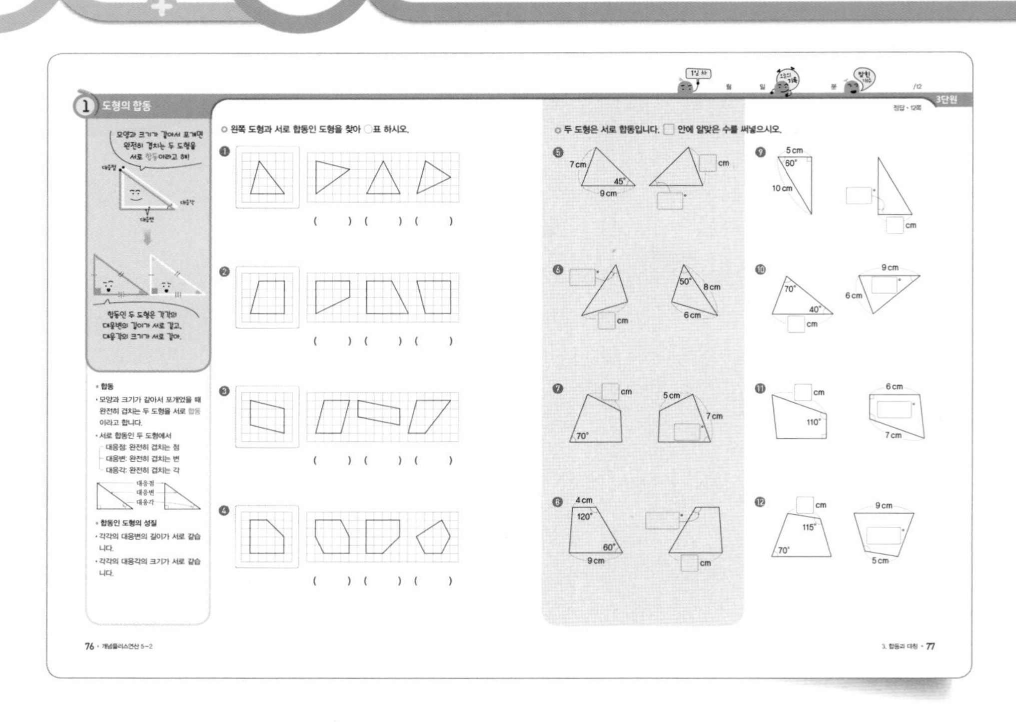

매일 2쪽으로

연산력을 강화해요!

적용

다양한 유형의 연산 문제에 **적용 능력**을 키워요.

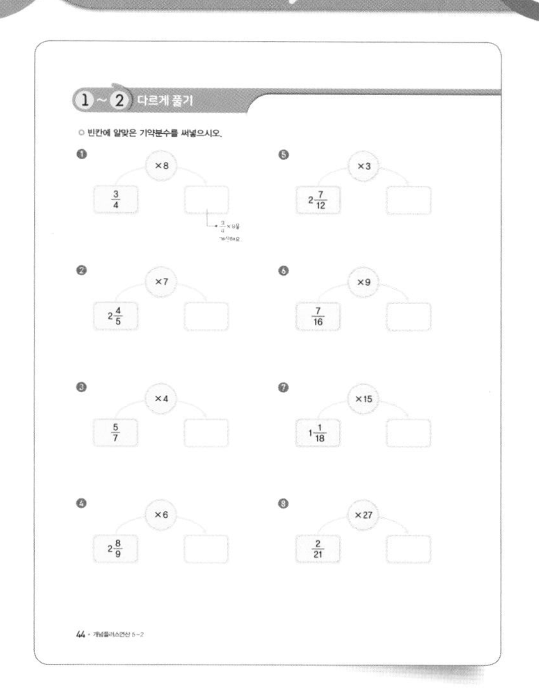

특강

비법 강의로 빠르고 정확한 **연산력을 강화**해요.

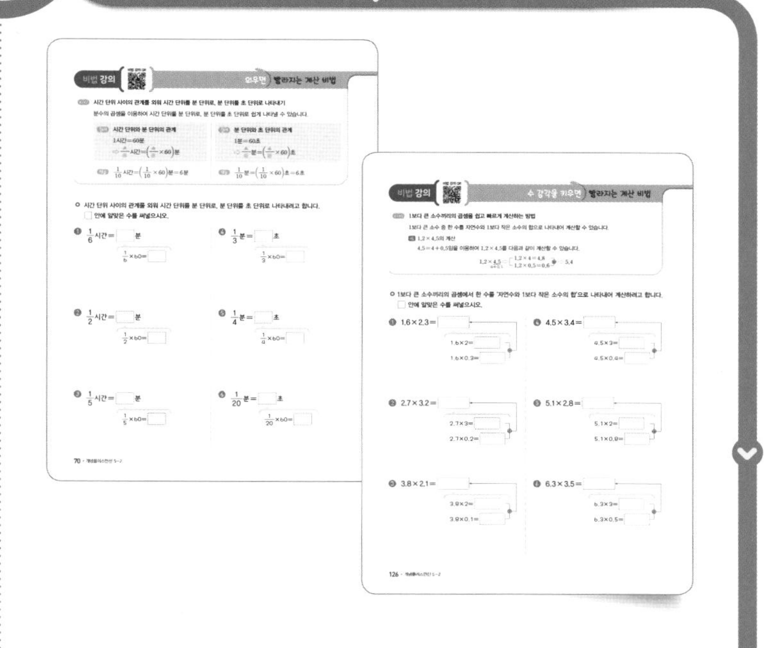

외우면 빨라지는 자주 나오는 계산의 결과를 외워 계산 시간을 줄여요.

수 감각을 키우면 수를 분해하고 합성하여 계산하는 방법을 익혀요.

평가로 마무리~!

평가

단원별로 **연산력을 평가**해요.

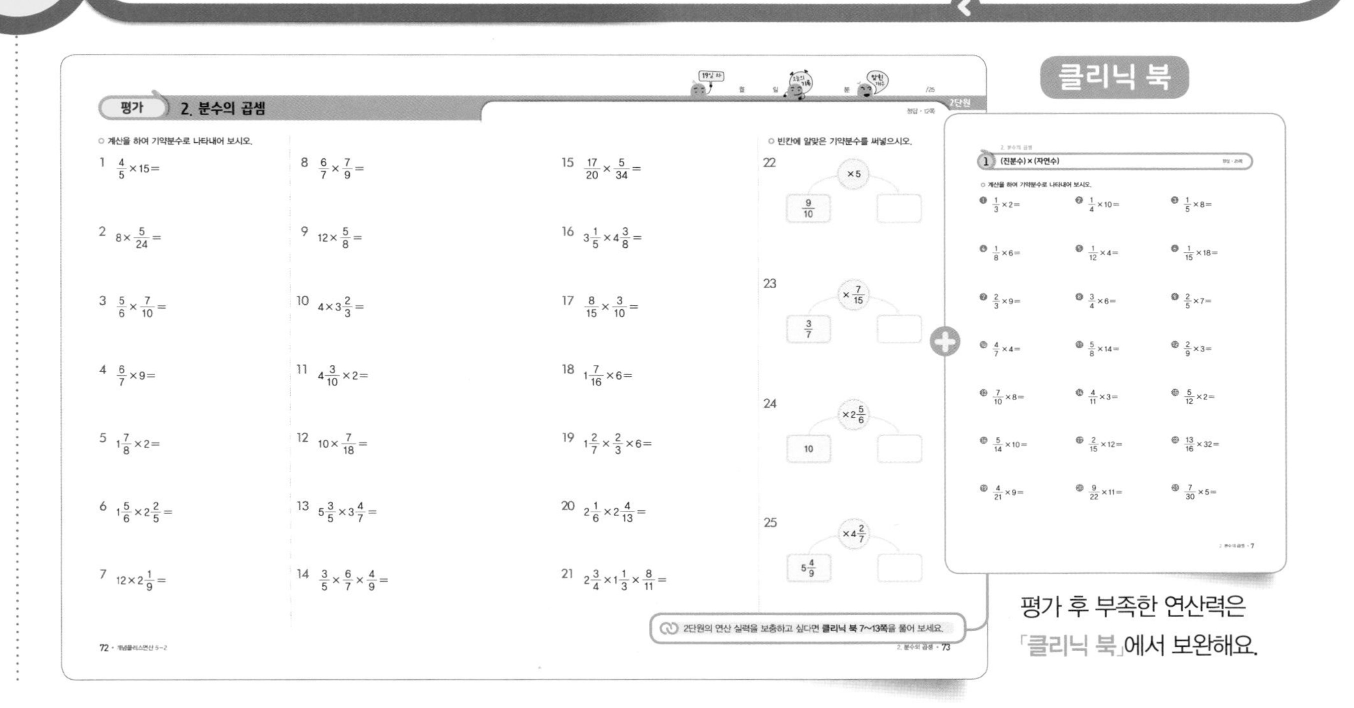

클리닉 북

평가 후 부족한 연산력은 「클리닉 북」에서 보완해요.

차례

5-2에서 배울 내용을 확인해요!

수의 범위와 어림하기

학습하는 데 걸린 시간을 작성해 봐요!

학습 내용	학습 회차	걸린 시간
1 이상과 이하	1일 차	/6분
	2일 차	/10분
2 초과와 미만	3일 차	/6분
	4일 차	/10분
1 ~ 2 다르게 풀기	5일 차	/12분
3 올림	6일 차	/5분
	7일 차	/7분
4 버림	8일 차	/5분
	9일 차	/7분
5 반올림	10일 차	/5분
	11일 차	/7분
3 ~ 5 다르게 풀기	12일 차	/20분
평가 1. 수의 범위와 어림하기	13일 차	/14분

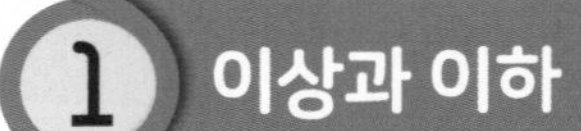

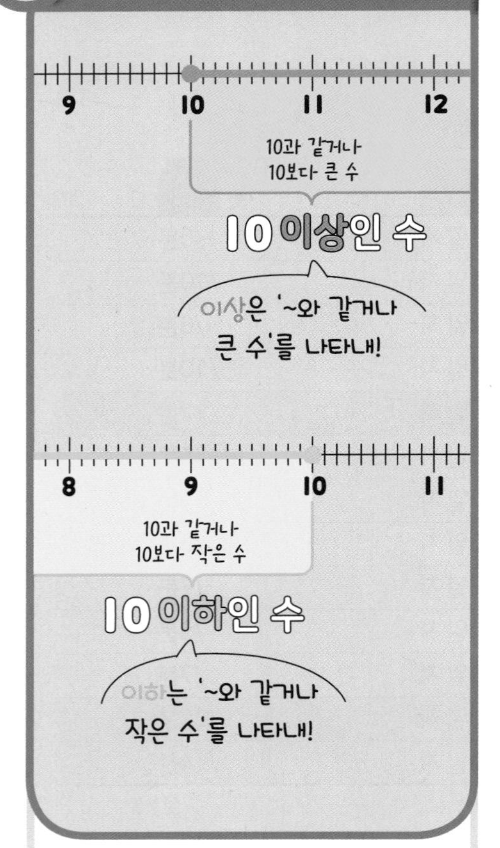

- 이상과 이하
- ■ 이상인 수: ■와 같거나 큰 수

예 10 이상인 수: 10, 11.5, 12 등과 같이 10과 같거나 큰 수

10 이상인 수는 10을 포함하므로 점 •을 사용해서 나타냅니다.

9 10 11 12

- ▲ 이하인 수: ▲와 같거나 작은 수

예 10 이하인 수: 10, 9.5, 9 등과 같이 10과 같거나 작은 수

10 이하인 수는 10을 포함하므로 점 •을 사용해서 나타냅니다.

8 9 10 11

- ■ 이상 ▲ 이하인 수: ■와 같거나 크고, ▲와 같거나 작은 수

예 10 이상 13 이하인 수: 10, 11, 12.5, 13 등

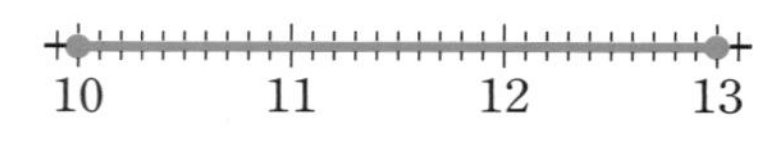

○ 수의 범위에 포함되는 수에 모두 ○표 하시오.

❶ 8 이상인 수

19 7 6 11

❷ 11 이상인 수

13 10 20 5

❸ 17 이상인 수

12 17 31 8

❹ 22 이상인 수

16 40 21 39

❺ 26 이상인 수

26 23 19 31

❻ 34 이상인 수

70 20 35 27

❼ 39 이상인 수

56 18 37 41

❽ 48 이상인 수

25 66 34 72

❾ 50 이상인 수

45 53 60 29

❿ 54 이상인 수

61 54 22 47

⓫ 69 이상인 수

24 62 80 69.5

⓬ 90 이상인 수

89.9 91 47 93

⑬ 7 이하인 수

8	5	10	2

⑭ 13 이하인 수

11	15	7	14

⑮ 17 이하인 수

16	17	46	31

⑯ 25 이하인 수

26	25	19	32

⑰ 29 이하인 수

18	30	36	10

⑱ 36 이하인 수

31	52	27	38

⑲ 49 이하인 수

49	50	17	65

⑳ 53 이하인 수

62	51	54	48

㉑ 65 이하인 수

67	88	65	63

㉒ 71 이하인 수

74	70	68	80

㉓ 86 이하인 수

85	86.3	89	70

㉔ 91 이하인 수

90.9	91	95	100

1 이상과 이하

○ 수의 범위에 포함되는 수에 모두 ◯표 하시오.

❶ 6 이상인 수

5.5	6	8
6.3	3	2

❷ 19 이상인 수

17	20.5	48
18.8	31	14

❸ 43 이상인 수

38	42.5	56
40	43.2	45

❹ 71 이상인 수

80	72.8	70.1
65	61.7	94

❺ 88 이상인 수

77	91	83.7
85	89	93.2

❻ 9 이하인 수

7.4	9	10
15	9.6	8

❼ 30 이하인 수

13	35.8	27
30.9	24	33

❽ 56 이하인 수

40	56.3	58.1
38.7	70	54

❾ 68 이하인 수

83	68	70.3
62	69	67.8

❿ 96 이하인 수

59	49.9	96.5
99.6	98	95

⑪ 5 이상 10 이하인 수 → 5와 같거나 크고, 10과 같거나 작은 수에 ○표 해요.

3.7	5	4
19	9.8	7

⑫ 16 이상 23 이하인 수

15	23	13
20.6	30.1	17

⑬ 20 이상 30 이하인 수

31	29	30.8
16	27.5	24

⑭ 35 이상 42 이하인 수

34	45	37.1
35.2	39	42.3

⑮ 45 이상 53 이하인 수

48	53.7	55
35.8	52	49.6

⑯ 49 이상 59 이하인 수

45.8	49.7	52
60	59.3	50.4

⑰ 51 이상 58 이하인 수

59	58.2	57.9
54	50.3	56

⑱ 57 이상 66 이하인 수

52.4	62	67.2
58	56.9	65

⑲ 61 이상 73 이하인 수

61	70.9	60
75.3	60.8	69.7

⑳ 84 이상 91 이하인 수

90	93.5	80.4
87.3	85	95.6

2 초과와 미만

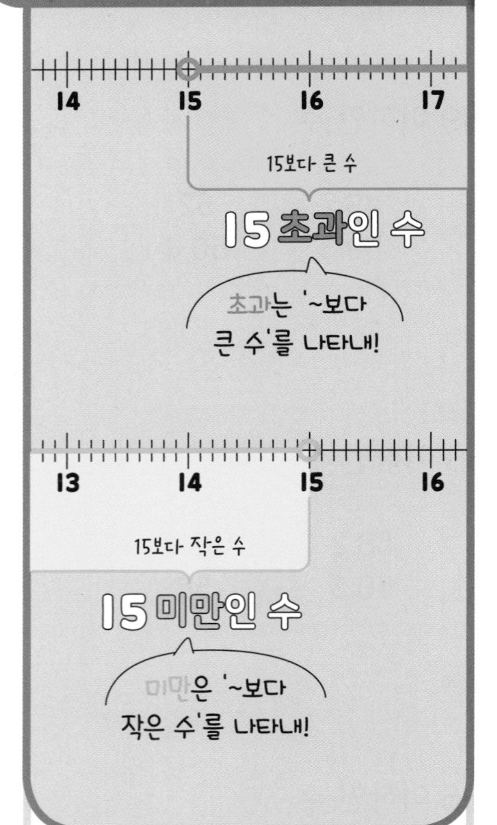

- 초과와 미만
- ● 초과인 수: ●보다 큰 수

  예 15 초과인 수: 15.2, 16, 16.9 등과 같이 15보다 큰 수

  15 초과인 수는 15를 포함하지 않으므로 점 ○을 사용해서 나타냅니다.

  14 15 16 17
- ★ 미만인 수: ★보다 작은 수

  예 15 미만인 수: 14.8, 13.3, 12 등과 같이 15보다 작은 수

  15 미만인 수는 15를 포함하지 않으므로 점 ○을 사용해서 나타냅니다.

  13 14 15 16
- ● 초과 ★ 미만인 수: ●보다 크고 ★보다 작은 수

  예 15 초과 18 미만인 수: 15.4, 16, 17 등

  15 16 17 18

○ 수의 범위에 포함되는 수에 모두 ○표 하시오.

❶ 6 초과인 수

5 8 10 3

❷ 13 초과인 수

12 9 15 17

❸ 17 초과인 수

22 16 11 20

❹ 21 초과인 수

20 25 27 18

❺ 29 초과인 수

21 30 29 34

❻ 34 초과인 수

35 41 20 19

❼ 37 초과인 수

31 40 38 34

❽ 46 초과인 수

48 39 53 45

❾ 52 초과인 수

56 51 60 43

❿ 63 초과인 수

63 72 65 62

⓫ 75 초과인 수

74 79.1 72 80

⓬ 84 초과인 수

83.9 85 84 86

⑬ 9 미만인 수

8	9	7	12

⑭ 14 미만인 수

13	20	15	11

⑮ 18 미만인 수

21	18	13	9

⑯ 22 미만인 수

24	33	17	20

⑰ 27 미만인 수

26	22	31	28

⑱ 36 미만인 수

37	35	20	39

⑲ 41 미만인 수

40	53	42	36

⑳ 50 미만인 수

52	64	43	40

㉑ 69 미만인 수

69	65	74	61

㉒ 73 미만인 수

72	83	70	79

㉓ 88 미만인 수

88	87.5	86	92

㉔ 95 미만인 수

95.2	91	98	87

2 초과와 미만

○ 수의 범위에 포함되는 수에 모두 ○표 하시오.

❶ 7 초과인 수

9	7.8	2.4
6	8	3

❷ 42 초과인 수

40	49	48.6
41	37	43

❸ 56 초과인 수

61	56	56.4
52	57.9	53.1

❹ 70 초과인 수

71	60	69.9
72.4	75	53.7

❺ 87 초과인 수

88	85	89.6
82	88.2	81

❻ 8 미만인 수

6	8.8	5
9	10	7.9

❼ 30 미만인 수

31	25	33.5
28.7	29	32

❽ 61 미만인 수

60.8	61.1	69
58	57	62

❾ 75 미만인 수

73.9	70	79.2
86.1	82.3	71

❿ 93 미만인 수

92	93.4	90
92.5	94	99

정답 • 2쪽

⑪ 13 초과 19 미만인 수 → 13보다 크고, 19보다 작은 수에 ○표 해요.

15.2	14	20
13	13.8	12

⑫ 17 초과 24 미만인 수

19	16	18.3
27.4	23	15

⑬ 28 초과 36 미만인 수

21	28.3	30
25	27.9	34.6

⑭ 34 초과 42 미만인 수

32	41	42.3
36	30.5	37.9

⑮ 47 초과 55 미만인 수

52.3	46	50.8
39	54	43.7

⑯ 51 초과 67 미만인 수

52	65	80.3
48	53.9	49.1

⑰ 63 초과 70 미만인 수

63	70.8	65.9
62.2	69	64

⑱ 69 초과 78 미만인 수

68	75.4	79
70	83.1	73.2

⑲ 74 초과 81 미만인 수

74.7	80	73
70.6	80.2	81.8

⑳ 83 초과 94 미만인 수

81	94.2	89.3
83.4	96	86.5

1 ~ 2 다르게 풀기

○ 수의 범위에 포함되는 수에 모두 ○표 하시오.

❶
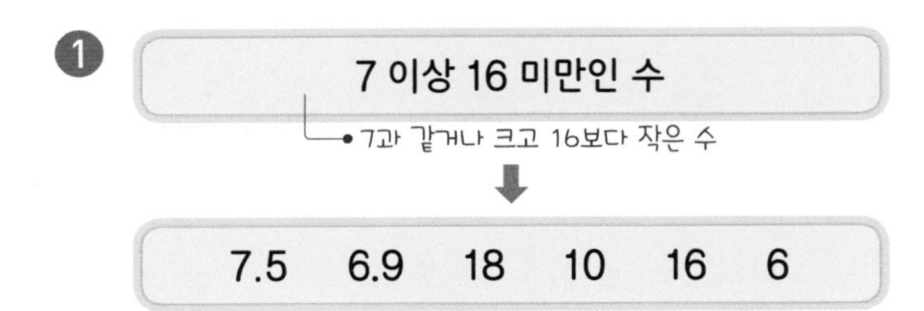

❷

❸

❹
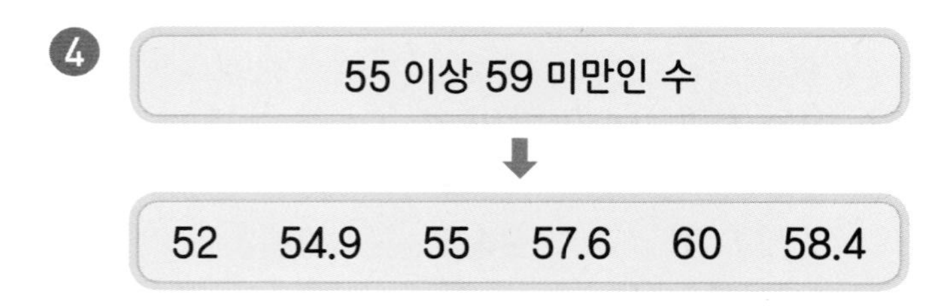

❺
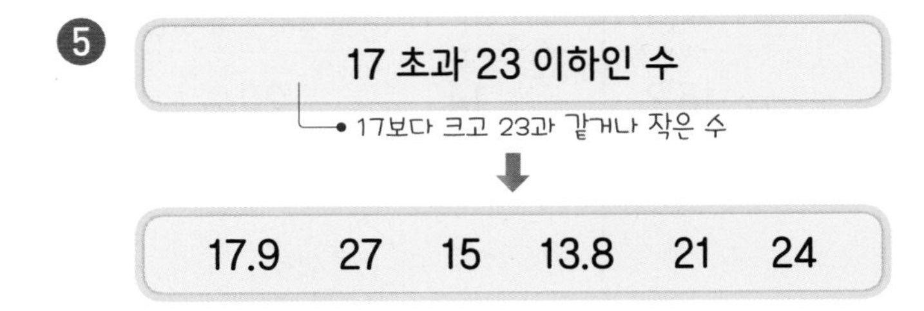

❻

❼
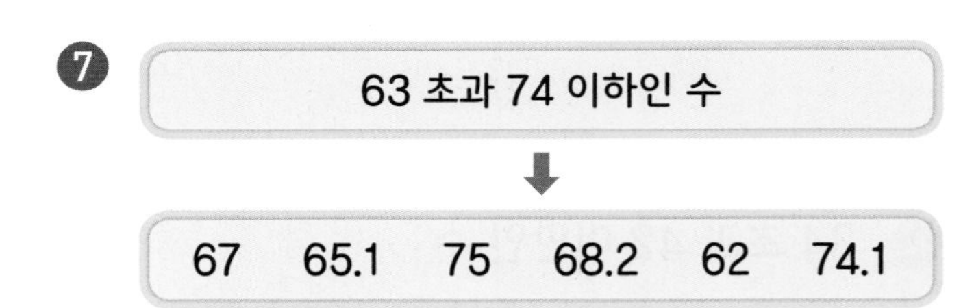

❽
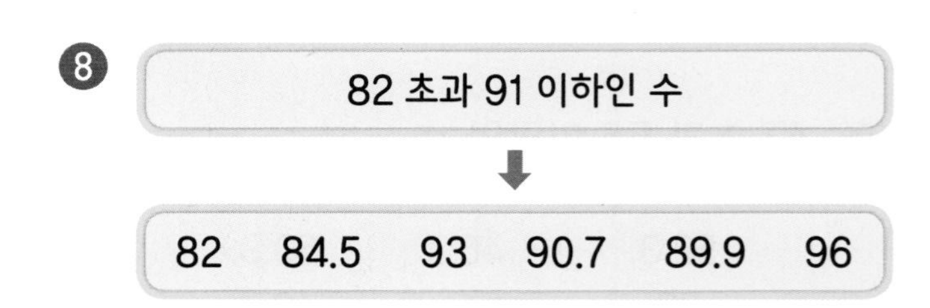

○ 빈칸에 수의 범위에 포함되는 자연수를 모두 써넣으시오.

9 16 초과 19 이하인 자연수

14 25 이상 28 미만인 자연수

10 32 이상 35 미만인 자연수

15 40 초과 44 미만인 자연수

11 49 초과 52 미만인 자연수

16 58 이상 61 이하인 자연수

12 64 이상 67 이하인 자연수

17 85 초과 89 이하인 자연수

13 77 초과 81 미만인 자연수

18 93 이상 97 이하인 자연수

3 올림

304를 올림하여
십의 자리까지 나타내면?

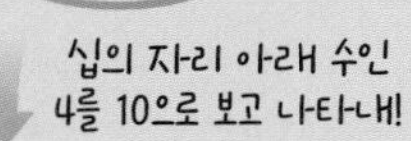

• 올림

올림: 구하려는 자리의 아래 수를 올려서 나타내는 방법

예 • 올림하여 십의 자리까지 나타내기

$30\underline{4} \rightarrow 310$
└ 십의 자리 아래 수인 4를 10으로 봅니다.

• 올림하여 백의 자리까지 나타내기

$3\underline{47} \rightarrow 400$
└ 백의 자리 아래 수인 47을 100으로 봅니다.

○ 올림하여 주어진 자리까지 나타내어 보시오.

❶ 125(십의 자리까지)

⇨ (　　　　　　　　)

❷ 378(백의 자리까지)

⇨ (　　　　　　　　)

❸ 492(십의 자리까지)

⇨ (　　　　　　　　)

❹ 651(백의 자리까지)

⇨ (　　　　　　　　)

❺ 2463(백의 자리까지)

⇨ (　　　　　　　　)

❻ 3804(십의 자리까지)

⇨ (　　　　　　　　)

❼ 4172(백의 자리까지)

⇨ (   )

❽ 8624(천의 자리까지)

⇨ (   )

❾ 20316(십의 자리까지)

⇨ (   )

❿ 58020(백의 자리까지)

⇨ (   )

⓫ 64137(천의 자리까지)

⇨ (   )

⓬ 79542(만의 자리까지)

⇨ (   )

⓭ 2.3(일의 자리까지)

⇨ (   )

⓮ 3.68(일의 자리까지)

⇨ (   )

⓯ 5.23(소수 첫째 자리까지)

⇨ (   )

⓰ 6.759(소수 첫째 자리까지)

⇨ (   )

⓱ 7.143(소수 둘째 자리까지)

⇨ (   )

⓲ 8.071(소수 둘째 자리까지)

⇨ (   )

3 올림

○ 올림하여 주어진 자리까지 나타내어 보시오.

❶ 239(십의 자리까지)

⇨ ( )

❷ 410(백의 자리까지)

⇨ ( )

❸ 562(백의 자리까지)

⇨ ( )

❹ 754(십의 자리까지)

⇨ ( )

❺ 821(백의 자리까지)

⇨ ( )

❻ 903(십의 자리까지)

⇨ ( )

❼ 1407(십의 자리까지)

⇨ ( )

❽ 2760(천의 자리까지)

⇨ ( )

❾ 3891(백의 자리까지)

⇨ ( )

❿ 4018(천의 자리까지)

⇨ ( )

⓫ 5509(백의 자리까지)

⇨ ( )

⓬ 9732(십의 자리까지)

⇨ ( )

정답 • 3쪽

⑬ 12530(만의 자리까지)

⇨ (　　　　　　　　)

⑭ 36419(천의 자리까지)

⇨ (　　　　　　　　)

⑮ 42815(십의 자리까지)

⇨ (　　　　　　　　)

⑯ 68092(백의 자리까지)

⇨ (　　　　　　　　)

⑰ 75687(십의 자리까지)

⇨ (　　　　　　　　)

⑱ 83204(천의 자리까지)

⇨ (　　　　　　　　)

⑲ 0.5(일의 자리까지)

⇨ (　　　　　　　　)

⑳ 2.78(소수 첫째 자리까지)

⇨ (　　　　　　　　)

㉑ 3.006(소수 둘째 자리까지)

⇨ (　　　　　　　　)

㉒ 4.381(소수 첫째 자리까지)

⇨ (　　　　　　　　)

㉓ 6.92(일의 자리까지)

⇨ (　　　　　　　　)

㉔ 7.405(소수 둘째 자리까지)

⇨ (　　　　　　　　)

4 버림

버림은 구하려는 자리의 아래 수를 버려서 나타내는 방법이야!

598을 버림하여 십의 자리까지 나타내면?

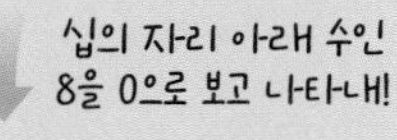

- **버림**

버림: 구하려는 자리의 아래 수를 버려서 나타내는 방법

예 • 버림하여 십의 자리까지 나타내기

598 → 590
(십의 자리 아래 수인 8을 0으로 봅니다.)

• 버림하여 백의 자리까지 나타내기

624 → 600
(백의 자리 아래 수인 24를 0으로 봅니다.)

○ 버림하여 주어진 자리까지 나타내어 보시오.

❶ 156(십의 자리까지)

⇨ (   )

❷ 281(백의 자리까지)

⇨ (   )

❸ 379(십의 자리까지)

⇨ (   )

❹ 452(백의 자리까지)

⇨ (   )

❺ 2437(십의 자리까지)

⇨ (   )

❻ 3215(백의 자리까지)

⇨ (   )

❼ 5764(백의 자리까지)

⇨ (   )

❽ 8253(천의 자리까지)

⇨ (   )

❾ 12735(십의 자리까지)

⇨ (   )

❿ 28460(백의 자리까지)

⇨ (   )

⓫ 64009(천의 자리까지)

⇨ (   )

⓬ 71853(만의 자리까지)

⇨ (   )

⓭ 3.6(일의 자리까지)

⇨ (   )

⓮ 4.07(일의 자리까지)

⇨ (   )

⓯ 5.29(소수 첫째 자리까지)

⇨ (   )

⓰ 6.984(소수 첫째 자리까지)

⇨ (   )

⓱ 8.541(소수 둘째 자리까지)

⇨ (   )

⓲ 9.605(소수 둘째 자리까지)

⇨ (   )

4 버림

○ 버림하여 주어진 자리까지 나타내어 보시오.

❶ 134(백의 자리까지)

⇨ (　　　　　　　　)

❷ 360(백의 자리까지)

⇨ (　　　　　　　　)

❸ 407(십의 자리까지)

⇨ (　　　　　　　　)

❹ 512(십의 자리까지)

⇨ (　　　　　　　　)

❺ 685(백의 자리까지)

⇨ (　　　　　　　　)

❻ 893(십의 자리까지)

⇨ (　　　　　　　　)

❼ 2165(천의 자리까지)

⇨ (　　　　　　　　)

❽ 3417(십의 자리까지)

⇨ (　　　　　　　　)

❾ 4328(백의 자리까지)

⇨ (　　　　　　　　)

❿ 6209(백의 자리까지)

⇨ (　　　　　　　　)

⓫ 7563(십의 자리까지)

⇨ (　　　　　　　　)

⓬ 9082(천의 자리까지)

⇨ (　　　　　　　　)

⑬ 27391(십의 자리까지)

⇨ (   )

⑭ 31458(천의 자리까지)

⇨ (   )

⑮ 53624(십의 자리까지)

⇨ (   )

⑯ 70960(천의 자리까지)

⇨ (   )

⑰ 82411(백의 자리까지)

⇨ (   )

⑱ 95302(만의 자리까지)

⇨ (   )

⑲ 1.9(일의 자리까지)

⇨ (   )

⑳ 2.18(소수 첫째 자리까지)

⇨ (   )

㉑ 4.307(소수 둘째 자리까지)

⇨ (   )

㉒ 5.04(일의 자리까지)

⇨ (   )

㉓ 7.256(소수 둘째 자리까지)

⇨ (   )

㉔ 8.913(소수 첫째 자리까지)

⇨ (   )

5 반올림

반올림은 구하려는 자리 바로 아래 자리의 숫자가 0, 1, 2, 3, 4이면 버리고, 5, 6, 7, 8, 9이면 올려서 나타내는 방법이야!

두 수를 각각 반올림하여 십의 자리까지 나타내 봐!

천	백	십	일
6	3	7	2

일의 자리 숫자가 2이니까 버려!

6	3	7	0

천	백	십	일
6	3	7	9

일의 자리 숫자가 9이니까 올려!

6	3	8	0

• **반올림**

반올림: 구하려는 자리 바로 아래 자리의 숫자가 0, 1, 2, 3, 4이면 버리고, 5, 6, 7, 8, 9이면 올려서 나타내는 방법

예 • 반올림하여 십의 자리까지 나타내기

6372 → 6370
└• 일의 자리 숫자가 2이므로 버립니다.

• 반올림하여 백의 자리까지 나타내기

7150 → 7200
└• 십의 자리 숫자가 5이므로 올립니다.

○ 반올림하여 주어진 자리까지 나타내어 보시오.

❶ 213(십의 자리까지)

⇨ ( )

❷ 368(백의 자리까지)

⇨ ( )

❸ 584(십의 자리까지)

⇨ ( )

❹ 790(백의 자리까지)

⇨ ( )

❺ 1256(십의 자리까지)

⇨ ( )

❻ 3049(백의 자리까지)

⇨ ( )

❼ 4376(천의 자리까지)

⇨ (　　　　　　　　)

❽ 8594(십의 자리까지)

⇨ (　　　　　　　　)

❾ 12079(십의 자리까지)

⇨ (　　　　　　　　)

❿ 47312(백의 자리까지)

⇨ (　　　　　　　　)

⓫ 76908(천의 자리까지)

⇨ (　　　　　　　　)

⓬ 81541(만의 자리까지)

⇨ (　　　　　　　　)

⓭ 1.6(일의 자리까지)

⇨ (　　　　　　　　)

⓮ 3.34(일의 자리까지)

⇨ (　　　　　　　　)

⓯ 5.28(소수 첫째 자리까지)

⇨ (　　　　　　　　)

⓰ 6.741(소수 첫째 자리까지)

⇨ (　　　　　　　　)

⓱ 7.832(소수 둘째 자리까지)

⇨ (　　　　　　　　)

⓲ 9.056(소수 둘째 자리까지)

⇨ (　　　　　　　　)

5 반올림

○ 반올림하여 주어진 자리까지 나타내어 보시오.

❶ 164(십의 자리까지)

⇨ (   )

❷ 485(백의 자리까지)

⇨ (   )

❸ 571(백의 자리까지)

⇨ (   )

❹ 642(십의 자리까지)

⇨ (   )

❺ 789(십의 자리까지)

⇨ (   )

❻ 832(백의 자리까지)

⇨ (   )

❼ 2561(십의 자리까지)

⇨ (   )

❽ 3212(백의 자리까지)

⇨ (   )

❾ 4288(십의 자리까지)

⇨ (   )

❿ 5064(백의 자리까지)

⇨ (   )

⓫ 7896(천의 자리까지)

⇨ (   )

⓬ 9105(천의 자리까지)

⇨ (   )

⑬ 21500(천의 자리까지)

⇨ (　　　　　　　　)

⑭ 35547(백의 자리까지)

⇨ (　　　　　　　　)

⑮ 67430(만의 자리까지)

⇨ (　　　　　　　　)

⑯ 73261(백의 자리까지)

⇨ (　　　　　　　　)

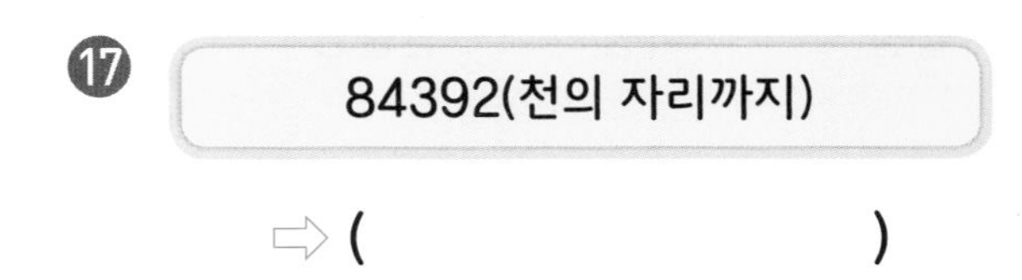

⑰ 84392(천의 자리까지)

⇨ (　　　　　　　　)

⑱ 90618(십의 자리까지)

⇨ (　　　　　　　　)

⑲ 2.7(일의 자리까지)

⇨ (　　　　　　　　)

⑳ 3.72(소수 첫째 자리까지)

⇨ (　　　　　　　　)

㉑ 4.269(소수 둘째 자리까지)

⇨ (　　　　　　　　)

㉒ 5.41(일의 자리까지)

⇨ (　　　　　　　　)

㉓ 8.023(소수 둘째 자리까지)

⇨ (　　　　　　　　)

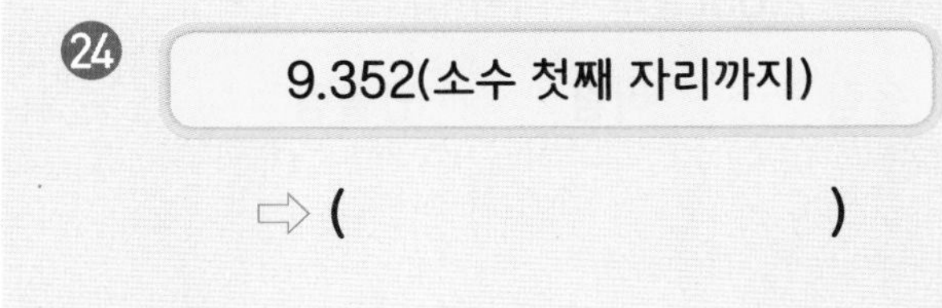

㉔ 9.352(소수 첫째 자리까지)

⇨ (　　　　　　　　)

3~5 다르게 풀기

○ 올림, 버림, 반올림하여 주어진 자리까지 나타내어 보시오.

❶ 172(십의 자리까지)

올림	버림	반올림

❷ 657(백의 자리까지)

올림	버림	반올림

❸ 846(십의 자리까지)

올림	버림	반올림

❹ 4.069(소수 첫째 자리까지)

올림	버림	반올림

❺ 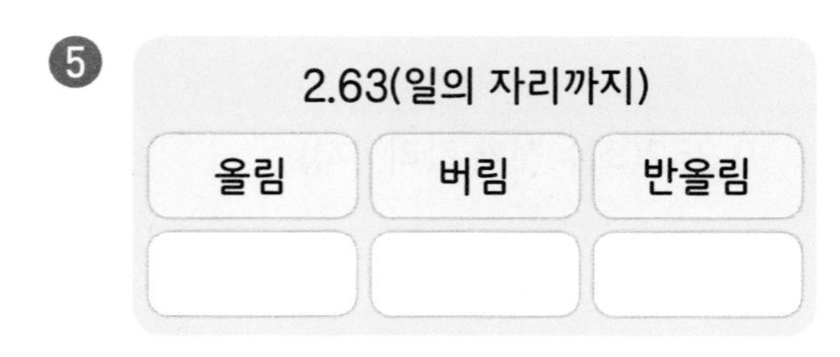
2.63(일의 자리까지)

올림	버림	반올림

❻ 516(백의 자리까지)

올림	버림	반올림

❼ 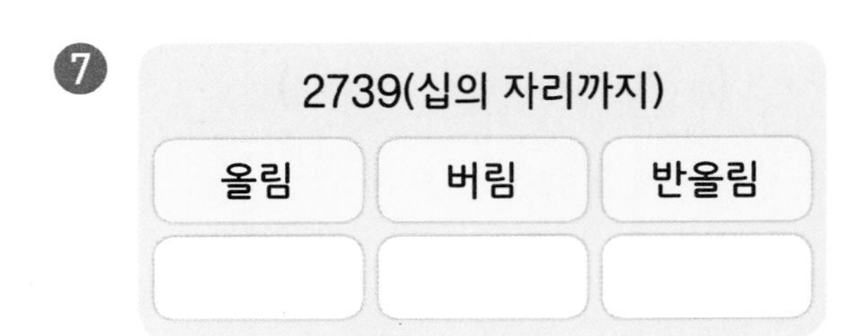
2739(십의 자리까지)

올림	버림	반올림

❽ 
59820(만의 자리까지)

올림	버림	반올림

❾ 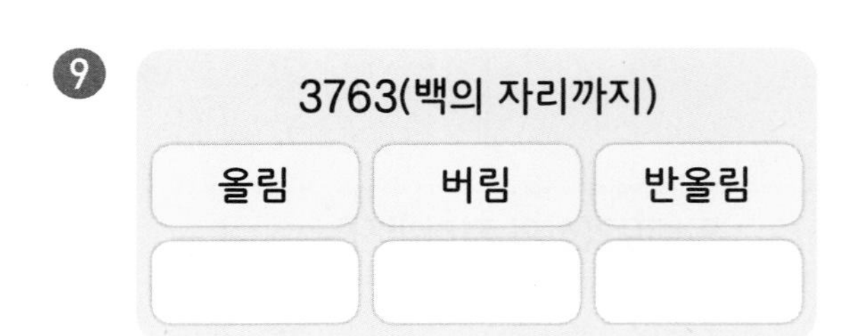
3763(백의 자리까지)

올림	버림	반올림

❿ 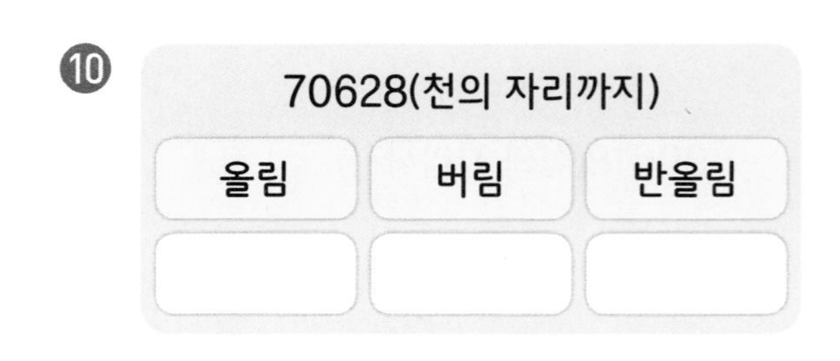
70628(천의 자리까지)

올림	버림	반올림

⑪

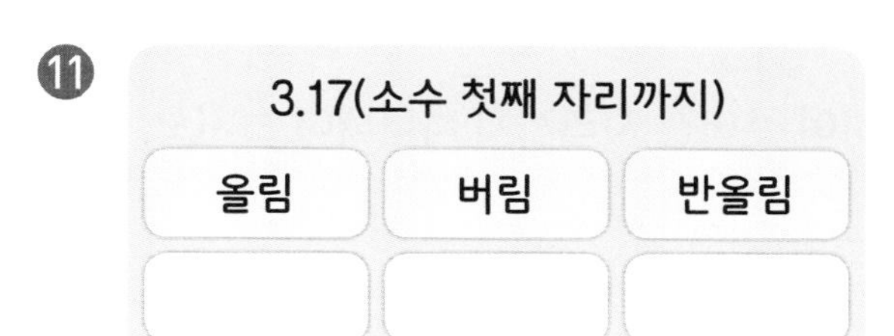
3.17(소수 첫째 자리까지)

올림	버림	반올림

⑫ 83670(만의 자리까지)

올림	버림	반올림

⑬ 42160(천의 자리까지)

올림	버림	반올림

⑭ 7819(백의 자리까지)

올림	버림	반올림

⑮ 6538(십의 자리까지)

올림	버림	반올림

⑯

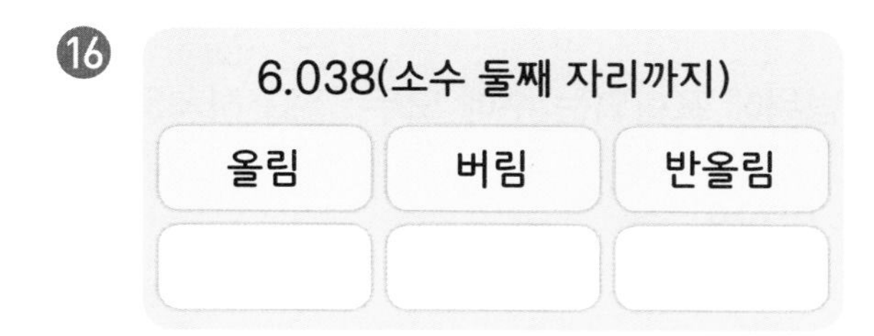
6.038(소수 둘째 자리까지)

올림	버림	반올림

⑰

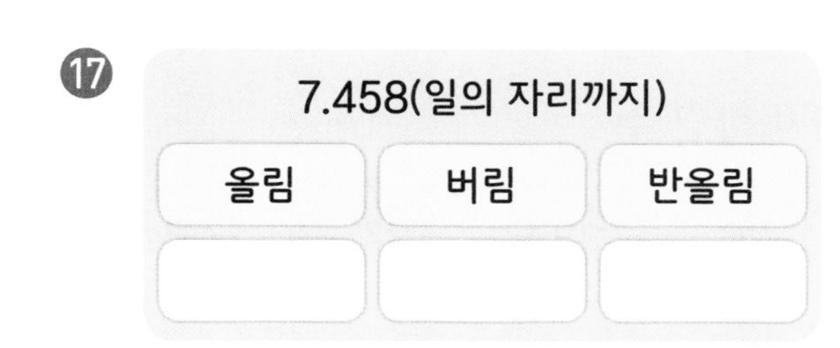
7.458(일의 자리까지)

올림	버림	반올림

⑱

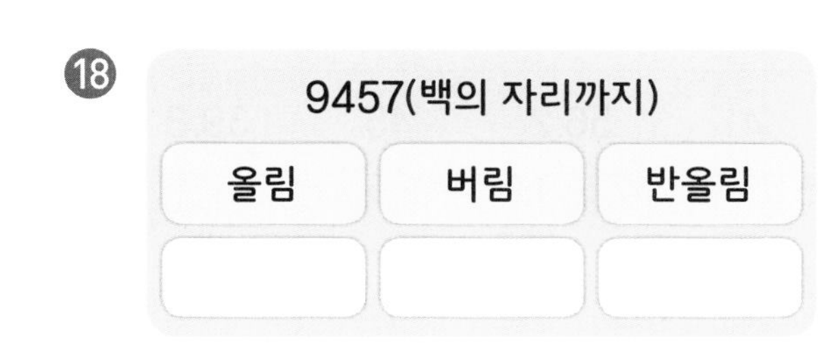
9457(백의 자리까지)

올림	버림	반올림

⑲

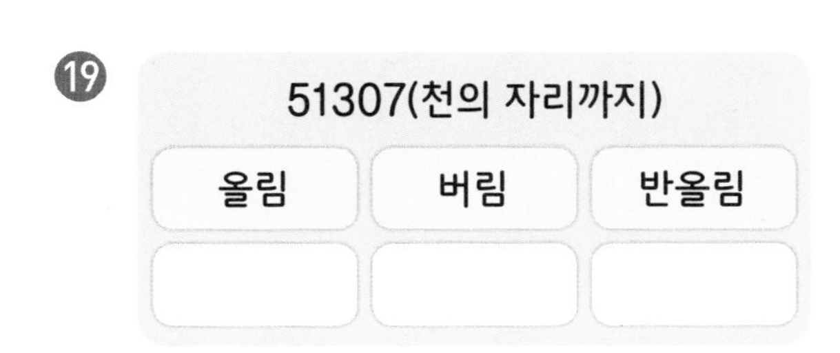
51307(천의 자리까지)

올림	버림	반올림

⑳ 2.351(소수 둘째 자리까지)

올림	버림	반올림

평가 1. 수의 범위와 어림하기

○ 수의 범위에 포함되는 수에 모두 ○표 하시오.

1 33 이상인 수

29	33.2	54	31

2 26 이하인 수

26	38.1	27	24.6

3 41 이하인 수

41	56.2	45	39.3

4 59 초과인 수

61	63.2	45	53.9

5 72 초과인 수

70.8	76.4	56.6	80

6 83 미만인 수

80	83.4	91	56

○ 올림하여 주어진 자리까지 나타내어 보시오.

7 2965(십의 자리까지)

⇨ (　　　　　　　)

8 8237(백의 자리까지)

⇨ (　　　　　　　)

○ 버림하여 주어진 자리까지 나타내어 보시오.

9 3256(십의 자리까지)

⇨ (　　　　　　　)

10 9465(백의 자리까지)

⇨ (　　　　　　　)

○ 반올림하여 주어진 자리까지 나타내어 보시오.

11 1648(십의 자리까지)

⇨ (　　　　　　　)

12 7381(천의 자리까지)

⇨ (　　　　　　　)

○ 수의 범위에 포함되는 수에 모두 ◯표 하시오.

13 56 이상 66 이하인 수

50	66.1	60.2	56

14 35 초과 41 미만인 수

40.3	32.9	40	35

15 74 이상 85 미만인 수

80.3	81	86.2
74.8	73	85

16 27 초과 39 이하인 수

25	49	38.9
27.7	32	50

17 52 초과 60 미만인 수

54.6	55	50.8
54	61.9	63

○ 빈칸에 수의 범위에 포함되는 자연수를 모두 써넣으시오.

18

10 초과 13 이하인 자연수

19

34 이상 37 미만인 자연수

○ 올림, 버림, 반올림하여 주어진 자리까지 나타내어 보시오.

20 54375(백의 자리까지)

올림	버림	반올림

21 78056(천의 자리까지)

올림	버림	반올림

22 6.809(소수 둘째 자리까지)

올림	버림	반올림

1단원의 연산 실력을 보충하고 싶다면 **클리닉 북 1~5쪽**을 풀어 보세요.

분수의 곱셈

학습하는 데 걸린 시간을 작성해 봐요!

학습 내용	학습 회차	걸린 시간
1 (진분수) × (자연수)	1일 차	/11분
	2일 차	/13분
2 (대분수) × (자연수)	3일 차	/12분
	4일 차	/14분
1 ~ 2 다르게 풀기	5일 차	/9분
3 (자연수) × (진분수)	6일 차	/11분
	7일 차	/13분
4 (자연수) × (대분수)	8일 차	/12분
	9일 차	/14분
3 ~ 4 다르게 풀기	10일 차	/9분
5 (진분수) × (진분수)	11일 차	/9분
	12일 차	/11분
6 (대분수) × (대분수)	13일 차	/12분
	14일 차	/14분
7 세 분수의 곱셈	15일 차	/14분
	16일 차	/14분
5 ~ 7 다르게 풀기	17일 차	/10분
비법 강의 외우면 빨라지는 계산 비법	18일 차	/8분
평가 2. 분수의 곱셈	19일 차	/14분

1 (진분수) × (자연수)

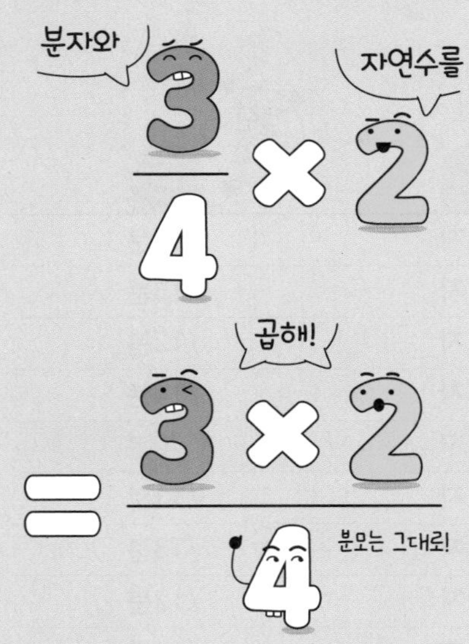

• (진분수) × (자연수)의 계산 방법

(진분수) × (자연수)는 분수의 분모는 그대로 두고, 분자와 자연수를 곱하여 계산합니다.
분수의 곱셈을 약분 순서에 따라 계산할 수 있습니다.

• $\frac{3}{4}\times2=\frac{3\times2}{4}=\frac{\overset{3}{\cancel{6}}}{\underset{2}{\cancel{4}}}$

$=\frac{3}{2}=1\frac{1}{2}$ → 곱셈을 다 한 이후에 약분하기

• $\frac{3}{\underset{2}{\cancel{4}}}\times\overset{1}{\cancel{2}}=\frac{3}{2}=1\frac{1}{2}$ → 곱셈 과정에서 약분하기

○ 계산을 하여 기약분수로 나타내어 보시오.

❶ $\frac{1}{3}\times4=$

❷ $\frac{1}{4}\times2=$

❸ $\frac{1}{5}\times7=$

❹ $\frac{1}{7}\times9=$

❺ $\frac{1}{10}\times5=$

❻ $\frac{1}{11}\times8=$

❼ $\frac{1}{15}\times6=$

❽ $\frac{2}{3}\times6=$

❾ $\frac{3}{4}\times5=$

❿ $\frac{5}{6}\times2=$

⓫ $\frac{3}{7}\times8=$

⓬ $\frac{3}{8}\times4=$

⓭ $\frac{5}{8}\times16=$

⓮ $\frac{4}{9}\times3=$

⑮ $\frac{3}{10} \times 5 =$

⑯ $\frac{7}{10} \times 2 =$

⑰ $\frac{4}{11} \times 33 =$

⑱ $\frac{5}{12} \times 6 =$

⑲ $\frac{7}{12} \times 4 =$

⑳ $\frac{11}{12} \times 8 =$

㉑ $\frac{6}{13} \times 9 =$

㉒ $\frac{3}{14} \times 7 =$

㉓ $\frac{5}{14} \times 6 =$

㉔ $\frac{2}{15} \times 9 =$

㉕ $\frac{4}{15} \times 30 =$

㉖ $\frac{5}{16} \times 8 =$

㉗ $\frac{9}{16} \times 12 =$

㉘ $\frac{5}{18} \times 2 =$

㉙ $\frac{7}{18} \times 11 =$

㉚ $\frac{7}{20} \times 9 =$

㉛ $\frac{3}{20} \times 15 =$

㉜ $\frac{4}{21} \times 14 =$

㉝ $\frac{6}{25} \times 10 =$

㉞ $\frac{7}{30} \times 25 =$

㉟ $\frac{11}{36} \times 12 =$

1 (진분수)×(자연수)

○ 계산을 하여 기약분수로 나타내어 보시오.

❶ $\frac{1}{2}\times 11=$

❷ $\frac{1}{4}\times 6=$

❸ $\frac{1}{6}\times 12=$

❹ $\frac{1}{9}\times 13=$

❺ $\frac{1}{12}\times 3=$

❻ $\frac{1}{14}\times 2=$

❼ $\frac{1}{18}\times 9=$

❽ $\frac{2}{3}\times 8=$

❾ $\frac{3}{5}\times 9=$

❿ $\frac{4}{5}\times 2=$

⓫ $\frac{5}{6}\times 4=$

⓬ $\frac{6}{7}\times 5=$

⓭ $\frac{3}{7}\times 14=$

⓮ $\frac{3}{8}\times 6=$

⓯ $\frac{7}{8}\times 7=$

⓰ $\frac{5}{8}\times 10=$

⓱ $\frac{4}{9}\times 8=$

⓲ $\frac{5}{9}\times 6=$

⓳ $\frac{2}{9}\times 12=$

⓴ $\frac{3}{10}\times 9=$

㉑ $\frac{7}{10}\times 4=$

정답 • 6쪽

㉒ $\frac{3}{11}\times 9=$

㉓ $\frac{7}{12}\times 5=$

㉔ $\frac{5}{12}\times 16=$

㉕ $\frac{9}{14}\times 8=$

㉖ $\frac{3}{14}\times 28=$

㉗ $\frac{2}{15}\times 10=$

㉘ $\frac{4}{15}\times 25=$

㉙ $\frac{7}{18}\times 3=$

㉚ $\frac{6}{19}\times 4=$

㉛ $\frac{11}{20}\times 5=$

㉜ $\frac{5}{21}\times 10=$

㉝ $\frac{7}{24}\times 9=$

㉞ $\frac{3}{26}\times 8=$

㉟ $\frac{5}{26}\times 13=$

㊱ $\frac{8}{27}\times 15=$

㊲ $\frac{3}{28}\times 16=$

㊳ $\frac{7}{30}\times 18=$

㊴ $\frac{5}{32}\times 12=$

㊵ $\frac{6}{35}\times 21=$

㊶ $\frac{7}{36}\times 20=$

㊷ $\frac{11}{42}\times 12=$

2 (대분수)×(자연수)

• (대분수)×(자연수)의 계산 방법

방법 1 대분수를 가분수로 나타낸 후 계산하기

$$1\frac{1}{3}\times 2=\frac{4}{3}\times 2=\frac{4\times 2}{3}=\frac{8}{3}=2\frac{2}{3}$$

방법 2 대분수를 자연수와 진분수의 합으로 보고 계산하기

$$1\frac{1}{3}\times 2=(1\times 2)+\left(\frac{1}{3}\times 2\right)=2+\frac{2}{3}=2\frac{2}{3}$$

○ 계산을 하여 기약분수로 나타내어 보시오.

❶ $1\frac{1}{2}\times 5=$

❷ $1\frac{1}{4}\times 2=$

❸ $1\frac{1}{6}\times 3=$

❹ $1\frac{1}{7}\times 6=$

❺ $1\frac{1}{8}\times 4=$

❻ $1\frac{1}{9}\times 7=$

❼ $1\frac{1}{11}\times 8=$

❽ $1\frac{2}{3}\times 4=$

❾ $1\frac{3}{4}\times 7=$

❿ $1\frac{3}{5}\times 9=$

⓫ $2\frac{5}{6}\times 2=$

⓬ $2\frac{1}{7}\times 3=$

⓭ $1\frac{3}{8}\times 3=$

⓮ $1\frac{7}{9}\times 6=$

⑮ $1\frac{5}{9} \times 18=$

⑯ $1\frac{3}{10} \times 2=$

⑰ $2\frac{7}{10} \times 3=$

⑱ $1\frac{2}{11} \times 4=$

⑲ $1\frac{4}{11} \times 22=$

⑳ $1\frac{5}{12} \times 4=$

㉑ $1\frac{8}{13} \times 3=$

㉒ $1\frac{9}{14} \times 7=$

㉓ $2\frac{3}{14} \times 3=$

㉔ $1\frac{2}{15} \times 5=$

㉕ $2\frac{1}{15} \times 6=$

㉖ $1\frac{8}{15} \times 10=$

㉗ $1\frac{3}{16} \times 8=$

㉘ $1\frac{7}{16} \times 4=$

㉙ $2\frac{3}{17} \times 2=$

㉚ $1\frac{11}{18} \times 6=$

㉛ $2\frac{5}{18} \times 3=$

㉜ $1\frac{2}{19} \times 7=$

㉝ $1\frac{7}{20} \times 5=$

㉞ $2\frac{13}{20} \times 4=$

㉟ $1\frac{2}{21} \times 14=$

2 (대분수) × (자연수)

○ 계산을 하여 기약분수로 나타내어 보시오.

❶ $1\frac{1}{3}\times 5=$

❷ $1\frac{1}{5}\times 4=$

❸ $1\frac{1}{8}\times 3=$

❹ $1\frac{1}{9}\times 6=$

❺ $1\frac{1}{12}\times 2=$

❻ $1\frac{1}{15}\times 3=$

❼ $1\frac{1}{16}\times 10=$

❽ $2\frac{2}{3}\times 2=$

❾ $2\frac{3}{4}\times 3=$

❿ $1\frac{4}{5}\times 6=$

⓫ $2\frac{2}{5}\times 7=$

⓬ $2\frac{1}{6}\times 8=$

⓭ $3\frac{5}{6}\times 4=$

⓮ $1\frac{6}{7}\times 5=$

⓯ $2\frac{1}{7}\times 14=$

⓰ $2\frac{3}{8}\times 2=$

⓱ $2\frac{5}{8}\times 4=$

⓲ $1\frac{7}{8}\times 10=$

⓳ $2\frac{4}{9}\times 5=$

⓴ $3\frac{5}{9}\times 3=$

㉑ $1\frac{2}{9}\times 12=$

㉒ $1\frac{7}{10}\times 7=$

㉓ $2\frac{9}{10}\times 4=$

㉔ $1\frac{4}{11}\times 8=$

㉕ $1\frac{7}{12}\times 9=$

㉖ $3\frac{5}{12}\times 6=$

㉗ $1\frac{4}{13}\times 2=$

㉘ $2\frac{6}{13}\times 26=$

㉙ $1\frac{1}{14}\times 21=$

㉚ $1\frac{7}{15}\times 9=$

㉛ $3\frac{2}{15}\times 4=$

㉜ $1\frac{5}{16}\times 6=$

㉝ $1\frac{5}{18}\times 8=$

㉞ $1\frac{7}{18}\times 12=$

㉟ $1\frac{9}{20}\times 3=$

㊱ $1\frac{3}{20}\times 12=$

㊲ $2\frac{8}{21}\times 7=$

㊳ $1\frac{9}{22}\times 11=$

㊴ $1\frac{7}{24}\times 8=$

㊵ $2\frac{5}{24}\times 6=$

㊶ $3\frac{3}{25}\times 5=$

㊷ $1\frac{2}{27}\times 9=$

1 ~ 2 다르게 풀기

○ 빈칸에 알맞은 기약분수를 써넣으시오.

❶

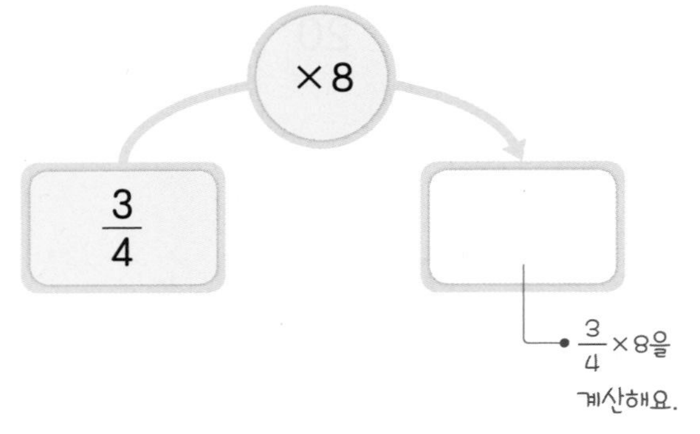

❷

×7

$2\frac{4}{5}$

❸

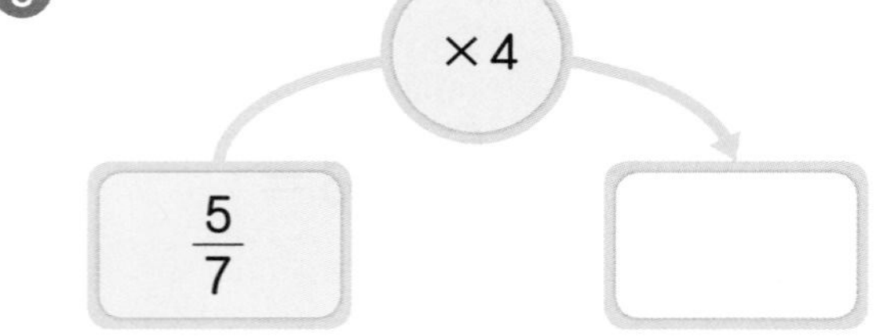

❹

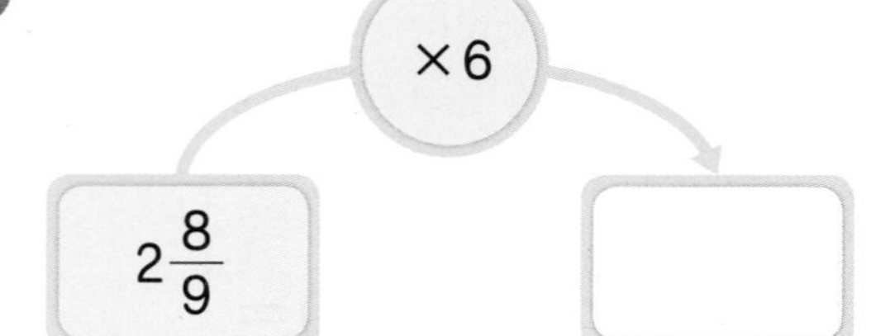

❺

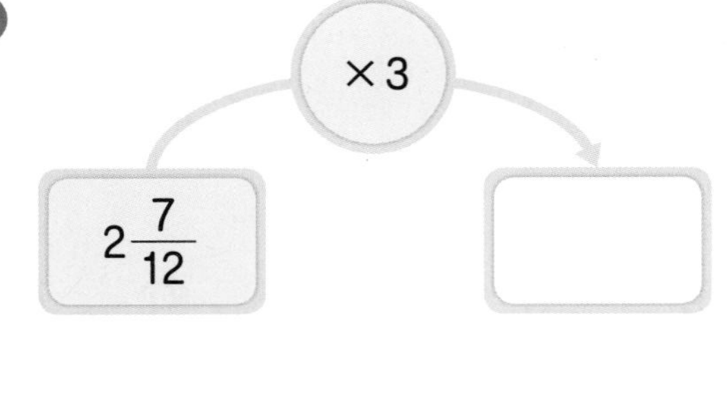

❻

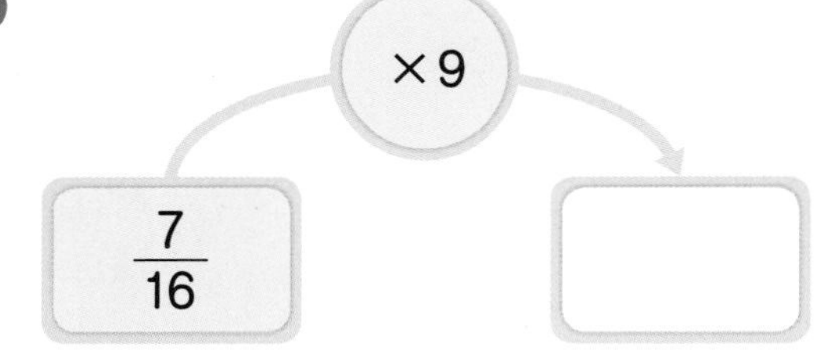

❼

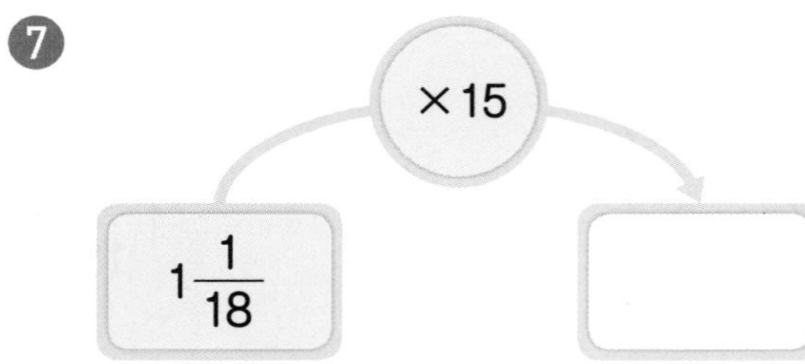

❽

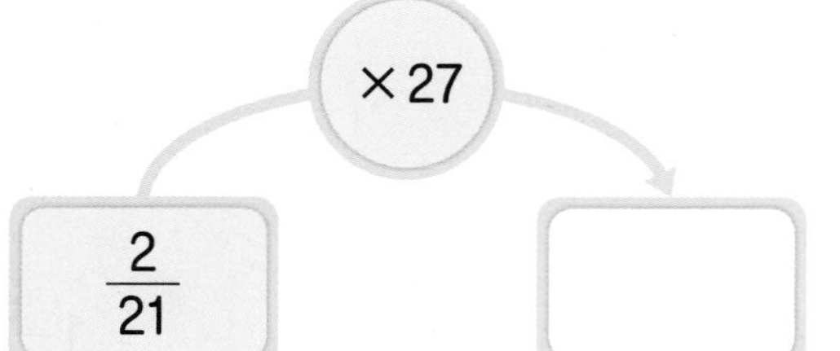

❾
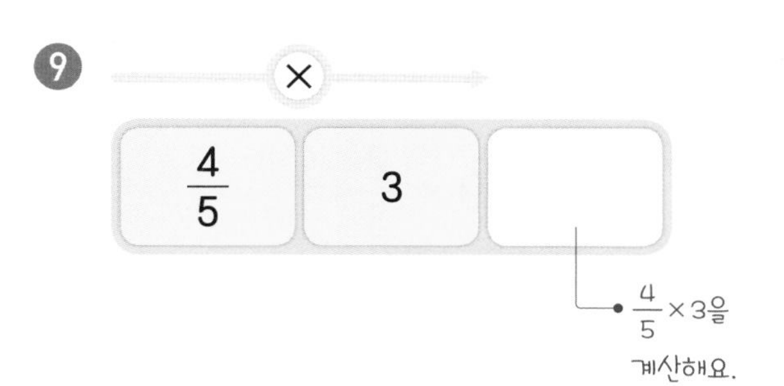

⓭
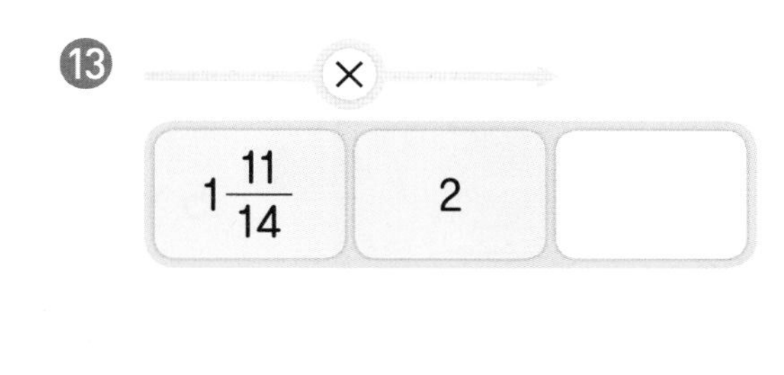

❿
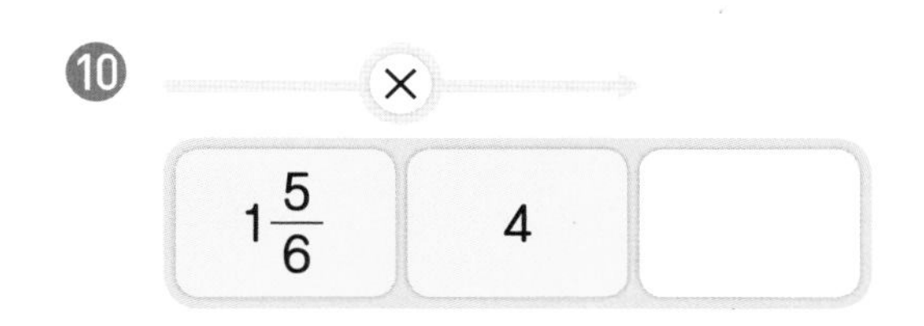

⓮
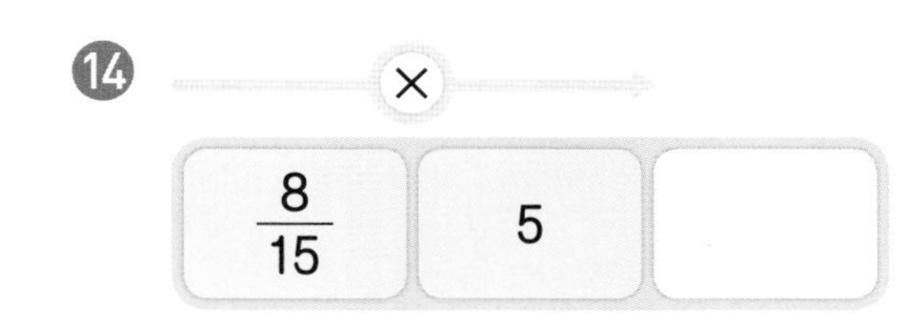

⓫
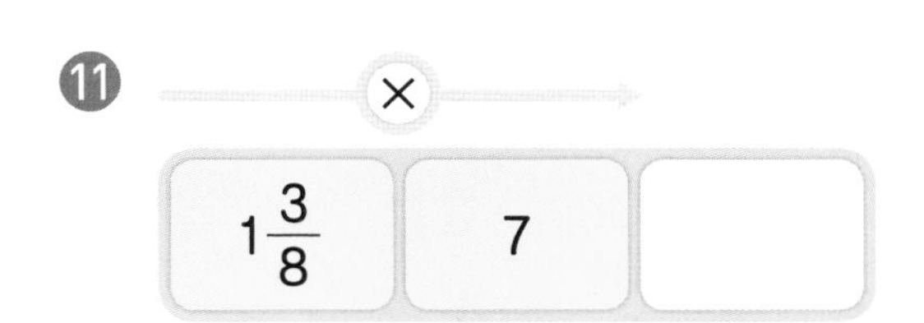

⓯
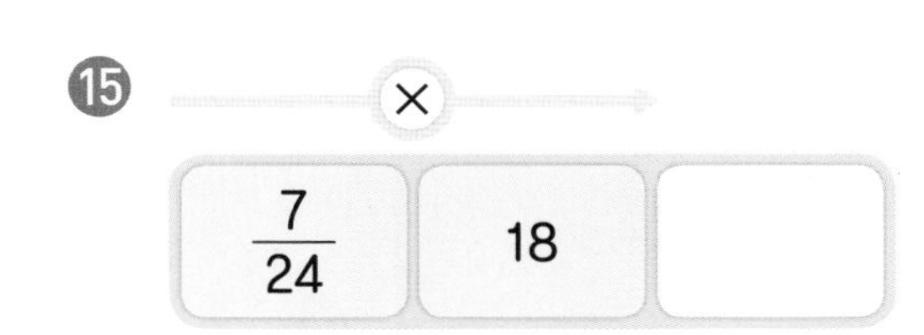

⓬ ×

$\frac{2}{9}$	6	

⓰
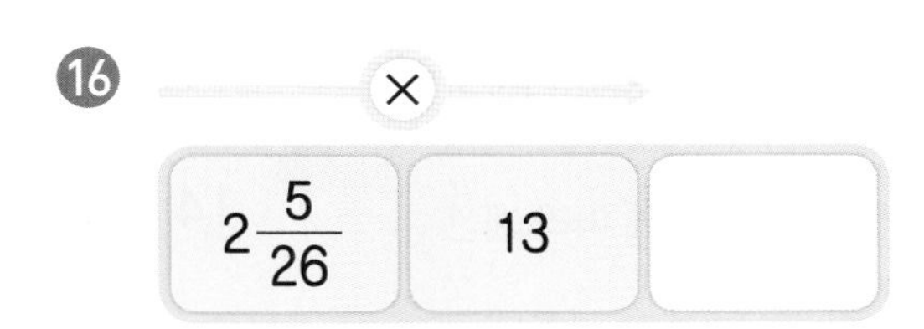

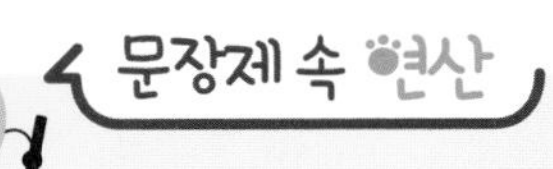

⓱ 주스가 $\frac{7}{20}$ L씩 들어 있는 컵이 5개 있습니다. 주스는 모두 몇 L인지 구해 보시오.

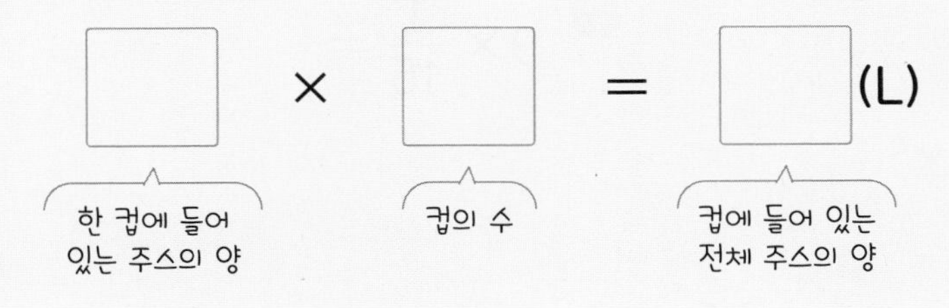

3 (자연수)×(진분수)

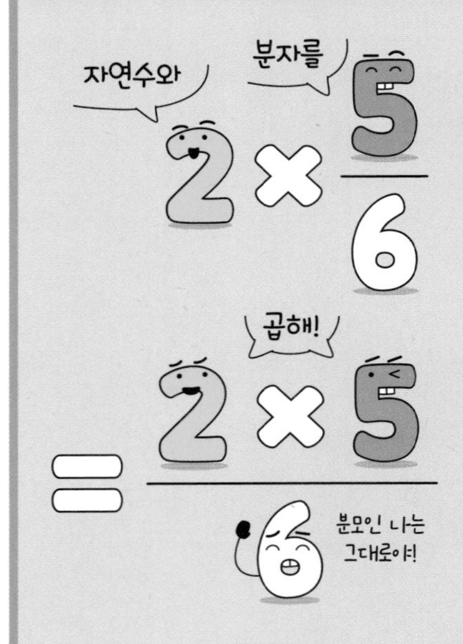

● (자연수)×(진분수)의 계산 방법

(자연수)×(진분수)는 분수의 분모는 그대로 두고, 자연수와 분자를 곱하여 계산합니다.
분수의 곱셈을 약분 순서에 따라 계산할 수 있습니다.

• $2\times\frac{5}{6}=\frac{2\times5}{6}=\frac{\overset{5}{\cancel{10}}}{\underset{3}{\cancel{6}}}$
$=\frac{5}{3}=1\frac{2}{3}$ → 곱셈을 다 한 이후에 약분하기

• $\overset{1}{\cancel{2}}\times\frac{5}{\underset{3}{\cancel{6}}}=\frac{5}{3}=1\frac{2}{3}$ → 곱셈 과정에서 약분하기

○ 계산을 하여 기약분수로 나타내어 보시오.

❶ $5\times\frac{1}{2}=$

❷ $8\times\frac{1}{3}=$

❸ $7\times\frac{1}{6}=$

❹ $12\times\frac{1}{9}=$

❺ $14\times\frac{1}{11}=$

❻ $10\times\frac{1}{12}=$

❼ $9\times\frac{1}{15}=$

❽ $9\times\frac{2}{3}=$

❾ $6\times\frac{3}{4}=$

❿ $8\times\frac{2}{5}=$

⓫ $10\times\frac{4}{7}=$

⓬ $13\times\frac{3}{8}=$

⓭ $12\times\frac{7}{9}=$

⓮ $4\times\frac{9}{10}=$

⑮ $24 \times \frac{11}{12} =$

⑯ $16 \times \frac{3}{14} =$

⑰ $21 \times \frac{9}{14} =$

⑱ $7 \times \frac{13}{15} =$

⑲ $12 \times \frac{7}{16} =$

⑳ $6 \times \frac{13}{18} =$

㉑ $15 \times \frac{5}{18} =$

㉒ $25 \times \frac{3}{20} =$

㉓ $9 \times \frac{8}{21} =$

㉔ $16 \times \frac{7}{24} =$

㉕ $8 \times \frac{12}{25} =$

㉖ $15 \times \frac{6}{25} =$

㉗ $11 \times \frac{4}{27} =$

㉘ $7 \times \frac{9}{28} =$

㉙ $14 \times \frac{15}{28} =$

㉚ $12 \times \frac{7}{32} =$

㉛ $6 \times \frac{11}{36} =$

㉜ $10 \times \frac{3}{40} =$

㉝ $7 \times \frac{5}{42} =$

㉞ $25 \times \frac{8}{45} =$

㉟ $28 \times \frac{4}{49} =$

3 (자연수) × (진분수)

○ 계산을 하여 기약분수로 나타내어 보시오.

❶ $12 \times \frac{1}{3} =$

❷ $15 \times \frac{1}{5} =$

❸ $8 \times \frac{1}{6} =$

❹ $11 \times \frac{1}{8} =$

❺ $19 \times \frac{1}{9} =$

❻ $9 \times \frac{1}{12} =$

❼ $18 \times \frac{1}{15} =$

❽ $10 \times \frac{3}{4} =$

❾ $7 \times \frac{4}{5} =$

❿ $9 \times \frac{5}{6} =$

⓫ $12 \times \frac{3}{7} =$

⓬ $35 \times \frac{5}{7} =$

⓭ $11 \times \frac{6}{7} =$

⓮ $21 \times \frac{3}{8} =$

⓯ $18 \times \frac{5}{8} =$

⓰ $13 \times \frac{4}{9} =$

⓱ $15 \times \frac{5}{9} =$

⓲ $8 \times \frac{7}{10} =$

⓳ $12 \times \frac{9}{10} =$

⓴ $9 \times \frac{8}{11} =$

㉑ $22 \times \frac{5}{12} =$

㉒ $26 \times \frac{3}{13} =$

㉓ $12 \times \frac{14}{15} =$

㉔ $5 \times \frac{13}{16} =$

㉕ $30 \times \frac{7}{18} =$

㉖ $16 \times \frac{11}{20} =$

㉗ $44 \times \frac{9}{22} =$

㉘ $20 \times \frac{5}{24} =$

㉙ $9 \times \frac{8}{25} =$

㉚ $8 \times \frac{7}{26} =$

㉛ $21 \times \frac{8}{27} =$

㉜ $6 \times \frac{13}{28} =$

㉝ $15 \times \frac{7}{30} =$

㉞ $20 \times \frac{9}{32} =$

㉟ $16 \times \frac{4}{33} =$

㊱ $7 \times \frac{11}{34} =$

㊲ $10 \times \frac{6}{35} =$

㊳ $8 \times \frac{7}{36} =$

㊴ $15 \times \frac{9}{40} =$

㊵ $9 \times \frac{11}{42} =$

㊶ $12 \times \frac{16}{45} =$

㊷ $18 \times \frac{7}{48} =$

4 (자연수) × (대분수)

• (자연수) × (대분수)의 계산 방법

방법 1 대분수를 가분수로 나타낸 후 계산하기

$$2\times1\frac{1}{4}=\overset{1}{\cancel{2}}\times\frac{5}{\underset{2}{\cancel{4}}}=\frac{1\times5}{2}=\frac{5}{2}=2\frac{1}{2}$$

방법 2 대분수를 자연수와 진분수의 합으로 보고 계산하기

$$2\times1\frac{1}{4}=(2\times1)+\left(\overset{1}{\cancel{2}}\times\frac{1}{\underset{2}{\cancel{4}}}\right)=2+\frac{1}{2}=2\frac{1}{2}$$

○ 계산을 하여 기약분수로 나타내어 보시오.

❶ $8\times1\frac{1}{4}=$

❷ $6\times1\frac{1}{5}=$

❸ $2\times1\frac{1}{6}=$

❹ $12\times1\frac{1}{8}=$

❺ $4\times1\frac{1}{10}=$

❻ $11\times1\frac{1}{11}=$

❼ $3\times1\frac{1}{12}=$

❽ $7\times3\frac{1}{2}=$

❾ $5\times1\frac{2}{3}=$

❿ $6\times2\frac{3}{4}=$

⓫ $4\times2\frac{2}{5}=$

⓬ $3\times3\frac{5}{6}=$

⓭ $6\times2\frac{3}{7}=$

⓮ $4\times2\frac{7}{8}=$

정답 • 8쪽

⑮ $3 \times 3\frac{3}{8} =$

⑯ $10 \times 1\frac{5}{8} =$

⑰ $2 \times 1\frac{7}{9} =$

⑱ $6 \times 3\frac{4}{9} =$

⑲ $8 \times 2\frac{7}{10} =$

⑳ $20 \times 1\frac{3}{10} =$

㉑ $5 \times 1\frac{8}{11} =$

㉒ $2 \times 2\frac{5}{12} =$

㉓ $4 \times 1\frac{3}{13} =$

㉔ $9 \times 1\frac{3}{14} =$

㉕ $3 \times 2\frac{13}{15} =$

㉖ $10 \times 1\frac{4}{15} =$

㉗ $5 \times 1\frac{5}{16} =$

㉘ $34 \times 2\frac{4}{17} =$

㉙ $8 \times 1\frac{7}{18} =$

㉚ $2 \times 3\frac{5}{18} =$

㉛ $6 \times 1\frac{3}{20} =$

㉜ $11 \times 2\frac{7}{22} =$

㉝ $9 \times 1\frac{5}{24} =$

㉞ $13 \times 1\frac{9}{26} =$

㉟ $12 \times 1\frac{3}{28} =$

4 (자연수) × (대분수)

○ 계산을 하여 기약분수로 나타내어 보시오.

❶ $4\times1\frac{1}{2}=$

❷ $9\times1\frac{1}{3}=$

❸ $10\times1\frac{1}{7}=$

❹ $5\times1\frac{1}{9}=$

❺ $22\times1\frac{1}{11}=$

❻ $6\times1\frac{1}{13}=$

❼ $12\times1\frac{1}{15}=$

❽ $7\times2\frac{1}{3}=$

❾ $2\times6\frac{2}{3}=$

❿ $5\times3\frac{3}{4}=$

⓫ $3\times3\frac{4}{5}=$

⓬ $9\times1\frac{5}{6}=$

⓭ $8\times3\frac{1}{6}=$

⓮ $4\times2\frac{5}{7}=$

⓯ $21\times1\frac{2}{7}=$

⓰ $6\times1\frac{7}{8}=$

⓱ $7\times2\frac{5}{8}=$

⓲ $16\times2\frac{1}{8}=$

⓳ $4\times3\frac{5}{9}=$

⓴ $3\times4\frac{2}{9}=$

㉑ $27\times1\frac{4}{9}=$

㉒ $6\times1\frac{9}{10}=$

㉓ $5\times2\frac{3}{10}=$

㉔ $12\times1\frac{1}{10}=$

㉕ $5\times1\frac{4}{13}=$

㉖ $6\times2\frac{1}{14}=$

㉗ $7\times2\frac{5}{14}=$

㉘ $4\times1\frac{8}{15}=$

㉙ $5\times2\frac{7}{15}=$

㉚ $12\times1\frac{3}{16}=$

㉛ $6\times2\frac{7}{18}=$

㉜ $15\times1\frac{8}{21}=$

㉝ $8\times2\frac{5}{24}=$

㉞ $4\times2\frac{3}{26}=$

㉟ $9\times1\frac{4}{27}=$

㊱ $6\times2\frac{8}{27}=$

㊲ $21\times1\frac{5}{28}=$

㊳ $15\times2\frac{7}{30}=$

㊴ $8\times2\frac{3}{32}=$

㊵ $14\times1\frac{2}{35}=$

㊶ $12\times1\frac{5}{36}=$

㊷ $20\times1\frac{2}{45}=$

3 ~ 4 다르게 풀기

○ 빈칸에 알맞은 기약분수를 써넣으시오.

❶

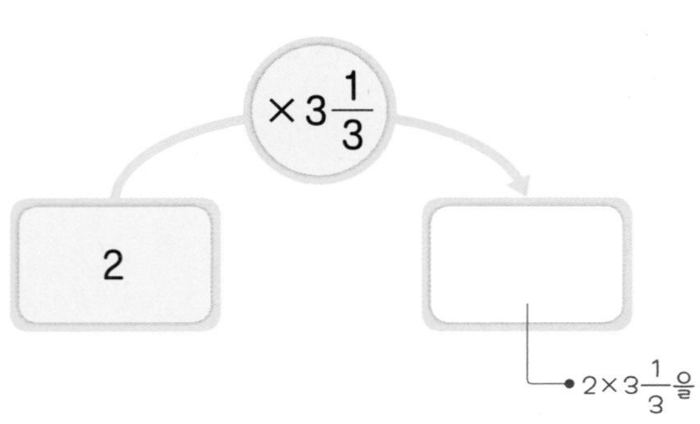

❷

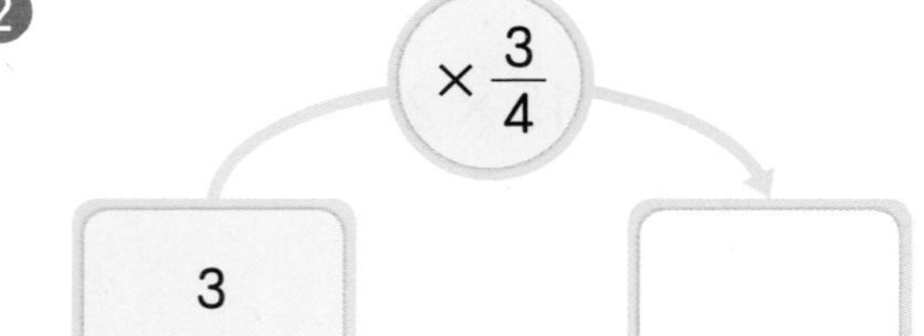

❸

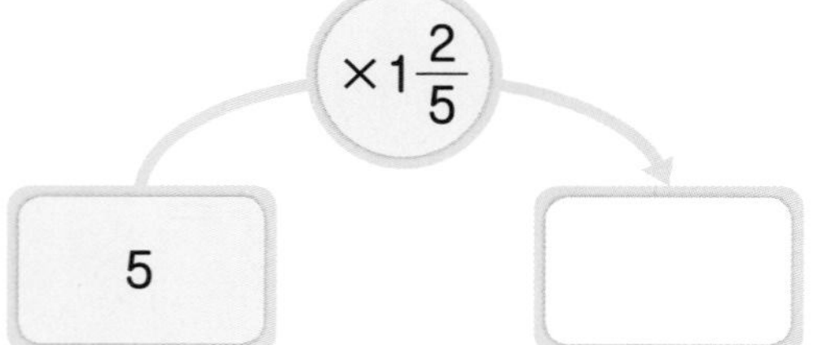

❹

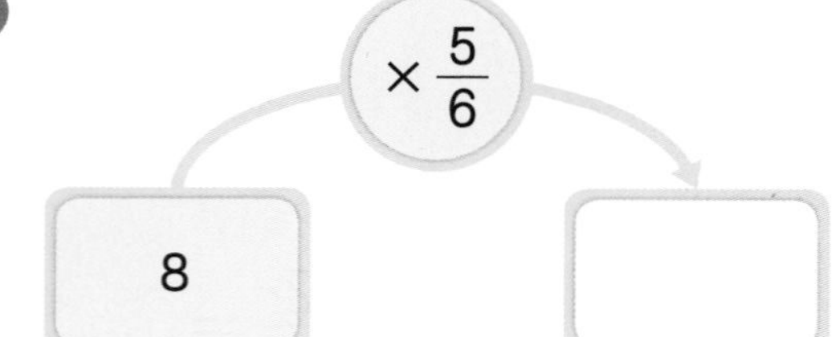

❺

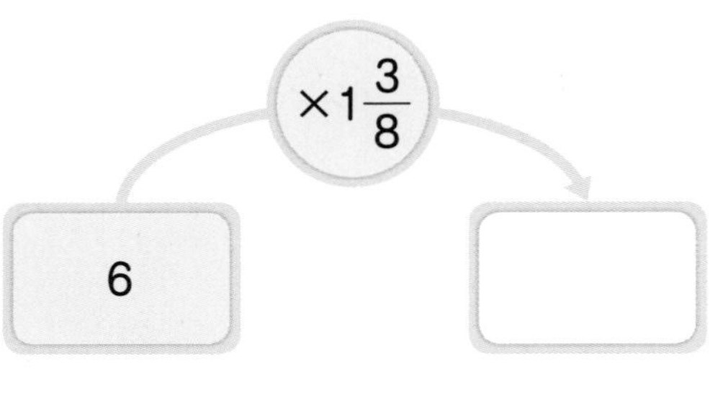

❻

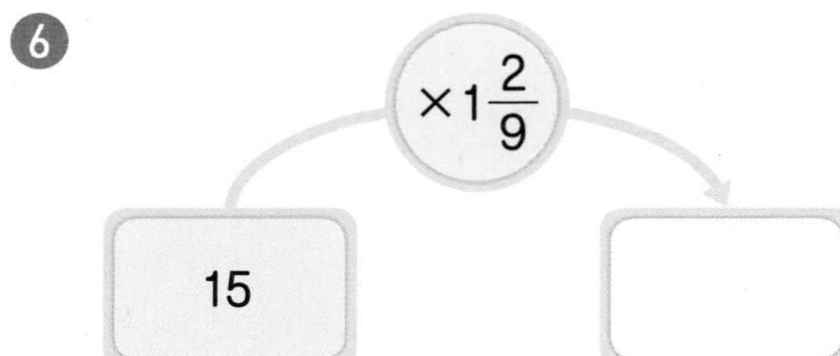

❼

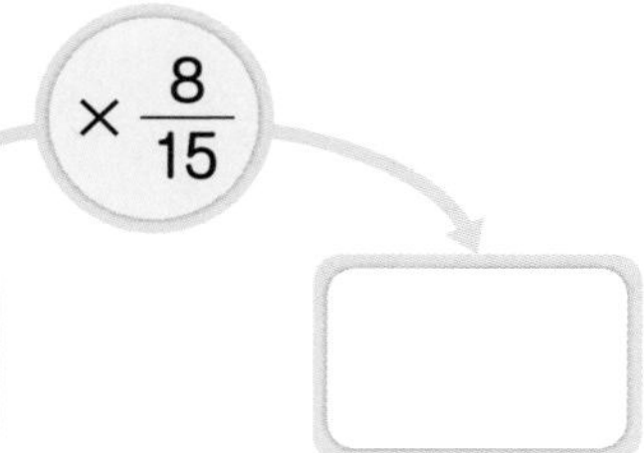

❽

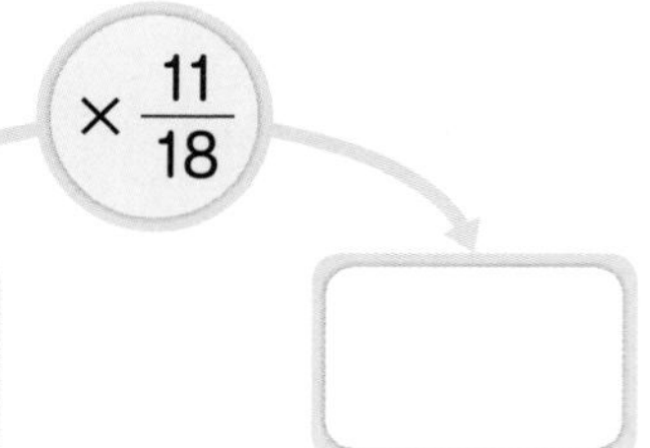

9

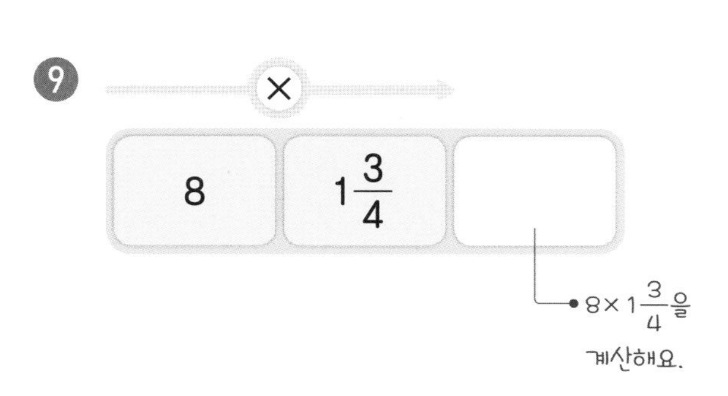

10

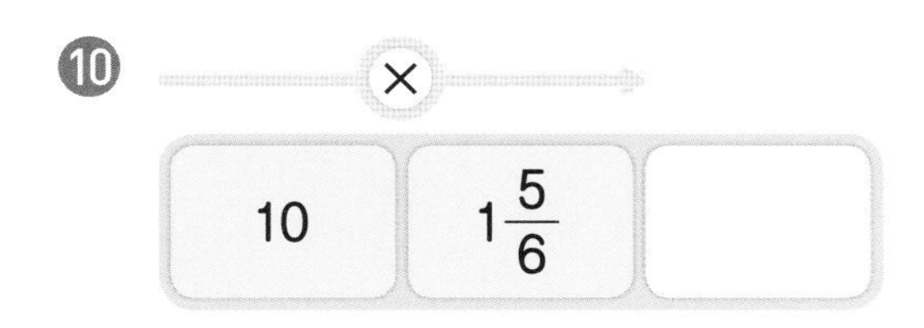

11

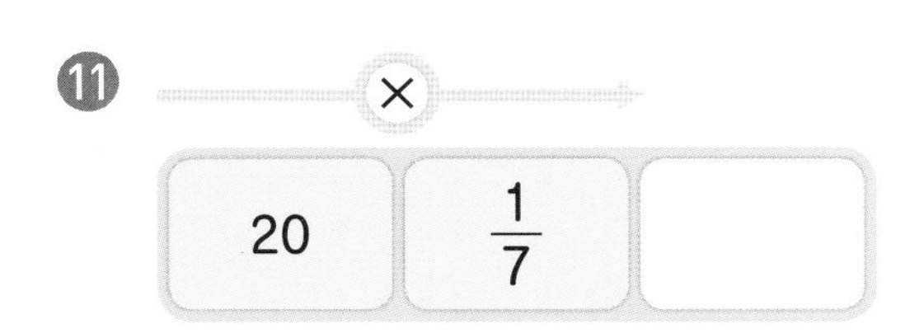

12

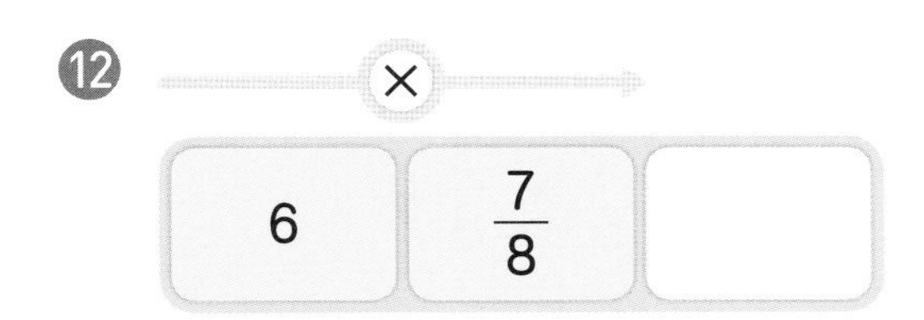

13

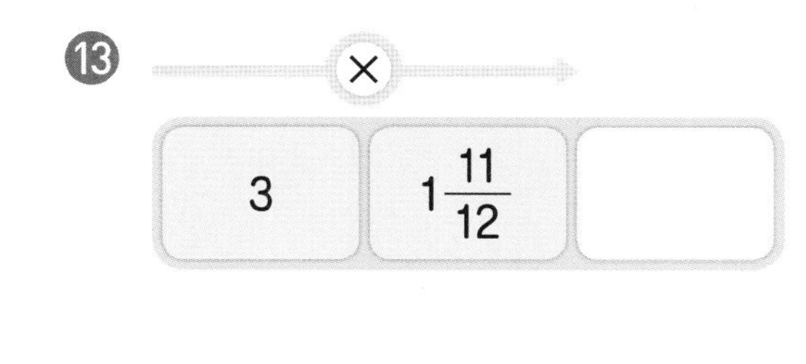

14

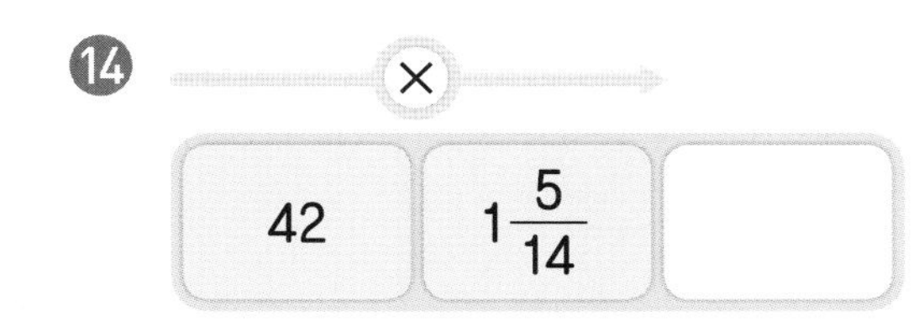

15

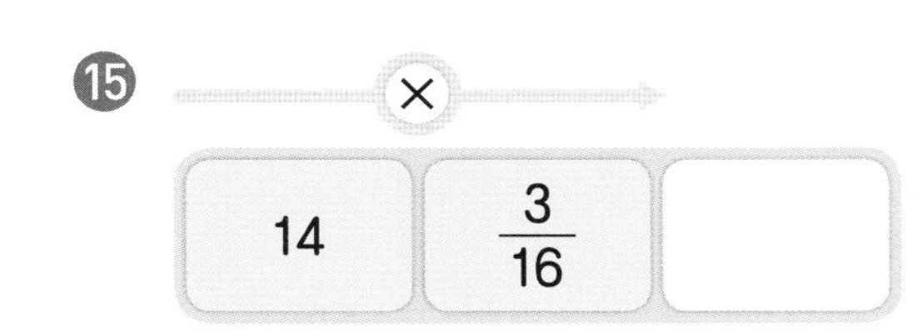

16

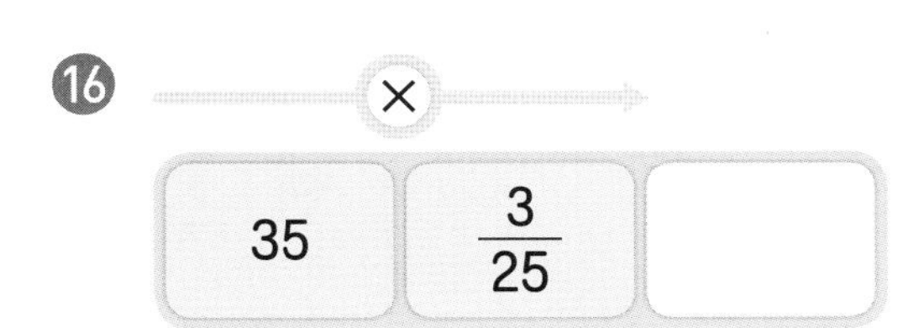

17 길이가 5 m인 끈의 $\frac{4}{15}$만큼 사용했습니다. 사용한 끈의 길이는 몇 m인지 구해 보시오.

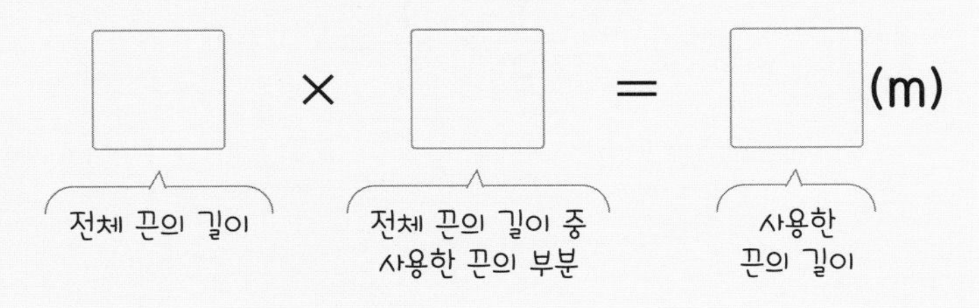

5 (진분수)×(진분수)

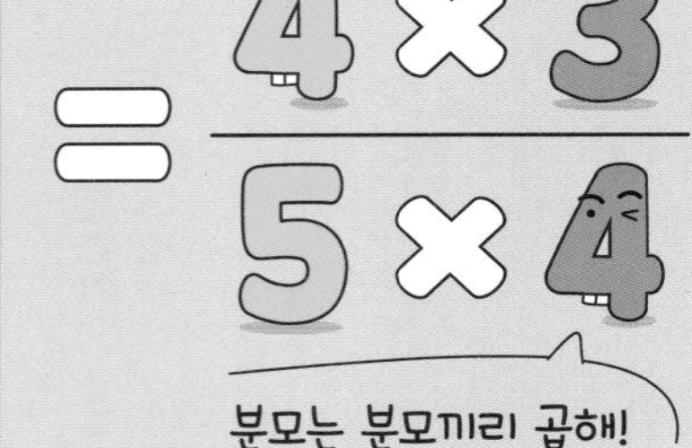

● (진분수)×(진분수)의 계산 방법

분자는 분자끼리, 분모는 분모끼리 곱하여 계산합니다.
분수의 곱셈을 약분 순서에 따라 계산할 수 있습니다.

• $\frac{4}{5}\times\frac{3}{4}=\frac{4\times3}{5\times4}=\frac{\overset{3}{\cancel{12}}}{\underset{5}{\cancel{20}}}=\frac{3}{5}$ → 곱셈을 다 한 이후에 약분하기

• $\frac{\overset{1}{\cancel{4}}}{5}\times\frac{3}{\underset{1}{\cancel{4}}}=\frac{1\times3}{5\times1}=\frac{3}{5}$ → 곱셈 과정에서 약분하기

○ 계산을 하여 기약분수로 나타내어 보시오.

❶ $\frac{1}{2}\times\frac{1}{3}=$

❷ $\frac{1}{4}\times\frac{1}{5}=$

❸ $\frac{1}{5}\times\frac{1}{6}=$

❹ $\frac{1}{6}\times\frac{1}{2}=$

❺ $\frac{1}{7}\times\frac{1}{4}=$

❻ $\frac{1}{8}\times\frac{1}{3}=$

❼ $\frac{1}{9}\times\frac{1}{5}=$

❽ $\frac{1}{2}\times\frac{6}{7}=$

❾ $\frac{2}{3}\times\frac{5}{8}=$

❿ $\frac{3}{4}\times\frac{2}{5}=$

⓫ $\frac{3}{5}\times\frac{4}{7}=$

⓬ $\frac{4}{5}\times\frac{3}{8}=$

⓭ $\frac{5}{6}\times\frac{2}{9}=$

⓮ $\frac{6}{7}\times\frac{5}{6}=$

⑮ $\frac{3}{8} \times \frac{1}{6} =$

⑯ $\frac{5}{8} \times \frac{4}{9} =$

⑰ $\frac{7}{8} \times \frac{3}{5} =$

⑱ $\frac{4}{9} \times \frac{3}{8} =$

⑲ $\frac{5}{9} \times \frac{2}{15} =$

⑳ $\frac{3}{10} \times \frac{5}{7} =$

㉑ $\frac{9}{10} \times \frac{2}{3} =$

㉒ $\frac{4}{11} \times \frac{5}{8} =$

㉓ $\frac{1}{12} \times \frac{4}{5} =$

㉔ $\frac{5}{12} \times \frac{3}{10} =$

㉕ $\frac{8}{13} \times \frac{3}{4} =$

㉖ $\frac{3}{14} \times \frac{2}{7} =$

㉗ $\frac{5}{14} \times \frac{7}{9} =$

㉘ $\frac{2}{15} \times \frac{3}{4} =$

㉙ $\frac{5}{16} \times \frac{2}{3} =$

㉚ $\frac{13}{20} \times \frac{5}{26} =$

㉛ $\frac{10}{21} \times \frac{7}{15} =$

㉜ $\frac{7}{24} \times \frac{3}{14} =$

㉝ $\frac{6}{25} \times \frac{5}{8} =$

㉞ $\frac{11}{27} \times \frac{15}{22} =$

㉟ $\frac{5}{28} \times \frac{12}{35} =$

5 (진분수)×(진분수)

○ 계산을 하여 기약분수로 나타내어 보시오.

❶ $\frac{1}{2} \times \frac{1}{8} =$

❷ $\frac{1}{3} \times \frac{1}{5} =$

❸ $\frac{1}{4} \times \frac{1}{9} =$

❹ $\frac{1}{6} \times \frac{1}{4} =$

❺ $\frac{1}{7} \times \frac{1}{3} =$

❻ $\frac{1}{9} \times \frac{1}{6} =$

❼ $\frac{1}{10} \times \frac{1}{2} =$

❽ $\frac{2}{3} \times \frac{3}{4} =$

❾ $\frac{2}{5} \times \frac{7}{8} =$

❿ $\frac{4}{5} \times \frac{5}{11} =$

⓫ $\frac{5}{6} \times \frac{3}{7} =$

⓬ $\frac{2}{7} \times \frac{7}{10} =$

⓭ $\frac{6}{7} \times \frac{4}{9} =$

⓮ $\frac{3}{8} \times \frac{5}{12} =$

⓯ $\frac{5}{8} \times \frac{12}{13} =$

⓰ $\frac{7}{8} \times \frac{6}{35} =$

⓱ $\frac{2}{9} \times \frac{3}{10} =$

⓲ $\frac{7}{9} \times \frac{4}{21} =$

⓳ $\frac{8}{9} \times \frac{5}{7} =$

⓴ $\frac{7}{10} \times \frac{3}{5} =$

㉑ $\frac{9}{10} \times \frac{1}{6} =$

㉒ $\frac{5}{11} \times \frac{7}{10} =$

㉓ $\frac{7}{12} \times \frac{8}{15} =$

㉔ $\frac{11}{12} \times \frac{6}{7} =$

㉕ $\frac{3}{14} \times \frac{4}{5} =$

㉖ $\frac{9}{14} \times \frac{7}{12} =$

㉗ $\frac{4}{15} \times \frac{5}{8} =$

㉘ $\frac{14}{15} \times \frac{3}{7} =$

㉙ $\frac{9}{16} \times \frac{8}{15} =$

㉚ $\frac{15}{16} \times \frac{4}{5} =$

㉛ $\frac{4}{17} \times \frac{5}{6} =$

㉜ $\frac{5}{18} \times \frac{9}{10} =$

㉝ $\frac{7}{18} \times \frac{3}{4} =$

㉞ $\frac{7}{20} \times \frac{8}{9} =$

㉟ $\frac{11}{20} \times \frac{3}{22} =$

㊱ $\frac{8}{21} \times \frac{3}{14} =$

㊲ $\frac{9}{22} \times \frac{2}{15} =$

㊳ $\frac{5}{24} \times \frac{9}{20} =$

㊴ $\frac{7}{25} \times \frac{10}{21} =$

㊵ $\frac{21}{26} \times \frac{4}{9} =$

㊶ $\frac{14}{27} \times \frac{9}{16} =$

㊷ $\frac{15}{28} \times \frac{14}{27} =$

6 (대분수)×(대분수)

- (대분수)×(대분수)의 계산 방법

방법 1 대분수를 가분수로 나타낸 후 계산하기

$$2\frac{1}{4} \times 1\frac{1}{3} = \frac{\overset{3}{\cancel{9}}}{\underset{1}{\cancel{4}}} \times \frac{\overset{1}{\cancel{4}}}{\underset{1}{\cancel{3}}} = 3$$

방법 2 대분수를 자연수와 진분수의 합으로 보고 계산하기

$$2\frac{1}{4} \times 1\frac{1}{3}$$
$$= \left(2\frac{1}{4} \times 1\right) + \left(2\frac{1}{4} \times \frac{1}{3}\right)$$
$$= 2\frac{1}{4} + \left(\frac{\overset{3}{\cancel{9}}}{4} \times \frac{1}{\underset{1}{\cancel{3}}}\right)$$
$$= 2\frac{1}{4} + \frac{3}{4} = 3$$

○ 계산을 하여 기약분수로 나타내어 보시오.

❶ $1\frac{1}{2} \times 1\frac{1}{5} =$

❷ $1\frac{1}{3} \times 1\frac{1}{4} =$

❸ $1\frac{1}{4} \times 1\frac{1}{2} =$

❹ $1\frac{1}{6} \times 1\frac{1}{5} =$

❺ $1\frac{1}{7} \times 1\frac{1}{2} =$

❻ $1\frac{1}{8} \times 1\frac{1}{3} =$

❼ $1\frac{1}{10} \times 1\frac{1}{4} =$

❽ $2\frac{1}{3} \times 1\frac{1}{2} =$

❾ $1\frac{3}{4} \times 2\frac{2}{5} =$

❿ $2\frac{1}{4} \times 1\frac{1}{6} =$

⓫ $1\frac{4}{5} \times 1\frac{2}{3} =$

⓬ $2\frac{2}{5} \times 1\frac{3}{7} =$

⓭ $1\frac{5}{6} \times 1\frac{1}{8} =$

⓮ $2\frac{6}{7} \times 1\frac{3}{4} =$

⑮ $1\frac{7}{8}\times1\frac{2}{3}=$

⑯ $2\frac{5}{8}\times2\frac{1}{7}=$

⑰ $3\frac{1}{8}\times1\frac{2}{5}=$

⑱ $3\frac{3}{8}\times1\frac{1}{9}=$

⑲ $1\frac{5}{9}\times2\frac{1}{2}=$

⑳ $1\frac{7}{9}\times1\frac{5}{6}=$

㉑ $2\frac{2}{9}\times2\frac{3}{4}=$

㉒ $2\frac{7}{9}\times1\frac{1}{5}=$

㉓ $3\frac{1}{9}\times1\frac{3}{7}=$

㉔ $1\frac{7}{10}\times3\frac{1}{3}=$

㉕ $1\frac{9}{10}\times1\frac{1}{7}=$

㉖ $2\frac{1}{10}\times1\frac{5}{6}=$

㉗ $1\frac{5}{11}\times2\frac{3}{4}=$

㉘ $2\frac{2}{11}\times2\frac{1}{8}=$

㉙ $1\frac{7}{12}\times1\frac{1}{3}=$

㉚ $2\frac{1}{12}\times1\frac{4}{5}=$

㉛ $1\frac{3}{13}\times2\frac{1}{4}=$

㉜ $1\frac{1}{14}\times2\frac{3}{5}=$

㉝ $1\frac{5}{16}\times2\frac{4}{7}=$

㉞ $2\frac{5}{17}\times1\frac{8}{9}=$

㉟ $1\frac{7}{19}\times2\frac{3}{8}=$

6 (대분수) × (대분수)

○ 계산을 하여 기약분수로 나타내어 보시오.

❶ $1\frac{1}{3} \times 1\frac{1}{6} =$

❷ $1\frac{1}{4} \times 1\frac{1}{7} =$

❸ $1\frac{1}{5} \times 1\frac{1}{9} =$

❹ $1\frac{1}{8} \times 1\frac{1}{6} =$

❺ $1\frac{1}{9} \times 1\frac{1}{2} =$

❻ $1\frac{1}{10} \times 1\frac{1}{3} =$

❼ $1\frac{1}{11} \times 1\frac{1}{6} =$

❽ $1\frac{2}{3} \times 3\frac{2}{3} =$

❾ $2\frac{1}{4} \times 1\frac{4}{5} =$

❿ $2\frac{3}{4} \times 1\frac{9}{11} =$

⓫ $1\frac{3}{5} \times 1\frac{5}{8} =$

⓬ $2\frac{1}{5} \times 1\frac{1}{4} =$

⓭ $3\frac{3}{5} \times 2\frac{1}{6} =$

⓮ $4\frac{1}{5} \times 1\frac{5}{7} =$

⓯ $2\frac{5}{6} \times 1\frac{1}{7} =$

⓰ $4\frac{1}{6} \times 2\frac{2}{5} =$

⓱ $1\frac{3}{7} \times 2\frac{3}{8} =$

⓲ $1\frac{5}{7} \times 2\frac{1}{4} =$

⓳ $2\frac{1}{7} \times 3\frac{1}{5} =$

⓴ $4\frac{2}{7} \times 1\frac{5}{6} =$

㉑ $1\frac{3}{8} \times 2\frac{2}{3} =$

㉒ $2\frac{7}{8} \times 1\frac{5}{11} =$

㉓ $3\frac{1}{8} \times 1\frac{5}{7} =$

㉔ $1\frac{4}{9} \times 2\frac{1}{13} =$

㉕ $1\frac{5}{9} \times 2\frac{4}{7} =$

㉖ $2\frac{8}{9} \times 1\frac{1}{8} =$

㉗ $1\frac{3}{10} \times 3\frac{3}{4} =$

㉘ $1\frac{7}{10} \times 1\frac{3}{5} =$

㉙ $2\frac{7}{10} \times 2\frac{2}{9} =$

㉚ $3\frac{9}{10} \times 1\frac{7}{13} =$

㉛ $1\frac{7}{11} \times 1\frac{1}{9} =$

㉜ $2\frac{3}{11} \times 3\frac{3}{10} =$

㉝ $3\frac{2}{11} \times 1\frac{6}{7} =$

㉞ $2\frac{11}{12} \times 2\frac{2}{5} =$

㉟ $4\frac{1}{12} \times 1\frac{3}{7} =$

㊱ $2\frac{4}{13} \times 1\frac{5}{8} =$

㊲ $2\frac{9}{13} \times 2\frac{3}{5} =$

㊳ $3\frac{3}{14} \times 1\frac{3}{5} =$

㊴ $2\frac{4}{15} \times 2\frac{1}{4} =$

㊵ $2\frac{3}{16} \times 2\frac{4}{5} =$

㊶ $3\frac{1}{18} \times 1\frac{3}{11} =$

㊷ $2\frac{2}{21} \times 2\frac{5}{8} =$

7 세 분수의 곱셈

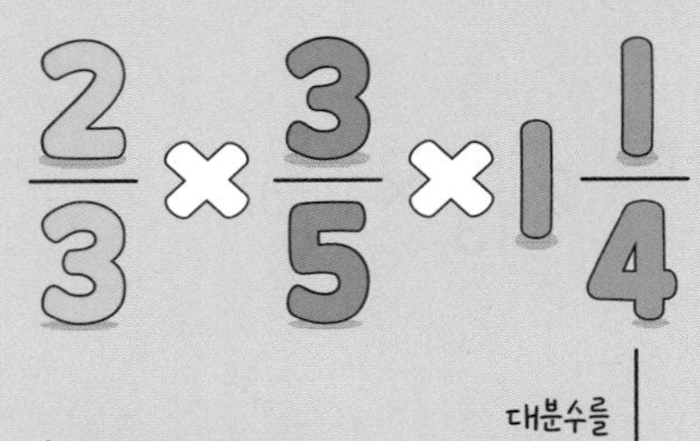

- 세 분수의 곱셈의 계산 방법

분자는 분자끼리, 분모는 분모끼리 곱합니다. 이때 대분수가 있으면 가분수로 나타낸 후 계산합니다.
분수의 곱셈을 약분 순서에 따라 계산할 수 있습니다.

- $\frac{2}{3}\times\frac{3}{5}\times1\frac{1}{4}$
$=\frac{2}{3}\times\frac{3}{5}\times\frac{5}{4}$
$=\frac{2\times3\times5}{3\times5\times4}$
$=\frac{\overset{1}{\cancel{30}}}{\underset{2}{\cancel{60}}}=\frac{1}{2}$ → 곱셈을 다 한 이후에 약분하기

- $\frac{2}{3}\times\frac{3}{5}\times1\frac{1}{4}$
$=\frac{\overset{1}{\cancel{2}}}{\underset{1}{\cancel{3}}}\times\frac{\overset{1}{\cancel{3}}}{\underset{1}{\cancel{5}}}\times\frac{\overset{1}{\cancel{5}}}{\underset{2}{\cancel{4}}}=\frac{1}{2}$ → 곱셈 과정에서 약분하기

○ 계산을 하여 기약분수로 나타내어 보시오.

❶ $\frac{1}{2}\times\frac{1}{5}\times\frac{1}{9}=$

❷ $\frac{1}{3}\times\frac{1}{4}\times\frac{1}{6}=$

❸ $\frac{3}{4}\times\frac{1}{3}\times\frac{1}{7}=$

❹ $\frac{1}{8}\times\frac{1}{2}\times\frac{4}{5}=$

❺ $\frac{1}{9}\times\frac{5}{6}\times\frac{1}{5}=$

❻ $\frac{6}{7}\times\frac{1}{6}\times\frac{1}{3}=$

❼ $\frac{1}{4}\times\frac{8}{9}\times\frac{1}{2}=$

❽ $\frac{1}{2}\times\frac{3}{4}\times\frac{5}{6}=$

❾ $\frac{3}{8}\times\frac{2}{9}\times\frac{1}{3}=$

❿ $\frac{2}{3}\times\frac{1}{7}\times\frac{3}{5}=$

⓫ $\frac{1}{9}\times\frac{3}{4}\times\frac{5}{7}=$

⓬ $\frac{4}{5}\times\frac{6}{7}\times\frac{3}{4}=$

⓭ $\frac{5}{8}\times\frac{2}{5}\times\frac{9}{10}=$

⓮ $\frac{4}{21}\times\frac{7}{9}\times\frac{3}{8}=$

⑮ $\frac{3}{5}\times10\times\frac{3}{4}=$

⑯ $\frac{4}{9}\times\frac{2}{7}\times14=$

⑰ $1\frac{2}{3}\times\frac{4}{5}\times6=$

⑱ $\frac{6}{7}\times5\times2\frac{4}{5}=$

⑲ $4\times1\frac{7}{8}\times\frac{2}{3}=$

⑳ $2\frac{3}{4}\times2\times1\frac{1}{2}=$

㉑ $1\frac{1}{8}\times1\frac{5}{6}\times3=$

㉒ $\frac{1}{12}\times3\frac{2}{3}\times\frac{4}{11}=$

㉓ $\frac{2}{3}\times\frac{3}{8}\times1\frac{1}{6}=$

㉔ $5\frac{1}{7}\times\frac{7}{9}\times\frac{3}{5}=$

㉕ $5\frac{1}{4}\times\frac{1}{2}\times3\frac{3}{7}=$

㉖ $2\frac{1}{6}\times1\frac{2}{13}\times\frac{3}{10}=$

㉗ $\frac{4}{21}\times1\frac{5}{9}\times1\frac{3}{8}=$

㉘ $1\frac{4}{5}\times2\frac{3}{4}\times1\frac{2}{3}=$

7 세 분수의 곱셈

○ 계산을 하여 기약분수로 나타내어 보시오.

❶ $\frac{1}{7} \times \frac{1}{2} \times \frac{1}{3} =$

❷ $\frac{3}{5} \times \frac{1}{6} \times \frac{1}{2} =$

❸ $\frac{1}{2} \times \frac{1}{10} \times \frac{5}{6} =$

❹ $\frac{1}{3} \times \frac{2}{7} \times \frac{1}{4} =$

❺ $\frac{1}{6} \times \frac{7}{8} \times \frac{1}{7} =$

❻ $\frac{2}{9} \times \frac{1}{5} \times \frac{1}{8} =$

❼ $\frac{1}{8} \times \frac{1}{3} \times \frac{4}{11} =$

❽ $\frac{2}{3} \times \frac{5}{6} \times \frac{1}{4} =$

❾ $\frac{1}{8} \times \frac{3}{5} \times \frac{2}{9} =$

❿ $\frac{6}{7} \times \frac{1}{15} \times \frac{5}{12} =$

⓫ $\frac{5}{6} \times \frac{2}{3} \times \frac{4}{5} =$

⓬ $\frac{4}{9} \times \frac{2}{5} \times \frac{3}{4} =$

⓭ $\frac{7}{8} \times \frac{5}{7} \times \frac{3}{10} =$

⓮ $\frac{3}{16} \times \frac{6}{11} \times \frac{4}{9} =$

⑮ $\frac{2}{3}\times12\times\frac{7}{10}=$

⑯ $10\times\frac{5}{8}\times\frac{4}{9}=$

⑰ $18\times3\frac{3}{4}\times\frac{2}{5}=$

⑱ $\frac{3}{10}\times8\times2\frac{6}{7}=$

⑲ $2\frac{2}{9}\times\frac{3}{5}\times9=$

⑳ $1\frac{3}{7}\times1\frac{1}{10}\times4=$

㉑ $6\times1\frac{7}{9}\times1\frac{5}{8}=$

㉒ $\frac{2}{5}\times\frac{7}{9}\times3\frac{3}{4}=$

㉓ $\frac{10}{21}\times2\frac{4}{5}\times\frac{7}{12}=$

㉔ $4\frac{8}{9}\times\frac{6}{11}\times\frac{1}{3}=$

㉕ $1\frac{5}{9}\times\frac{1}{2}\times3\frac{3}{7}=$

㉖ $\frac{3}{4}\times5\frac{1}{3}\times2\frac{5}{6}=$

㉗ $1\frac{2}{3}\times1\frac{1}{9}\times\frac{1}{25}=$

㉘ $1\frac{1}{4}\times1\frac{5}{7}\times2\frac{2}{5}=$

5 ~ 7 다르게 풀기

○ 빈칸에 알맞은 기약분수를 써넣으시오.

❶

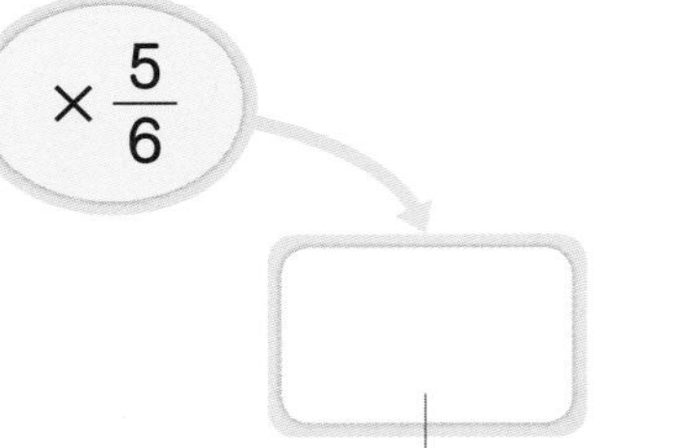

$\times \frac{5}{6}$

$\frac{4}{5}$ → □

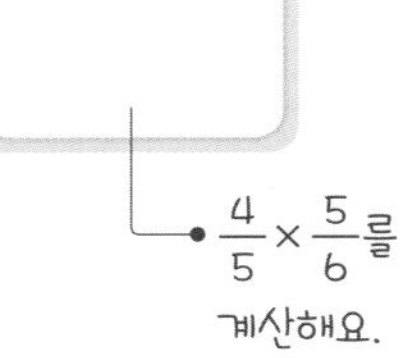

$\frac{4}{5} \times \frac{5}{6}$를 계산해요.

❷

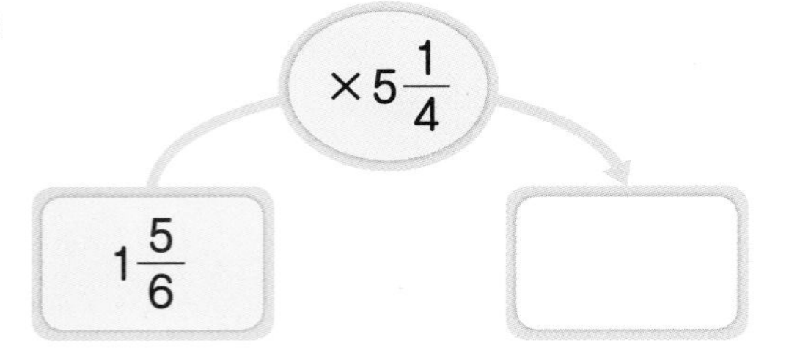

$\times 5\frac{1}{4}$

$1\frac{5}{6}$ → □

❸

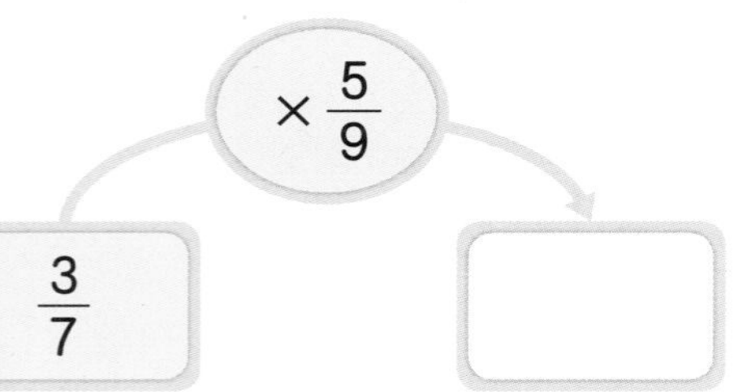

$\times \frac{5}{9}$

$\frac{3}{7}$ → □

❹

$\times 2\frac{4}{5}$

$3\frac{1}{8}$ → □

❺

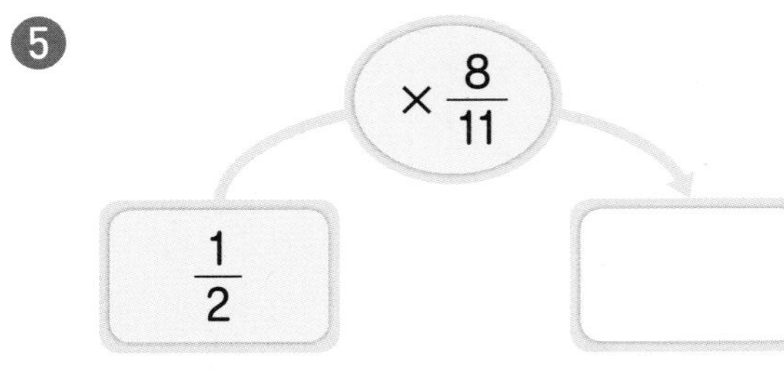

$\times \frac{8}{11}$

$\frac{1}{2}$ → □

❻

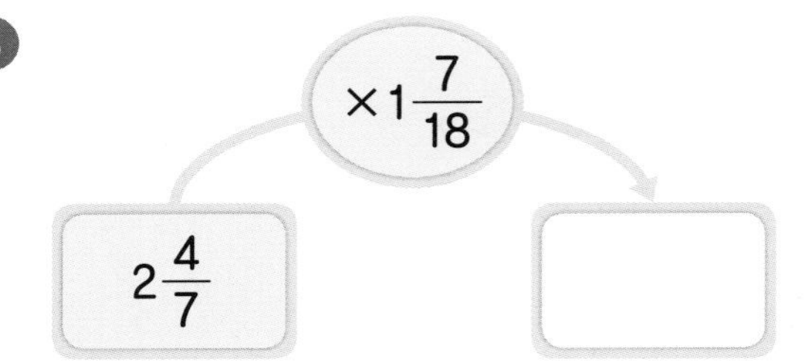

$\times 1\frac{7}{18}$

$2\frac{4}{7}$ → □

❼

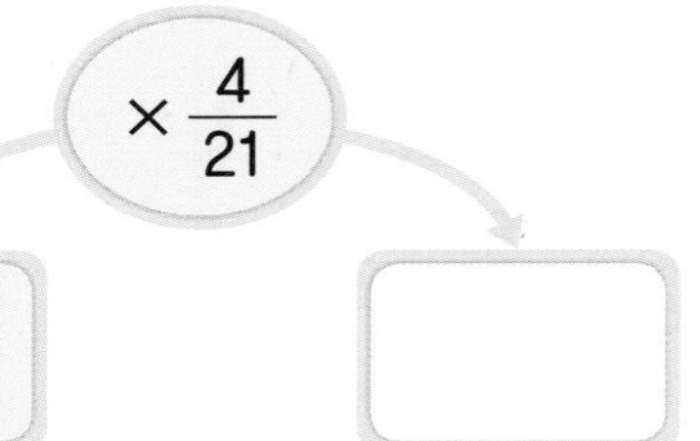

$\times \frac{4}{21}$

$\frac{9}{14}$ → □

❽

$\times 1\frac{9}{10}$

$2\frac{2}{19}$ → □

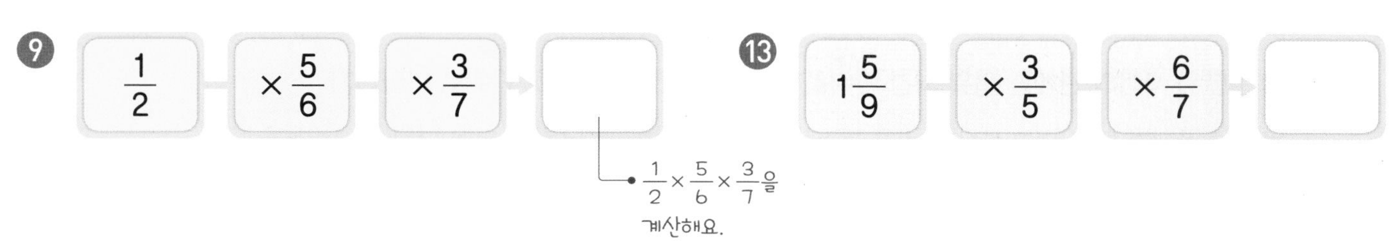

9. $\frac{1}{2}$ → $\times\frac{5}{6}$ → $\times\frac{3}{7}$ → □

13. $1\frac{5}{9}$ → $\times\frac{3}{5}$ → $\times\frac{6}{7}$ → □

10. $\frac{2}{3}$ → $\times\frac{5}{7}$ → $\times\frac{4}{5}$ → □

14. $1\frac{2}{3}$ → $\times 6$ → $\times 1\frac{4}{5}$ → □

11. $\frac{3}{8}$ → $\times\frac{2}{9}$ → $\times 4$ → □

15. $1\frac{3}{5}$ → $\times\frac{7}{8}$ → $\times 1\frac{1}{3}$ → □

12. $\frac{7}{10}$ → $\times\frac{4}{5}$ → $\times 3\frac{3}{4}$ → □

16. $1\frac{2}{5}$ → $\times 2\frac{4}{9}$ → $\times 2\frac{1}{2}$ → □

문장제 속 연산

17. 현호는 밀가루 $\frac{4}{5}$ kg의 $\frac{1}{2}$을 사용하여 빵을 만들었습니다. 빵을 만드는 데 사용한 밀가루는 몇 kg인지 구해 보시오.

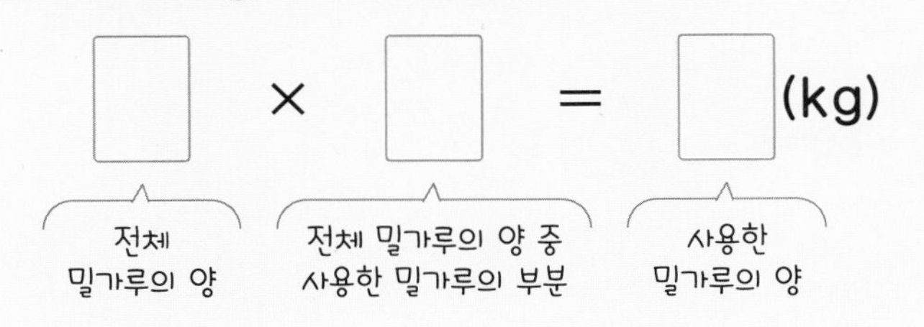

비법 강의

비법 강의 QR

외우면 빨라지는 계산 비법

+−×÷ 시간 단위 사이의 관계를 외워 시간 단위를 분 단위로, 분 단위를 초 단위로 나타내기

분수의 곱셈을 이용하여 시간 단위를 분 단위로, 분 단위를 초 단위로 쉽게 나타낼 수 있습니다.

원리 시간 단위와 분 단위의 관계

1시간=60분

⇨ $\frac{▲}{■}$시간=$\left(\frac{▲}{■}\times 60\right)$분

적용 $\frac{1}{10}$시간=$\left(\frac{1}{10}\times 60\right)$분=6분

원리 분 단위와 초 단위의 관계

1분=60초

⇨ $\frac{▲}{■}$분=$\left(\frac{▲}{■}\times 60\right)$초

적용 $\frac{1}{10}$분=$\left(\frac{1}{10}\times 60\right)$초=6초

○ 시간 단위 사이의 관계를 외워 시간 단위를 분 단위로, 분 단위를 초 단위로 나타내려고 합니다. □ 안에 알맞은 수를 써넣으시오.

❶ $\frac{1}{6}$시간=□분

$\frac{1}{6}\times 60=$□

❷ $\frac{1}{2}$시간=□분

$\frac{1}{2}\times 60=$□

❸ $\frac{1}{5}$시간=□분

$\frac{1}{5}\times 60=$□

❹ $\frac{1}{3}$분=□초

$\frac{1}{3}\times 60=$□

❺ $\frac{1}{4}$분=□초

$\frac{1}{4}\times 60=$□

❻ $\frac{1}{20}$분=□초

$\frac{1}{20}\times 60=$□

❼ $\frac{2}{3}$시간= ☐ 분

$\frac{2}{3}\times60=$ ☐

❽ $\frac{3}{4}$시간= ☐ 분

$\frac{3}{4}\times60=$ ☐

❾ $\frac{4}{5}$시간= ☐ 분

$\frac{4}{5}\times60=$ ☐

❿ $\frac{5}{12}$시간= ☐ 분

$\frac{5}{12}\times60=$ ☐

⓫ $\frac{2}{15}$시간= ☐ 분

$\frac{2}{15}\times60=$ ☐

⓬ $\frac{5}{6}$분= ☐ 초

$\frac{5}{6}\times60=$ ☐

⓭ $\frac{2}{5}$분= ☐ 초

$\frac{2}{5}\times60=$ ☐

⓮ $\frac{3}{5}$분= ☐ 초

$\frac{3}{5}\times60=$ ☐

⓯ $\frac{7}{12}$분= ☐ 초

$\frac{7}{12}\times60=$ ☐

⓰ $\frac{7}{15}$분= ☐ 초

$\frac{7}{15}\times60=$ ☐

2. 분수의 곱셈

○ 계산을 하여 기약분수로 나타내어 보시오.

1 $\frac{4}{5}\times15=$

2 $8\times\frac{5}{24}=$

3 $\frac{5}{6}\times\frac{7}{10}=$

4 $\frac{6}{7}\times9=$

5 $1\frac{7}{8}\times2=$

6 $1\frac{5}{6}\times2\frac{2}{5}=$

7 $12\times2\frac{1}{9}=$

8 $\frac{6}{7}\times\frac{7}{9}=$

9 $12\times\frac{5}{8}=$

10 $4\times3\frac{2}{3}=$

11 $4\frac{3}{10}\times2=$

12 $10\times\frac{7}{18}=$

13 $5\frac{3}{5}\times3\frac{4}{7}=$

14 $\frac{3}{5}\times\frac{6}{7}\times\frac{4}{9}=$

15 $\frac{17}{20} \times \frac{5}{34} =$

16 $3\frac{1}{5} \times 4\frac{3}{8} =$

17 $\frac{8}{15} \times \frac{3}{10} =$

18 $1\frac{7}{16} \times 6 =$

19 $1\frac{2}{7} \times \frac{2}{3} \times 6 =$

20 $2\frac{1}{6} \times 2\frac{4}{13} =$

21 $2\frac{3}{4} \times 1\frac{1}{3} \times \frac{8}{11} =$

○ 빈칸에 알맞은 기약분수를 써넣으시오.

22

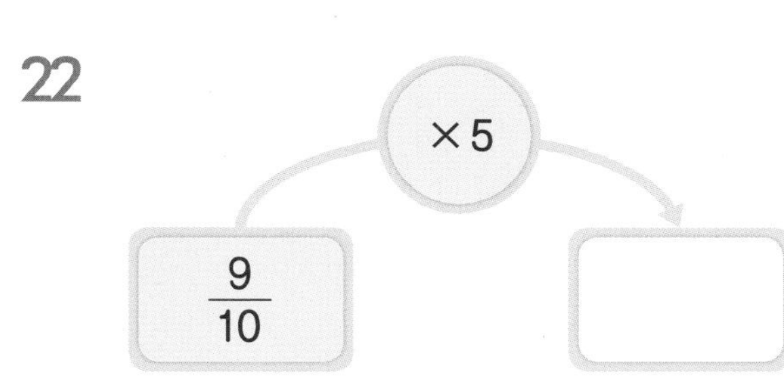

23

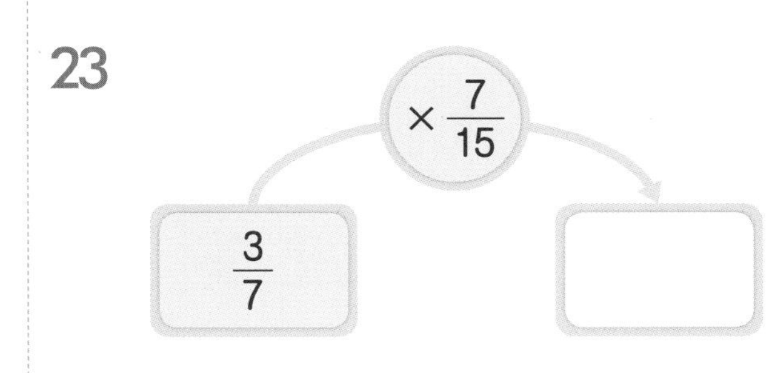

24

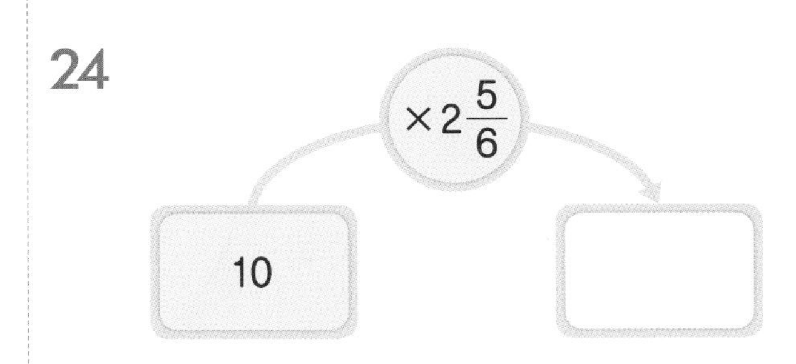

25

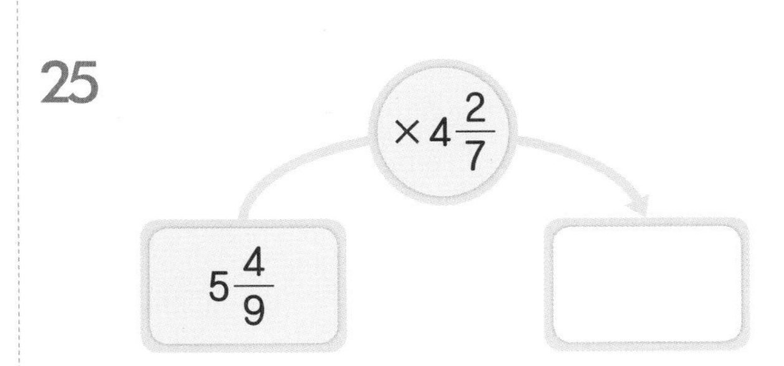

2단원의 연산 실력을 보충하고 싶다면 **클리닉 북 7~13쪽**을 풀어 보세요.

3 합동과 대칭

학습하는 데 걸린 시간을 작성해 봐요!

학습 내용	학습 회차	걸린 시간
1 도형의 합동	1일 차	/6분
2 선대칭도형	2일 차	/9분
3 점대칭도형	3일 차	/9분
평가 3. 합동과 대칭	4일 차	/13분

1 도형의 합동

모양과 크기가 같아서 포개면 완전히 겹치는 두 도형을 서로 합동이라고 해!

합동인 두 도형은 각각의 대응변의 길이가 서로 같고, 대응각의 크기가 서로 같아.

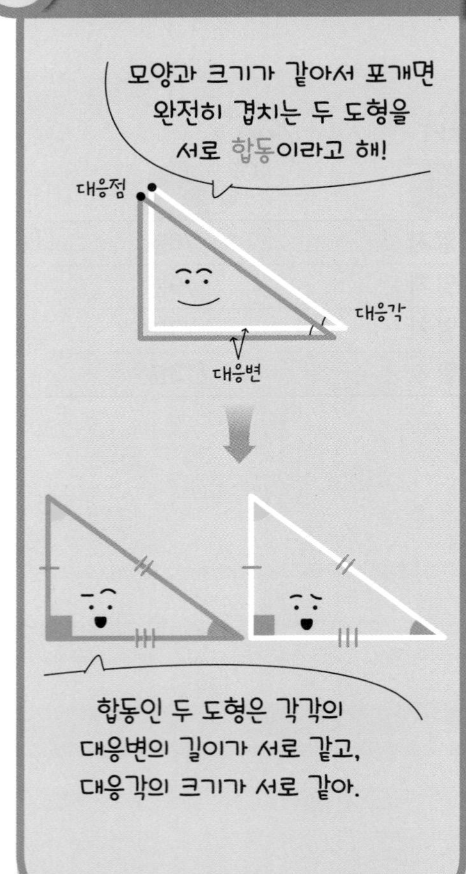

- **합동**
- 모양과 크기가 같아서 포개었을 때 완전히 겹치는 두 도형을 서로 합동이라고 합니다.
- 서로 합동인 두 도형에서
  - 대응점: 완전히 겹치는 점
  - 대응변: 완전히 겹치는 변
  - 대응각: 완전히 겹치는 각

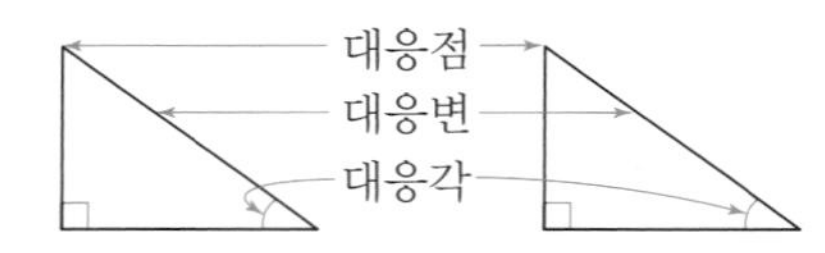

- **합동인 도형의 성질**
- 각각의 대응변의 길이가 서로 같습니다.
- 각각의 대응각의 크기가 서로 같습니다.

○ 왼쪽 도형과 서로 합동인 도형을 찾아 ○표 하시오.

1

( ) ( ) ( )

2

( ) ( ) ( )

3

( ) ( ) ( )

4

( ) ( ) ( )

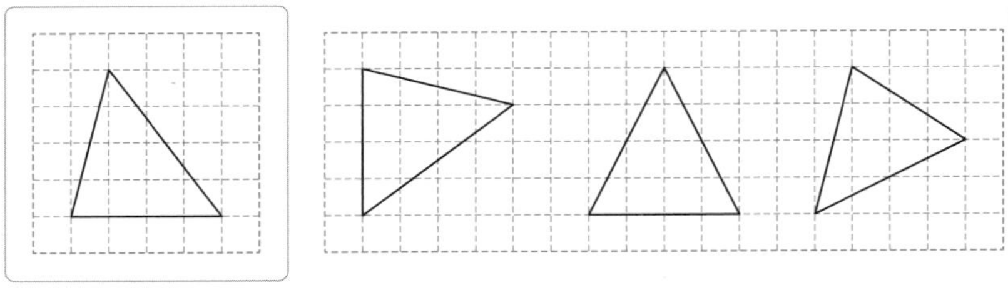

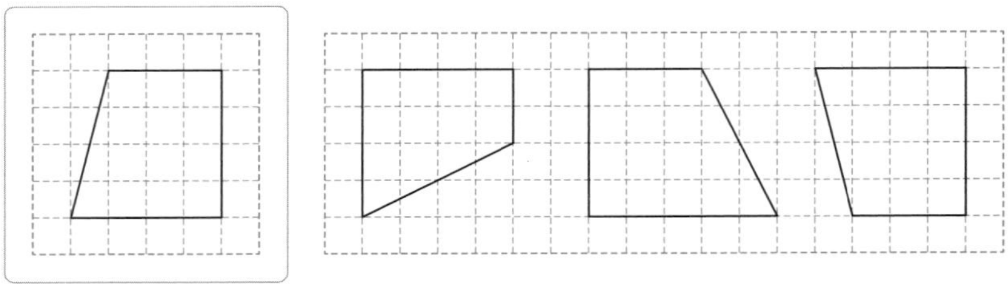

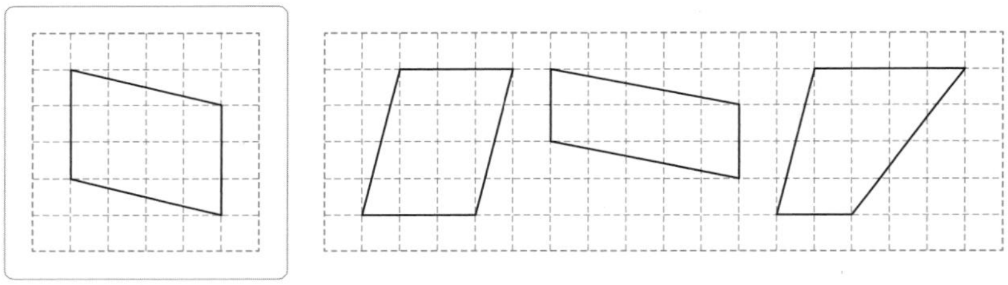

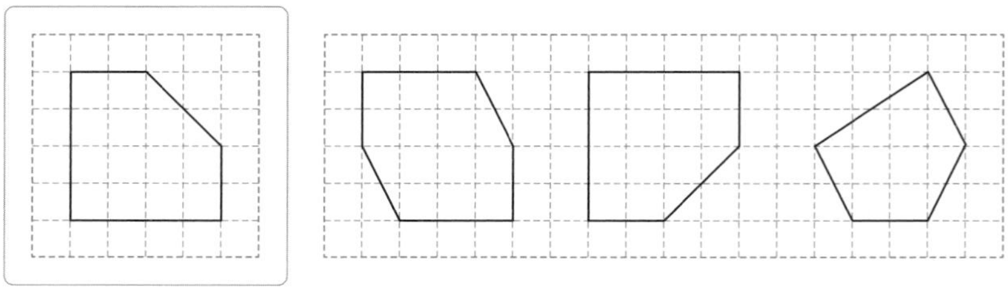

○ 두 도형은 서로 합동입니다. ☐ 안에 알맞은 수를 써넣으시오.

5

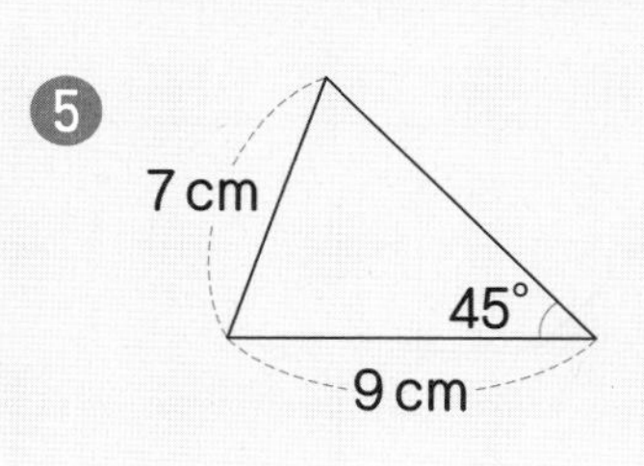

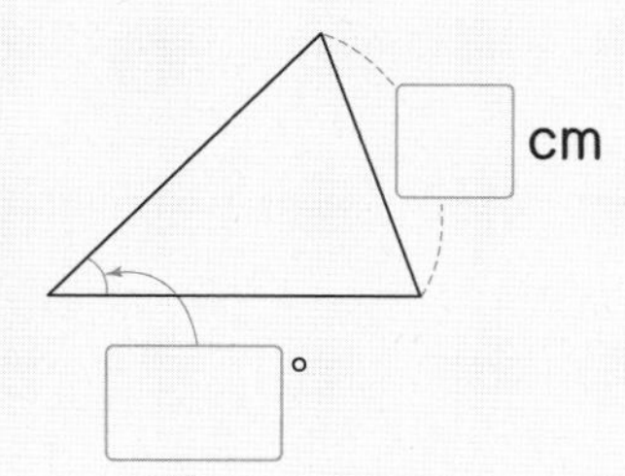

9

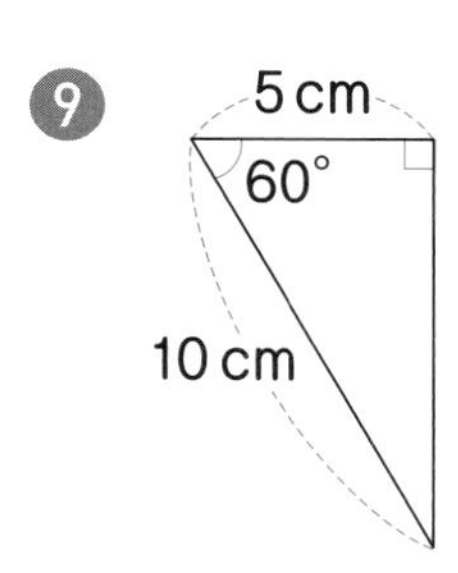

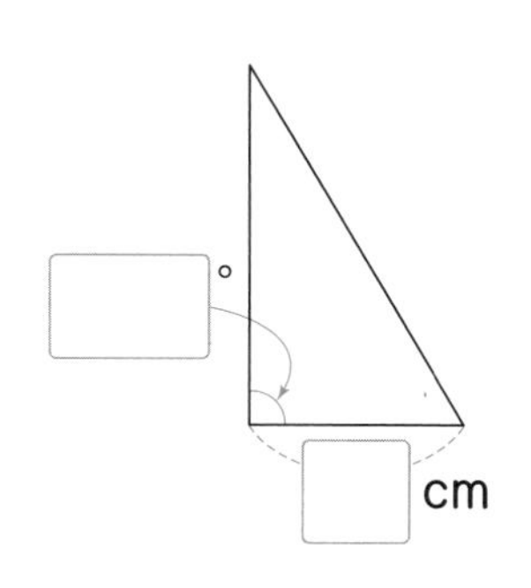

6

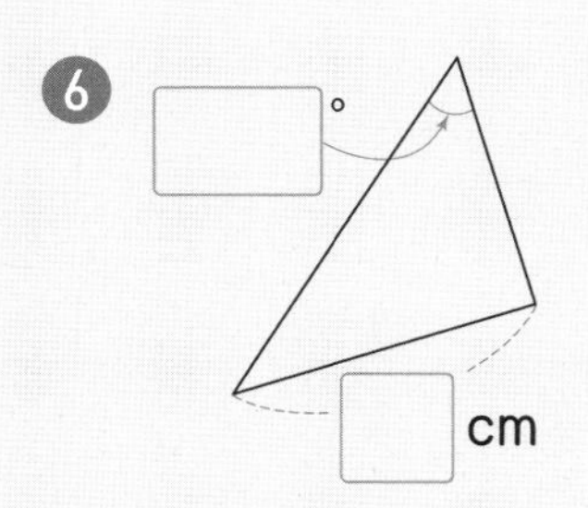

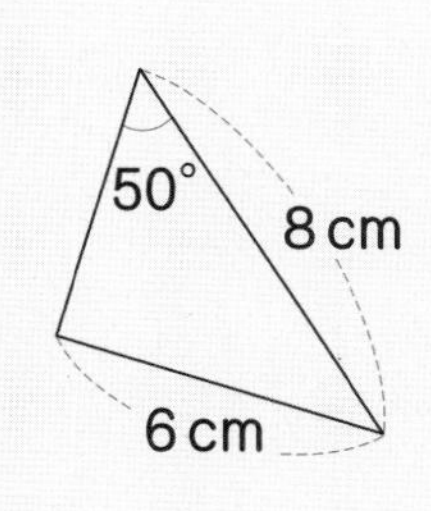

10

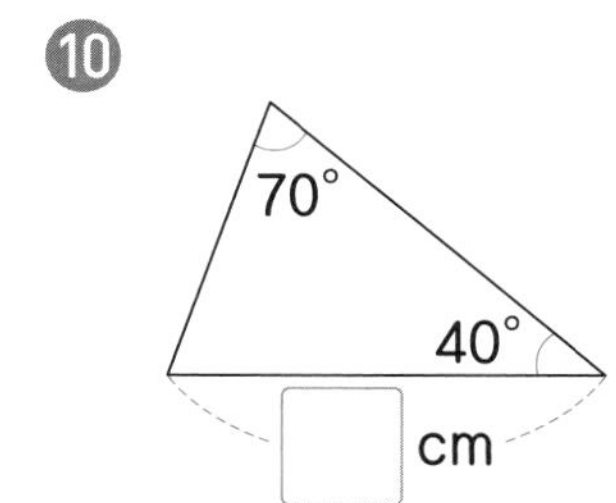

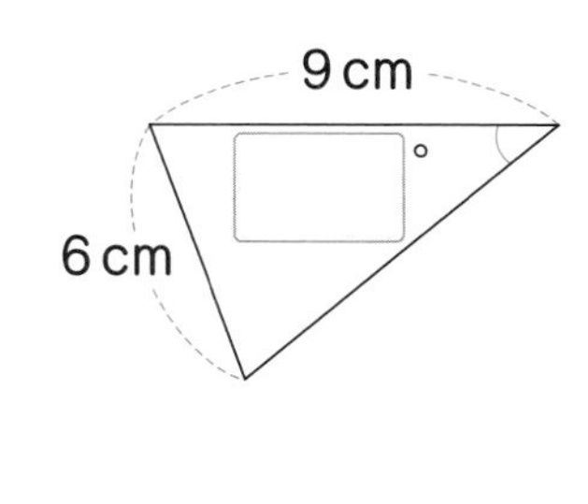

7

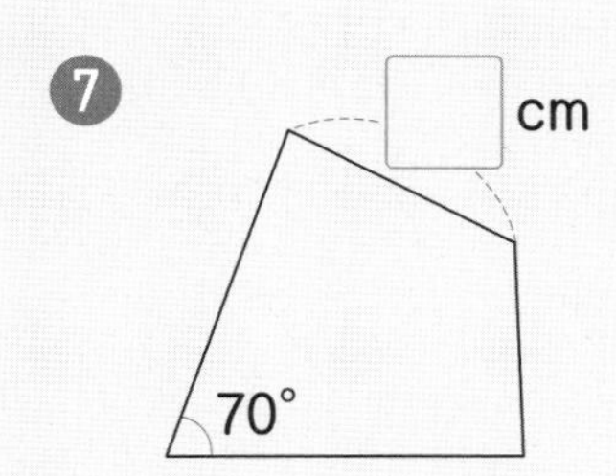

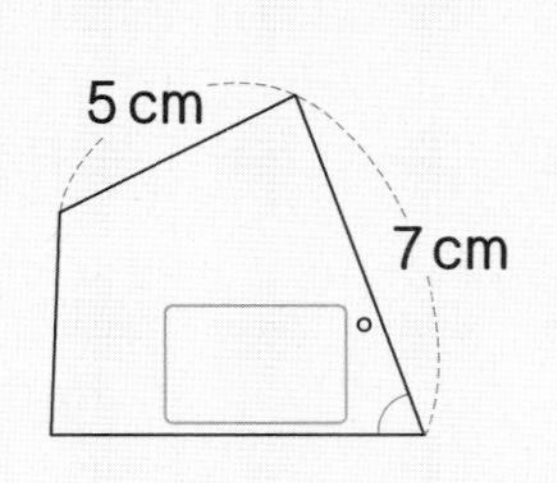

11

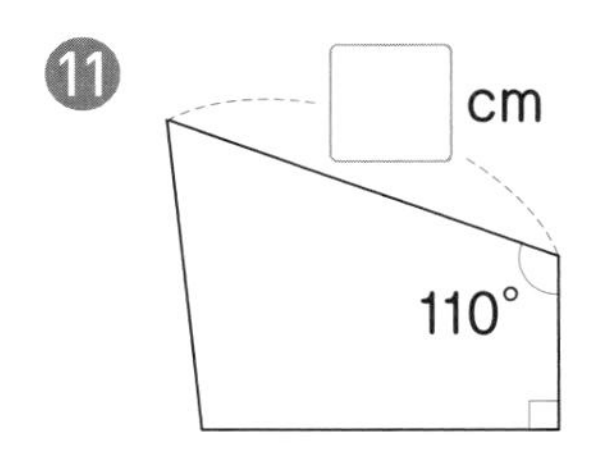

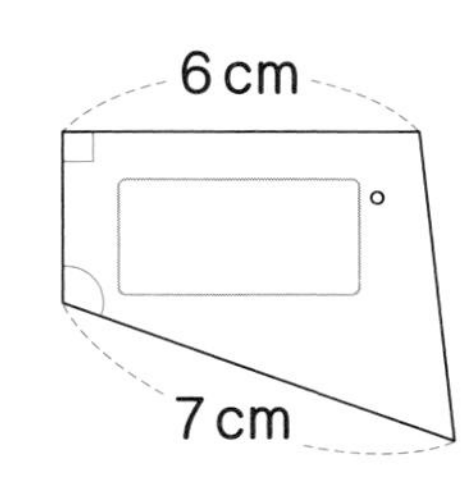

8

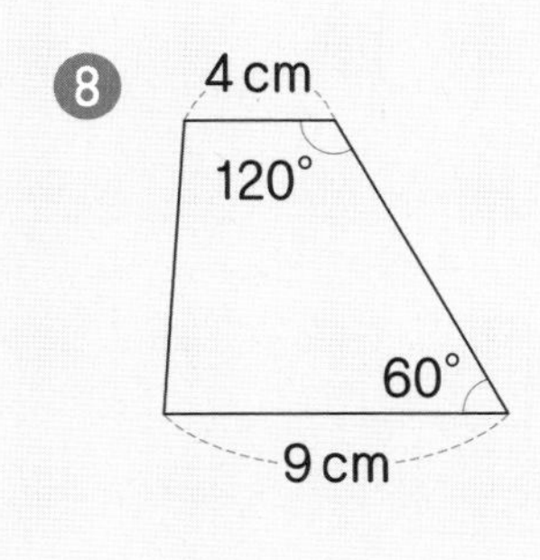

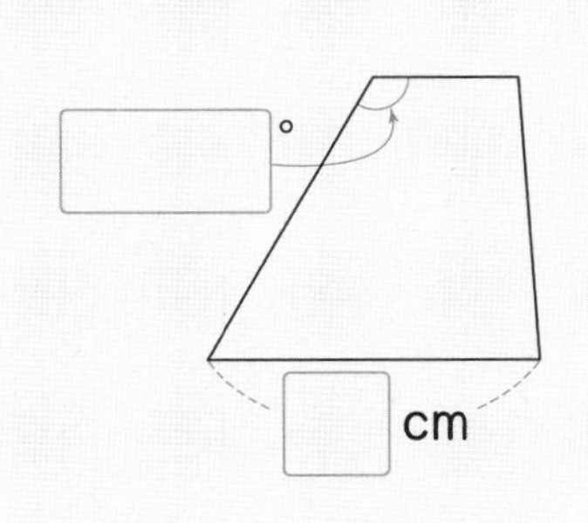

12

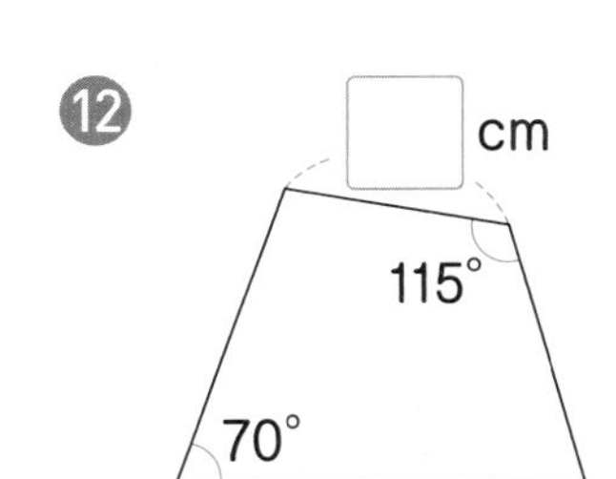

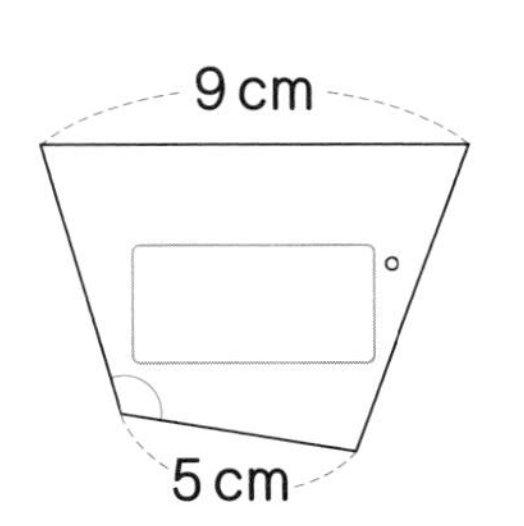

2 선대칭도형

한 직선을 따라 접었을 때 완전히 겹치면 선대칭도형이라고 해!

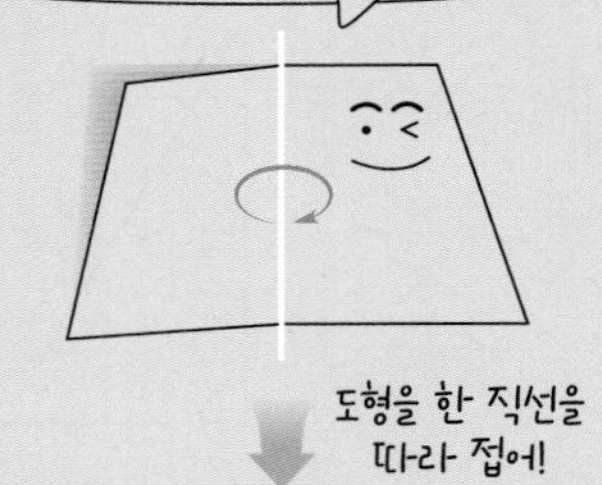

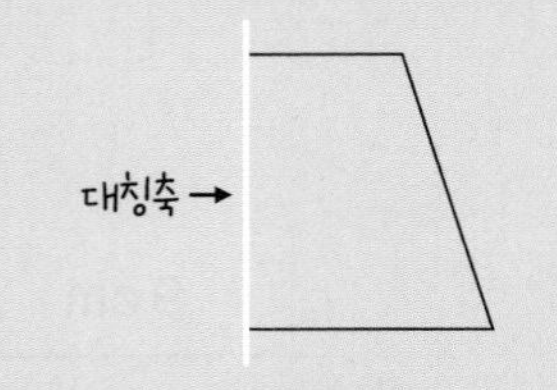

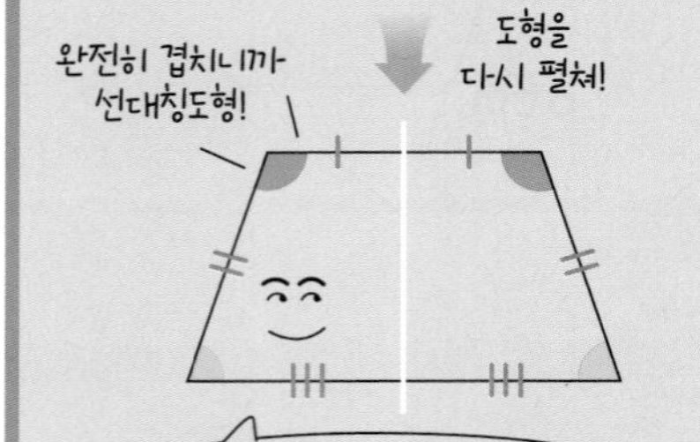

선대칭도형은 각각의 대응변의 길이가 서로 같고, 대응각의 크기가 서로 같아.

- **선대칭도형**
- 선대칭도형: 한 직선을 따라 접었을 때 완전히 겹치는 도형 (한 직선 → 대칭축)

- 대칭축을 따라 접었을 때
  - 점 ㄱ의 대응점: 점 ㄹ
  - 변 ㄴㅂ의 대응변: 변 ㄷㅂ
  - 각 ㄱㄴㅂ의 대응각: 각 ㄹㄷㅂ

- **선대칭도형의 성질**
- 각각의 대응변의 길이가 서로 같습니다.
- 각각의 대응각의 크기가 서로 같습니다.

○ 선대칭도형이면 ○표, 선대칭도형이 아니면 ×표 하시오.

1. 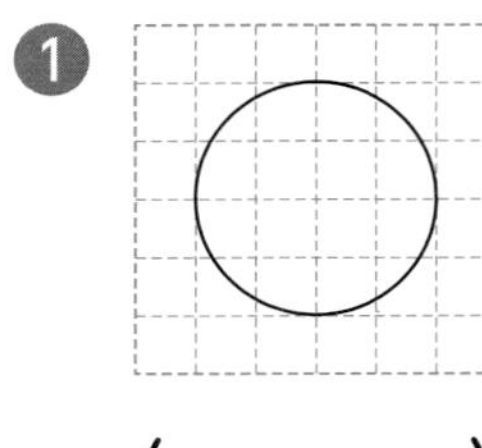
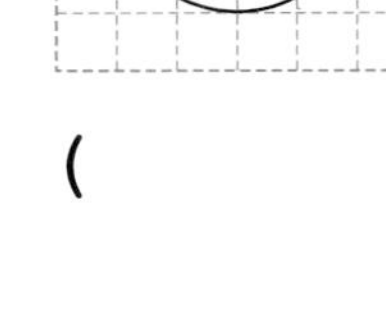
( )

2. 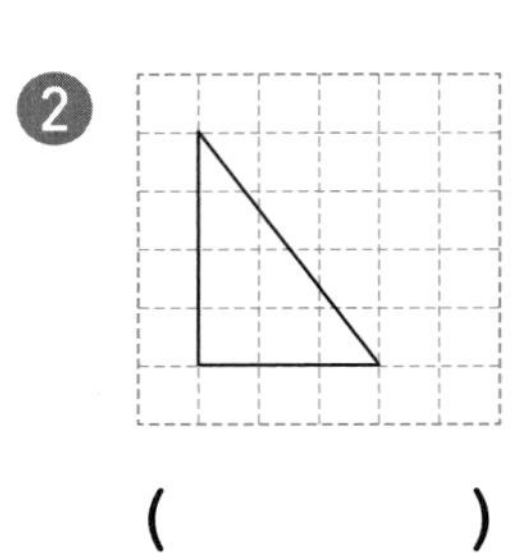
( )

3. 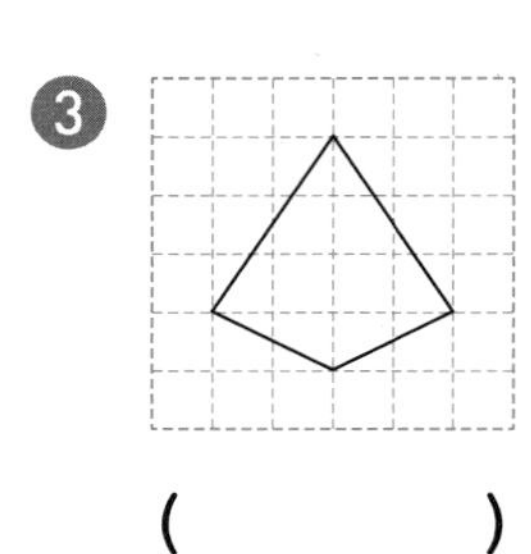
( )

4. 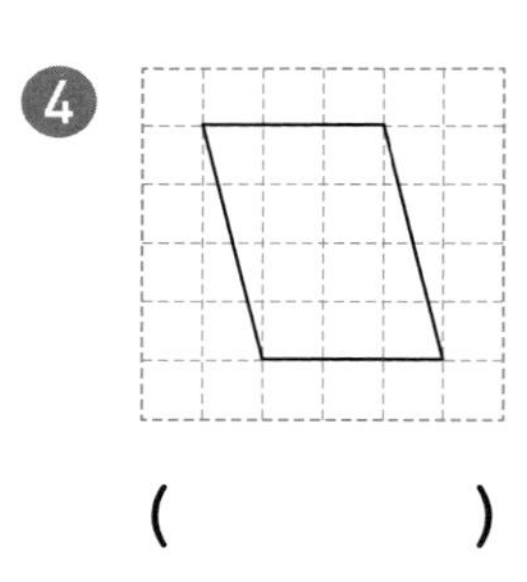
( )

5. 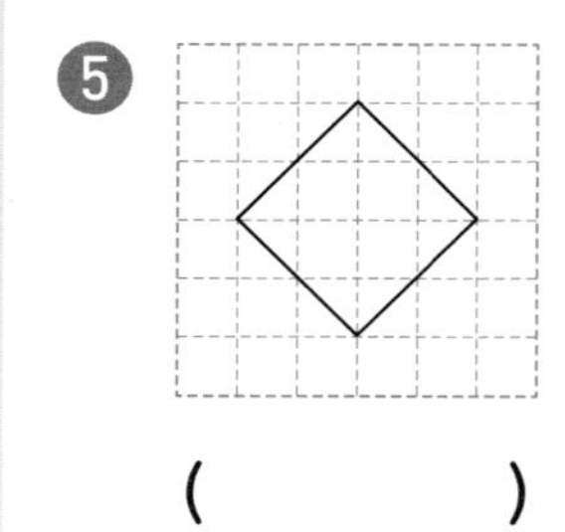
( )

6. 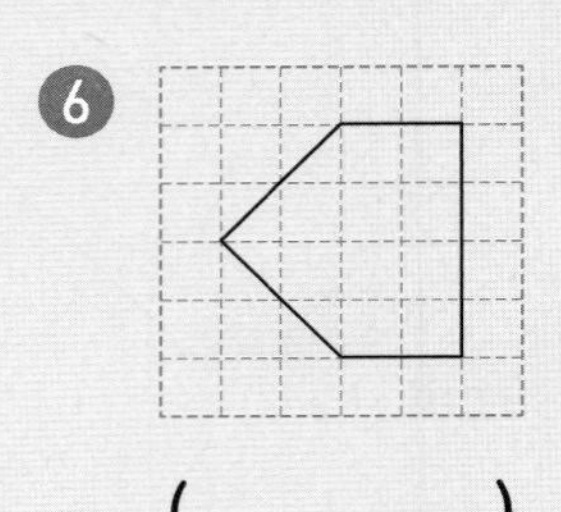
( )

7. 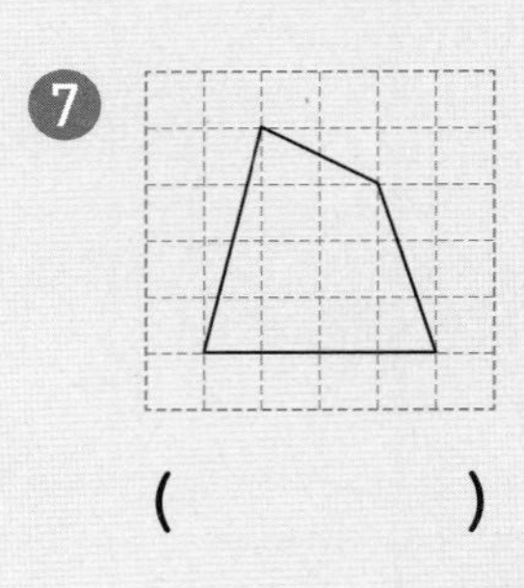
( )

8. 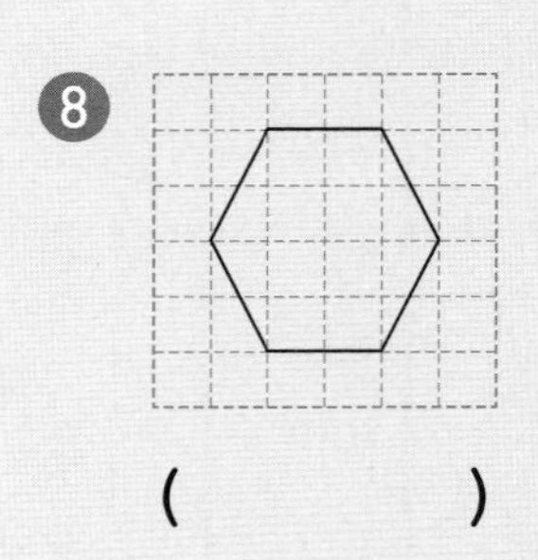
( )

9. 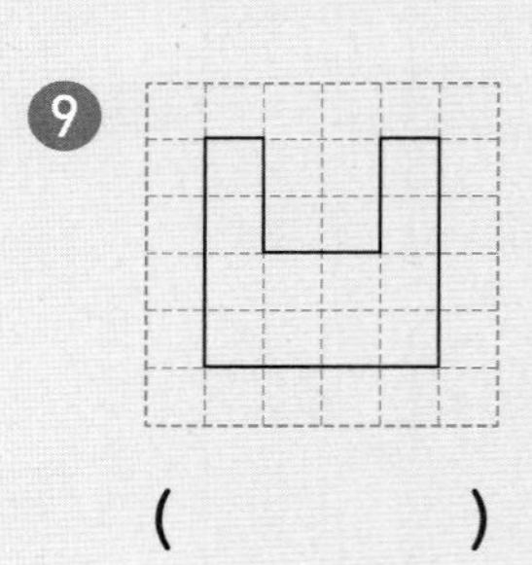
( )

10. 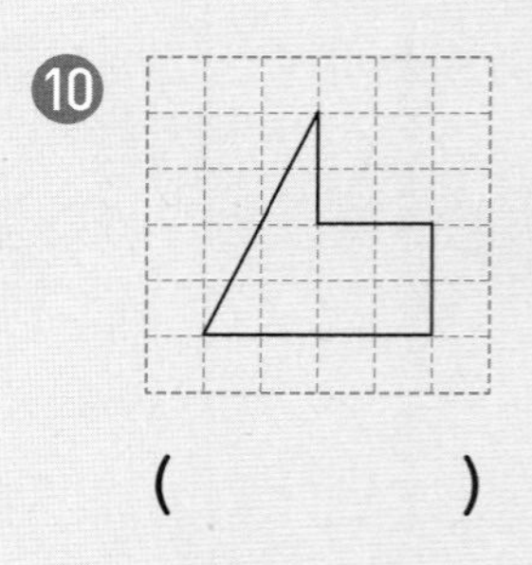
( )

○ 직선 ㄱㄴ을 대칭축으로 하는 선대칭도형입니다. ☐ 안에 알맞은 수를 써넣으시오.

11
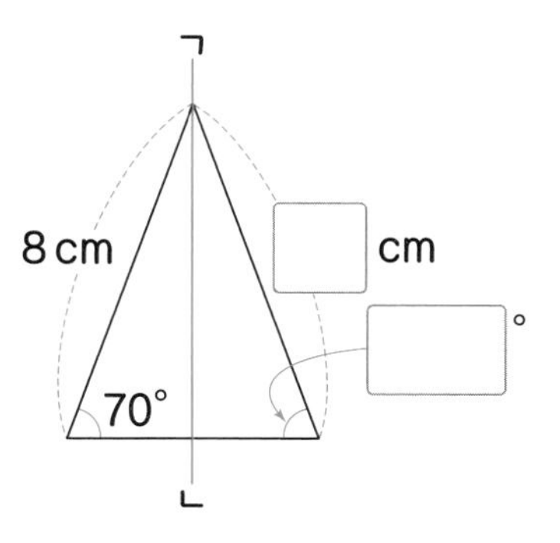

12
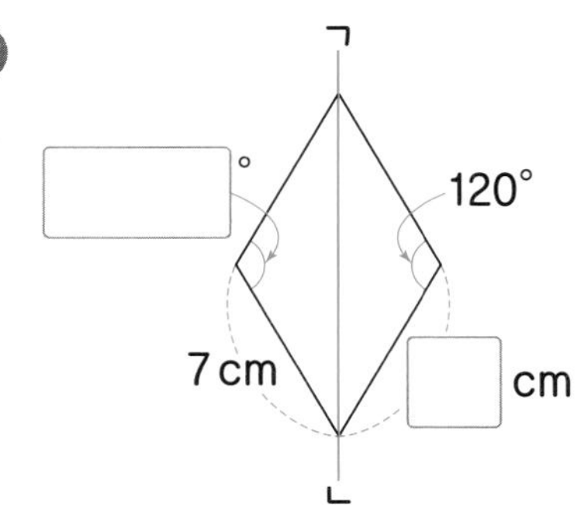

13
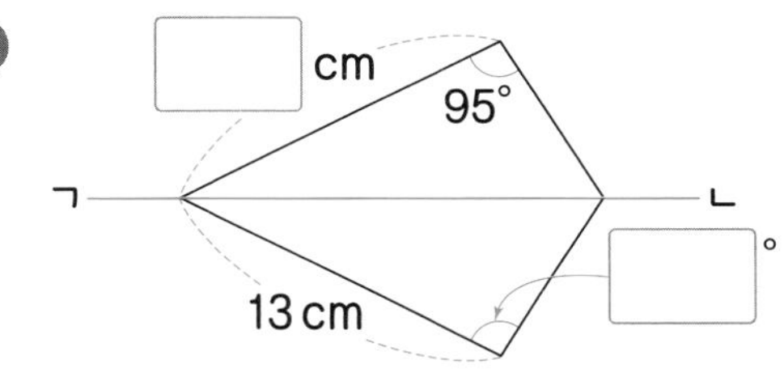

14
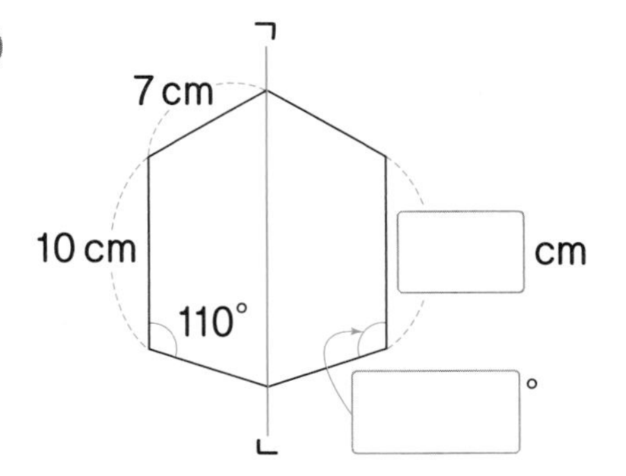

15
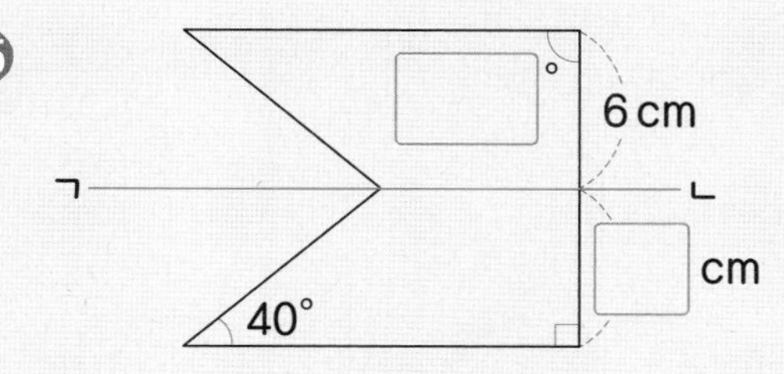

16
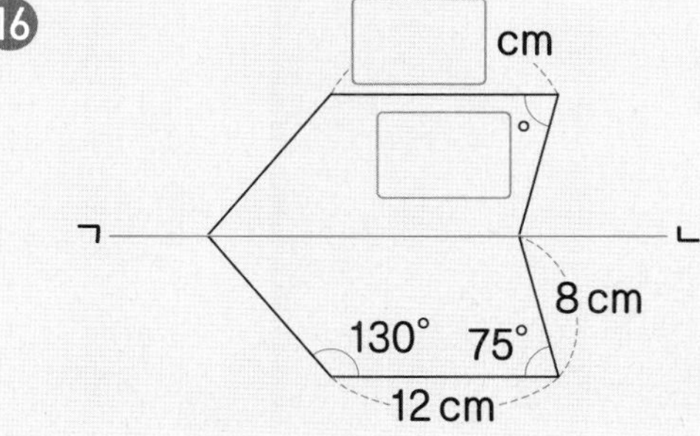

17
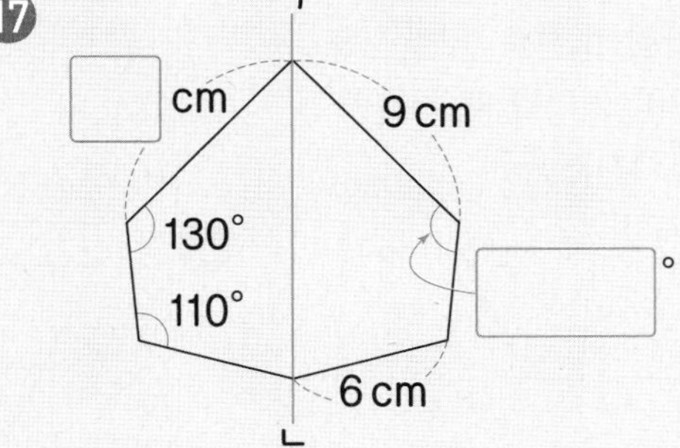

18
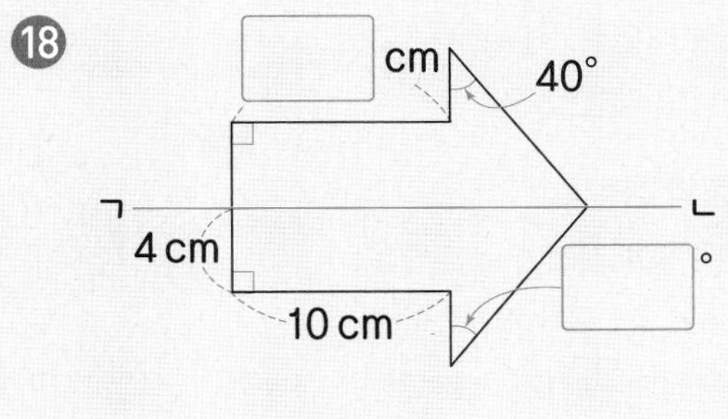

3 점대칭도형

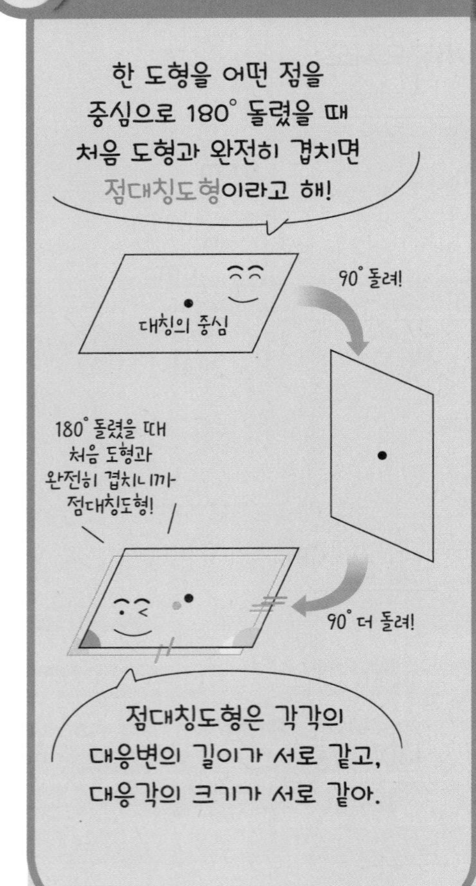

● **점대칭도형**

• 점대칭도형: 한 도형을 어떤 점을 중심으로 180° 돌렸을 때 처음 도형과 완전히 겹치는 도형

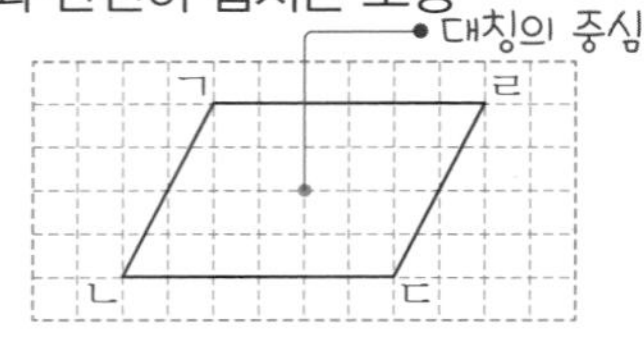

• 대칭의 중심을 중심으로 180° 돌렸을 때
- 점 ㄱ의 대응점: 점 ㄷ
- 변 ㄴㄷ의 대응변: 변 ㄹㄱ
- 각 ㄱㄴㄷ의 대응각: 각 ㄷㄹㄱ

● **점대칭도형의 성질**

• 각각의 대응변의 길이가 서로 같습니다.

• 각각의 대응각의 크기가 서로 같습니다.

○ 점대칭도형이면 ○표, 점대칭도형이 아니면 ×표 하시오.

❶

( )

❷

( )

❸

( )

❹

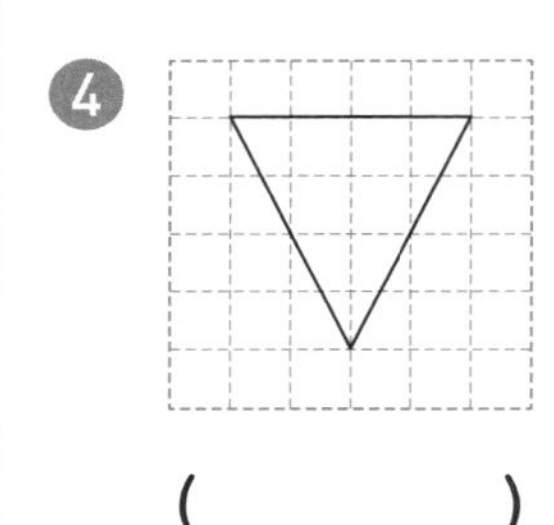

( )

❺

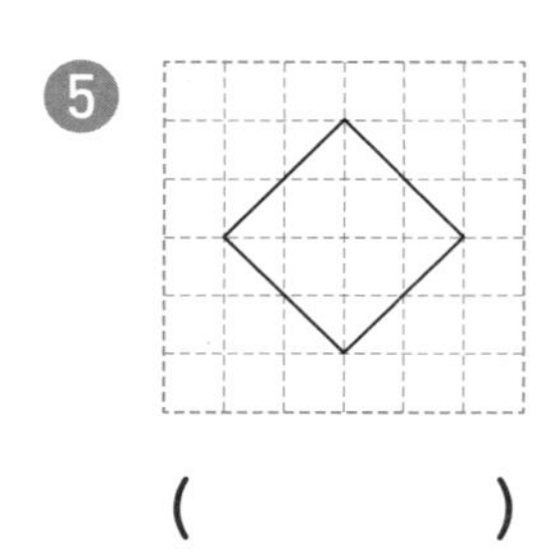

( )

❻

( )

❼

( )

❽

( )

❾

( )

❿

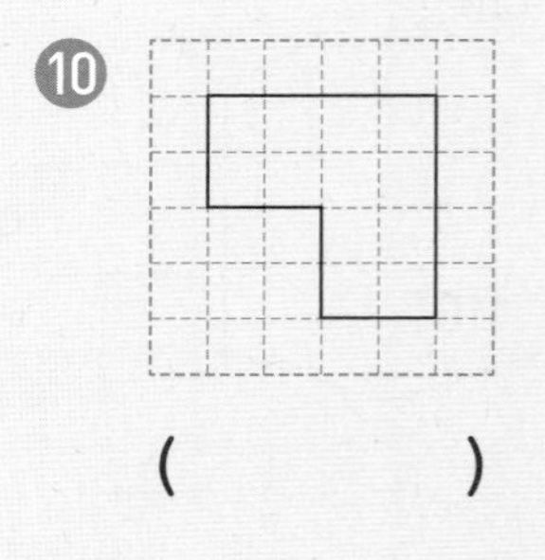

( )

정답 • 13쪽

○ 점 ㅇ을 대칭의 중심으로 하는 점대칭도형입니다. ☐ 안에 알맞은 수를 써넣으시오.

⑪
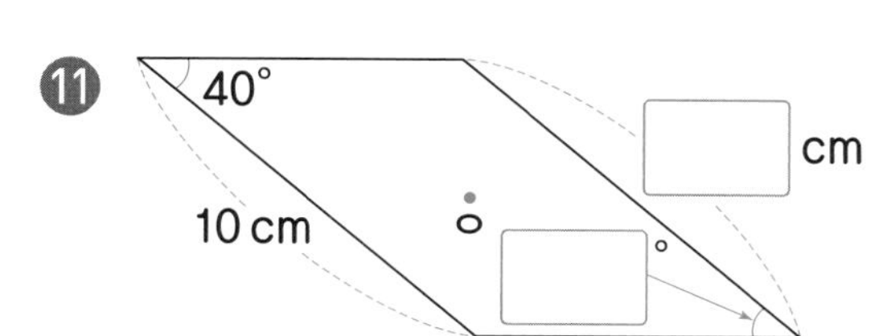

⑫
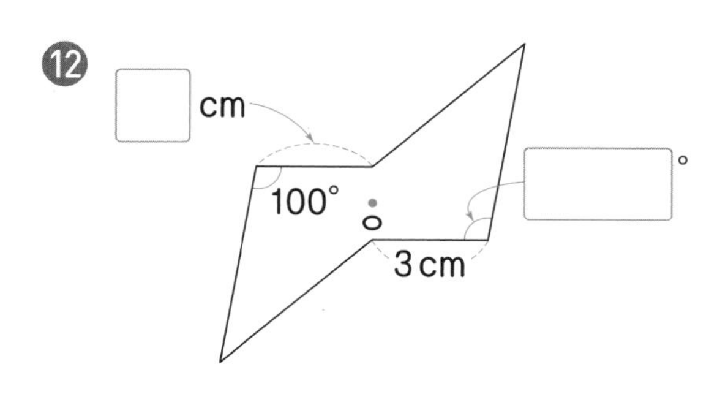

⑬
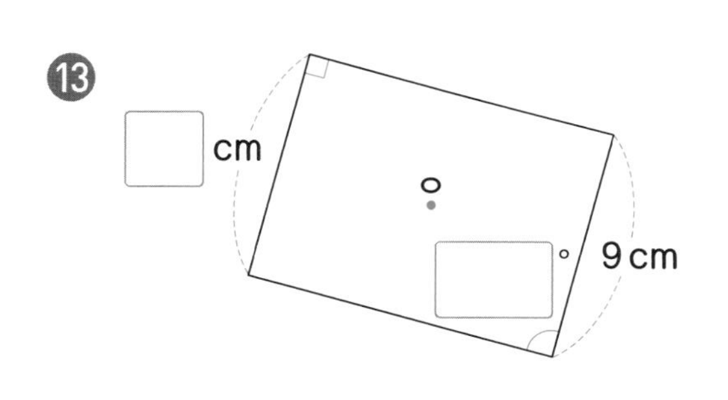

⑭
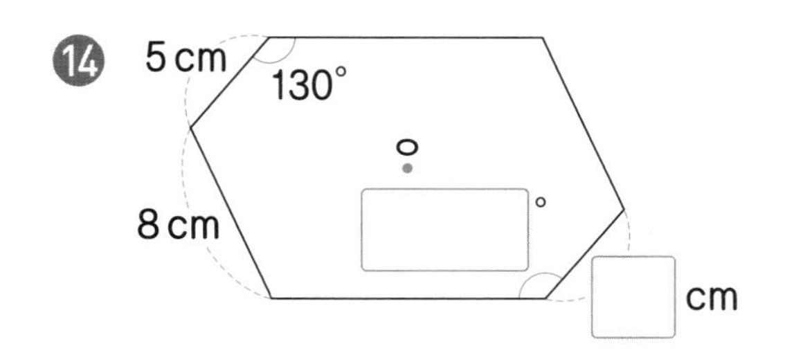

⑮
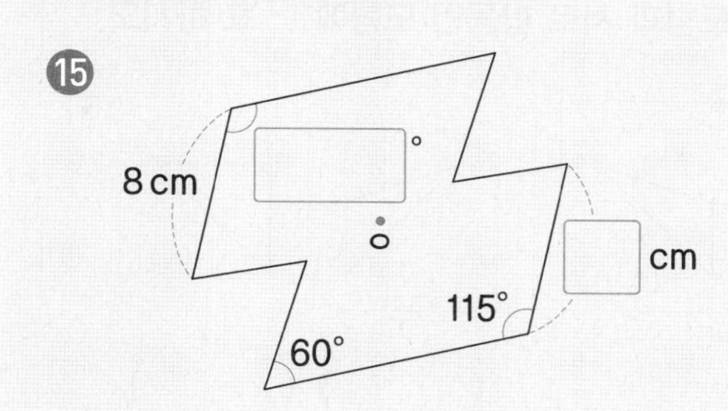

⑯
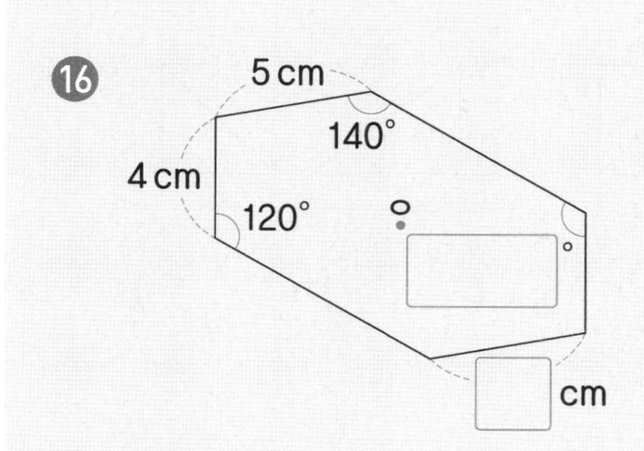

⑰
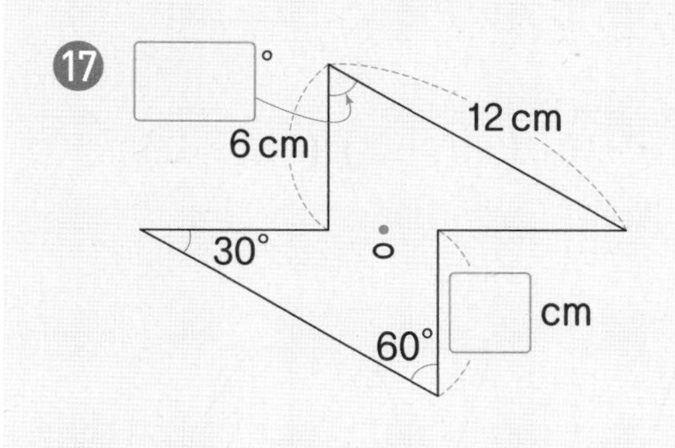

⑱
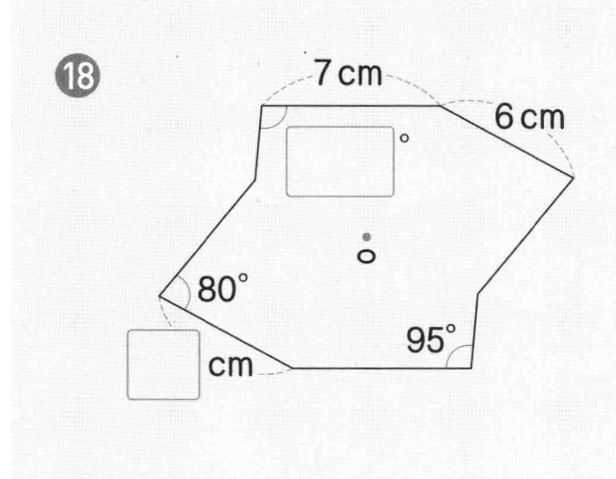

○ 왼쪽 도형과 서로 합동인 도형에 ○표 하시오.

1

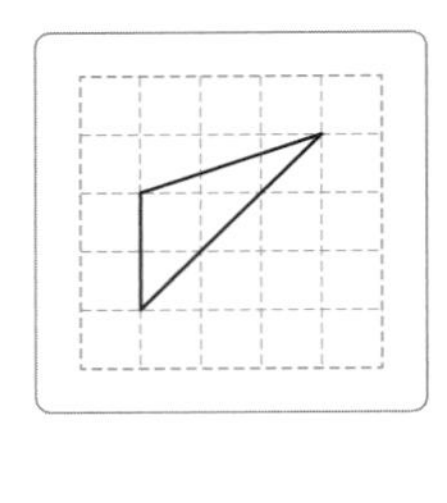

( ) ( )

2

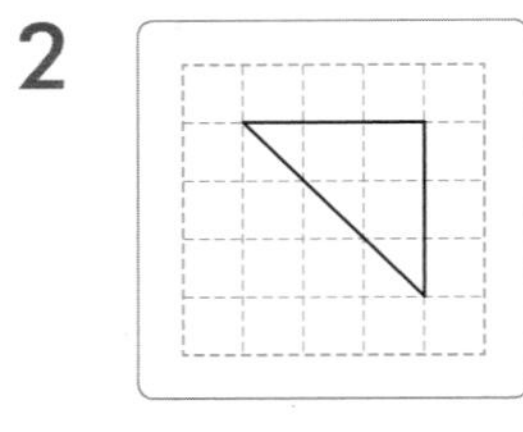

( ) ( )

3

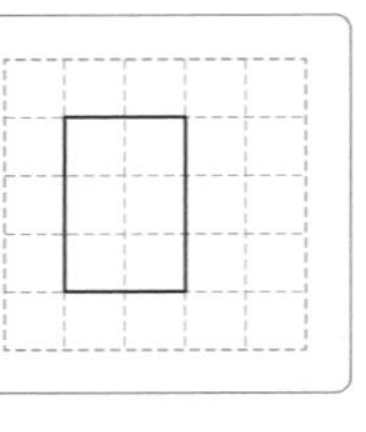

( ) ( )

4

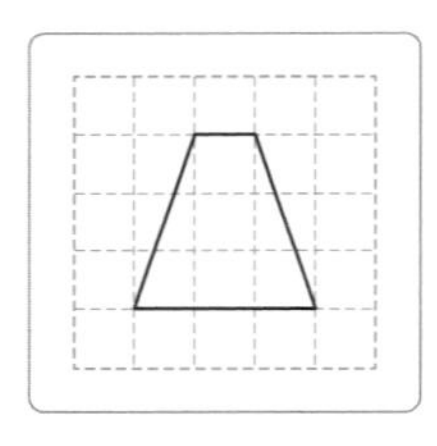

( ) ( )

5

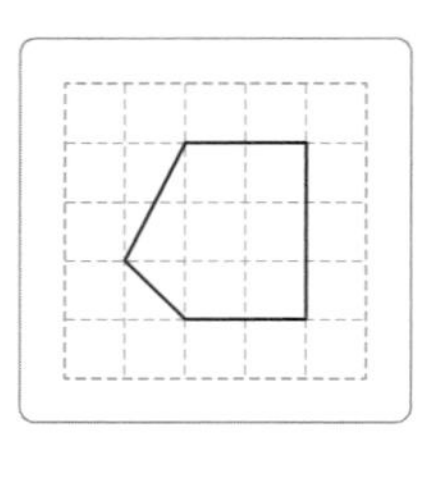

( ) ( )

○ 두 도형은 서로 합동입니다. □ 안에 알맞은 수를 써넣으시오.

6

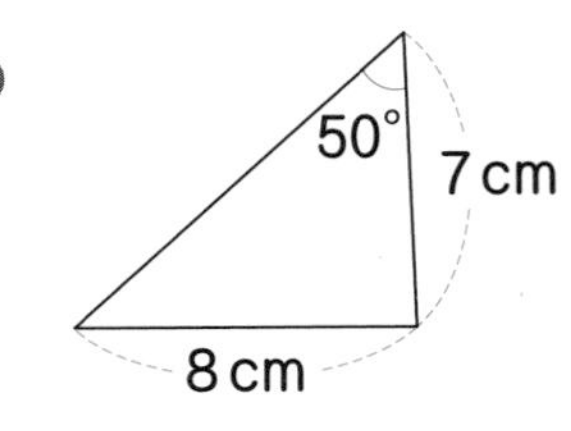

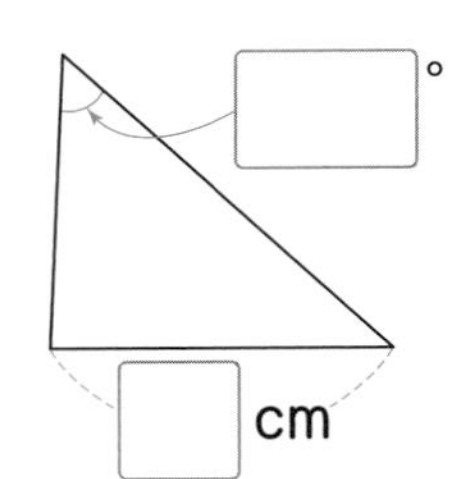

7

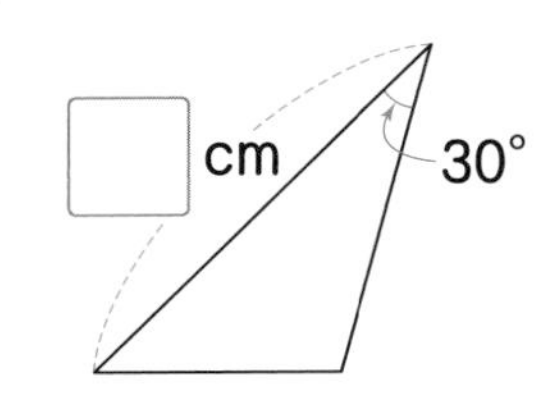

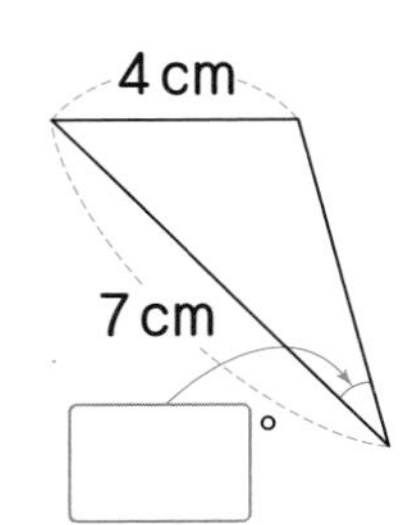

8

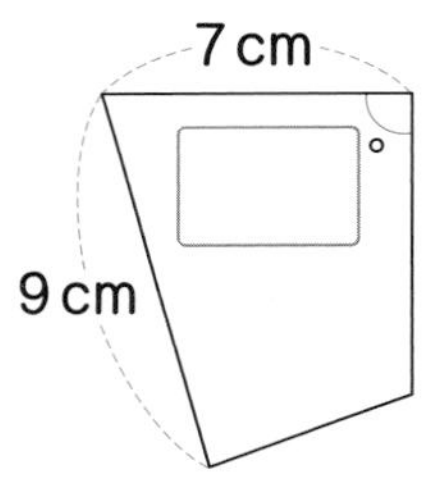

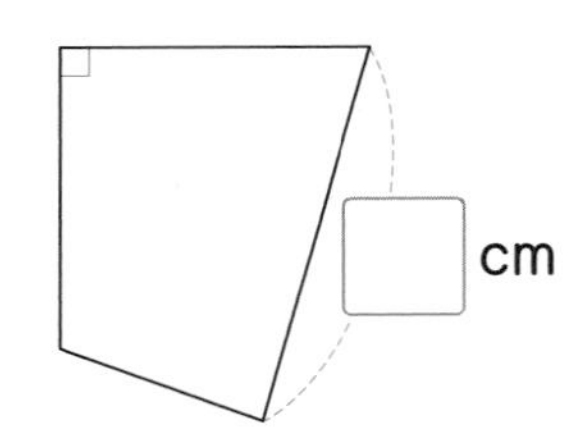

9

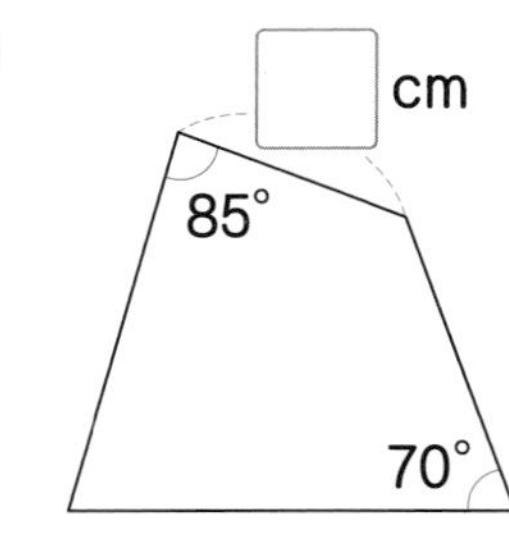

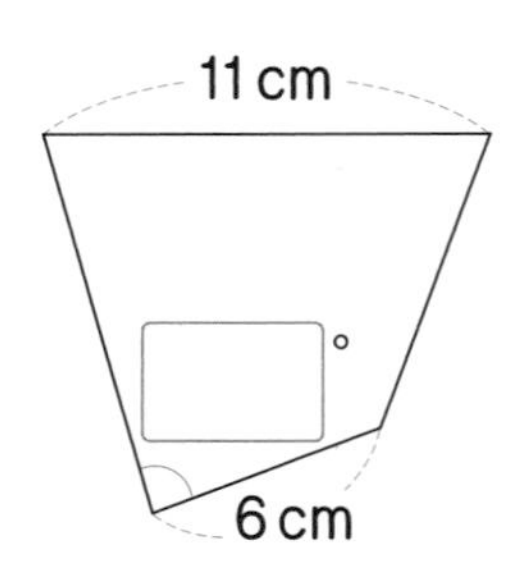

○ 선대칭도형이면 ○표, 선대칭도형이 아니면 ×표 하시오.

10

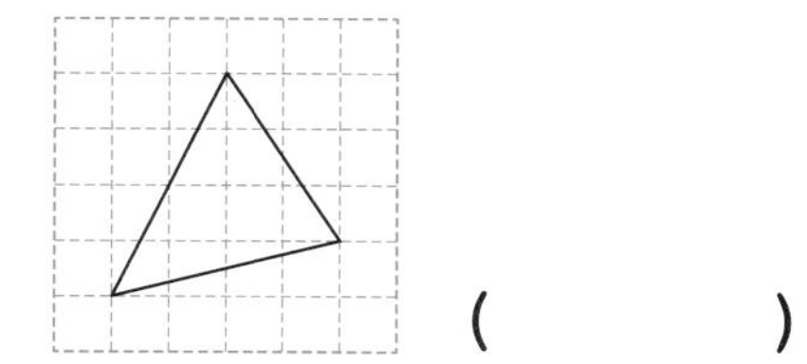

(　　　　)

11

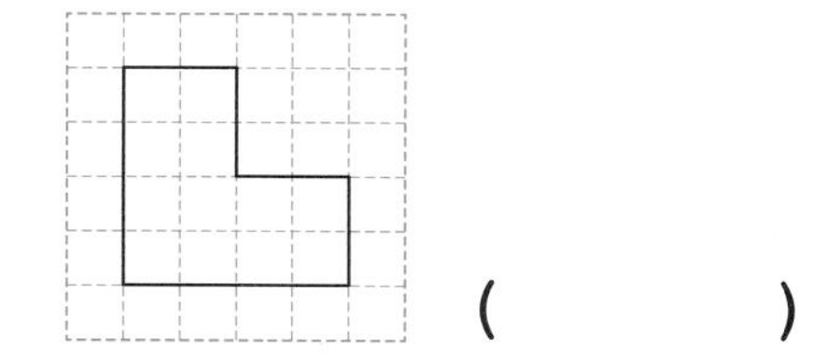

(　　　　)

○ 직선 ㄱㄴ을 대칭축으로 하는 선대칭도형입니다. □ 안에 알맞은 수를 써넣으시오.

12

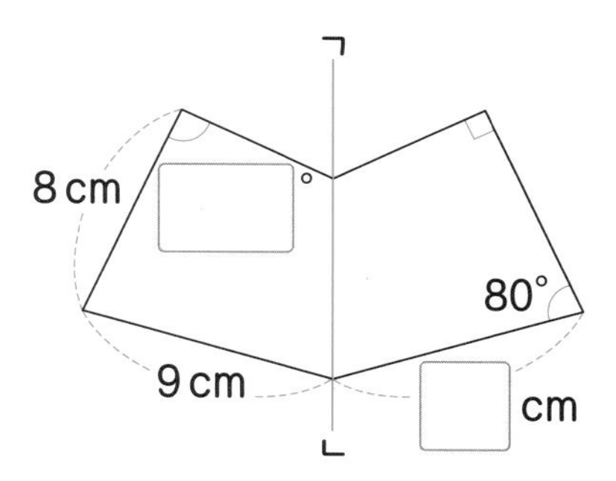

13

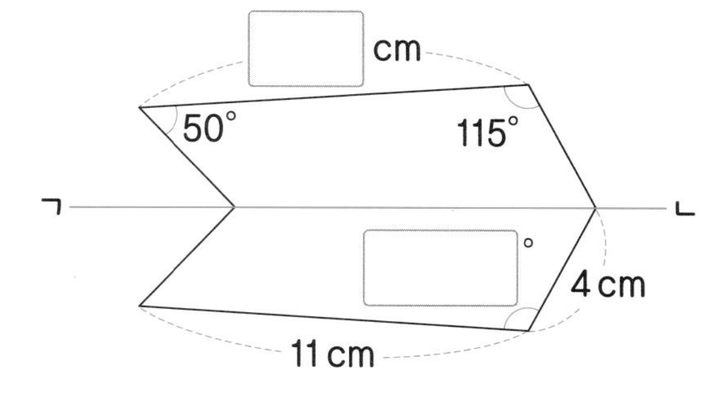

○ 점대칭도형이면 ○표, 점대칭도형이 아니면 ×표 하시오.

14

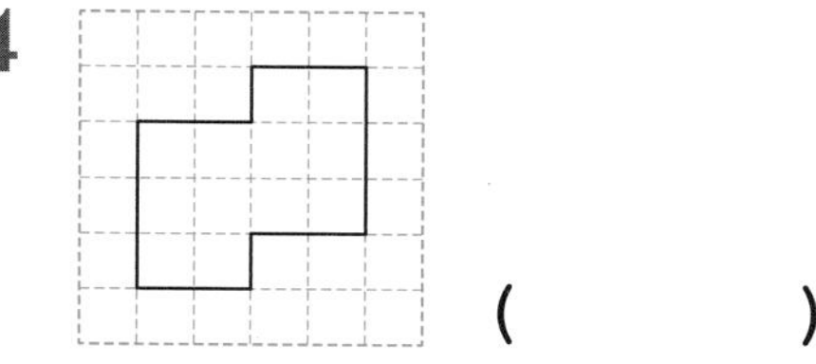

(　　　　)

15

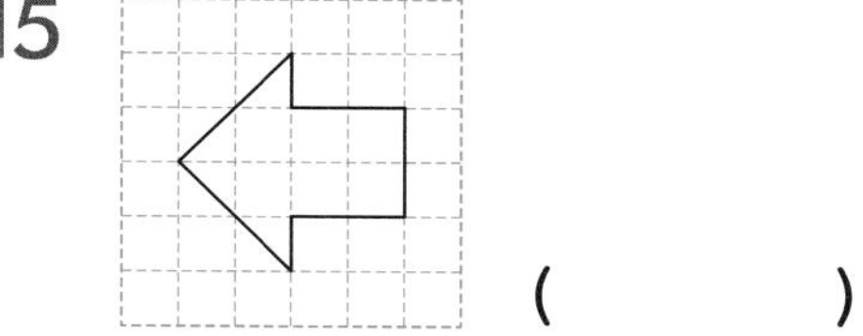

(　　　　)

○ 점 ㅇ을 대칭의 중심으로 하는 점대칭도형입니다. □ 안에 알맞은 수를 써넣으시오.

16

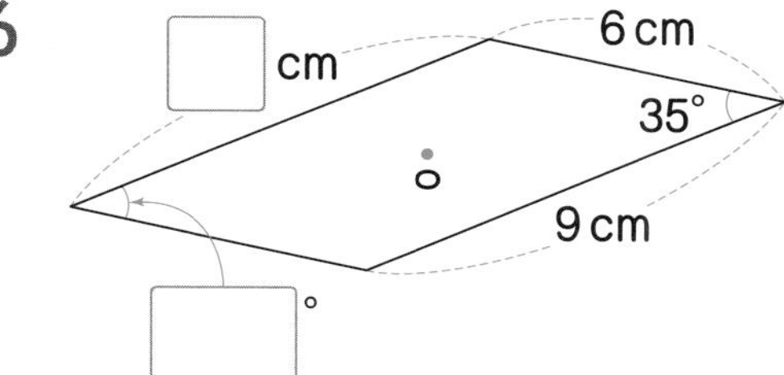

17

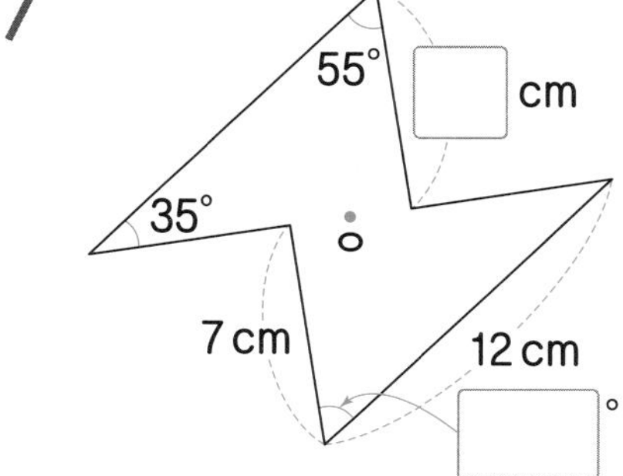

3단원의 연산 실력을 보충하고 싶다면 **클리닉 북 15~17쪽**을 풀어 보세요.

소수의 곱셈

학습하는 데 걸린 시간을 작성해 봐요!

학습 내용	학습 회차	걸린 시간
1 (1보다 작은 소수)×(자연수)	1일 차	/12분
	2일 차	/16분
2 (1보다 큰 소수)×(자연수)	3일 차	/12분
	4일 차	/16분
1 ~ 2 다르게 풀기	5일 차	/11분
3 (자연수)×(1보다 작은 소수)	6일 차	/12분
	7일 차	/16분
4 (자연수)×(1보다 큰 소수)	8일 차	/12분
	9일 차	/16분
3 ~ 4 다르게 풀기	10일 차	/11분
5 1보다 작은 소수끼리의 곱셈	11일 차	/14분
	12일 차	/18분
6 1보다 큰 소수끼리의 곱셈	13일 차	/15분
	14일 차	/19분
5 ~ 6 다르게 풀기	15일 차	/12분
7 자연수와 소수의 곱셈에서 곱의 소수점 위치	16일 차	/7분
	17일 차	/9분
8 소수끼리의 곱셈에서 곱의 소수점 위치	18일 차	/7분
	19일 차	/9분
7 ~ 8 다르게 풀기	20일 차	/9분
비법 강의 수 감각을 키우면 빨라지는 계산 비법	21일 차	/10분
평가 4. 소수의 곱셈	22일 차	/16분

1 (1보다 작은 소수) × (자연수)

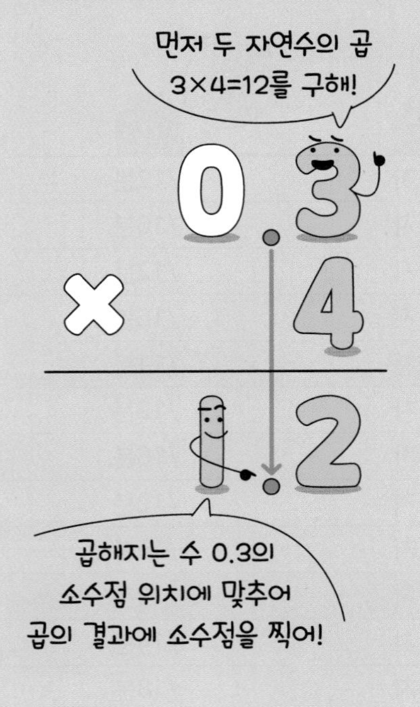

- (1보다 작은 소수)×(자연수)의 계산 방법

① 자연수의 곱셈을 합니다.

② 곱해지는 수의 소수점 위치에 맞추어 곱의 결과에 소수점을 찍습니다.

$$3 \times 4 = 12$$
$\frac{1}{10}$배 ↓ ↓ $\frac{1}{10}$배
$$0.3 \times 4 = 1.2$$

$$\begin{array}{r} 3 \\ \times\ 4 \\ \hline 1\ 2 \end{array} \Rightarrow \begin{array}{r} 0.3 \\ \times\ \ 4 \\ \hline 1.2 \end{array}$$

○ 계산해 보시오.

❶ $\begin{array}{r} 0.2 \\ \times\ \ 3 \\ \hline \end{array}$

❷ $\begin{array}{r} 0.2 \\ \times\ \ 7 \\ \hline \end{array}$

❸ $\begin{array}{r} 0.3 \\ \times\ \ 5 \\ \hline \end{array}$

❹ $\begin{array}{r} 0.4 \\ \times\ \ 2 \\ \hline \end{array}$

❺ $\begin{array}{r} 0.4 \\ \times\ \ 8 \\ \hline \end{array}$

❻ $\begin{array}{r} 0.5 \\ \times\ \ 4 \\ \hline \end{array}$

❼ $\begin{array}{r} 0.6 \\ \times\ \ 2 \\ \hline \end{array}$

❽ $\begin{array}{r} 0.6 \\ \times\ \ 9 \\ \hline \end{array}$

❾ $\begin{array}{r} 0.7 \\ \times\ \ 5 \\ \hline \end{array}$

❿ $\begin{array}{r} 0.8 \\ \times\ \ 7 \\ \hline \end{array}$

⓫ $\begin{array}{r} 0.9 \\ \times\ \ 3 \\ \hline \end{array}$

⓬ $\begin{array}{r} 0.9 \\ \times\ \ 8 \\ \hline \end{array}$

⑬ $\begin{array}{r} 0.3 \\ \times\ 11 \\ \hline \end{array}$

⑭ $\begin{array}{r} 0.5 \\ \times\ 19 \\ \hline \end{array}$

⑮ $\begin{array}{r} 0.6 \\ \times\ 23 \\ \hline \end{array}$

⑯ $\begin{array}{r} 0.02 \\ \times\ \ \ 4 \\ \hline \end{array}$

⑰ $\begin{array}{r} 0.05 \\ \times\ \ \ 9 \\ \hline \end{array}$

⑱ $\begin{array}{r} 0.17 \\ \times\ \ \ 2 \\ \hline \end{array}$

⑲ $\begin{array}{r} 0.23 \\ \times\ \ \ 3 \\ \hline \end{array}$

⑳ $\begin{array}{r} 0.34 \\ \times\ \ \ 8 \\ \hline \end{array}$

㉑ $\begin{array}{r} 0.41 \\ \times\ \ \ 2 \\ \hline \end{array}$

㉒ $\begin{array}{r} 0.52 \\ \times\ \ \ 6 \\ \hline \end{array}$

㉓ $\begin{array}{r} 0.56 \\ \times\ \ \ 7 \\ \hline \end{array}$

㉔ $\begin{array}{r} 0.67 \\ \times\ \ \ 4 \\ \hline \end{array}$

㉕ $\begin{array}{r} 0.72 \\ \times\ \ \ 5 \\ \hline \end{array}$

㉖ $\begin{array}{r} 0.84 \\ \times\ \ \ 9 \\ \hline \end{array}$

㉗ $\begin{array}{r} 0.95 \\ \times\ \ \ 7 \\ \hline \end{array}$

㉘ $\begin{array}{r} 0.18 \\ \times\ \ 12 \\ \hline \end{array}$

㉙ $\begin{array}{r} 0.24 \\ \times\ \ 13 \\ \hline \end{array}$

㉚ $\begin{array}{r} 0.37 \\ \times\ \ 18 \\ \hline \end{array}$

1 (1보다 작은 소수) × (자연수)

○ 계산해 보시오.

❶ $\begin{array}{r} 0.2 \\ \times \quad 8 \\ \hline \end{array}$

❷ $\begin{array}{r} 0.3 \\ \times \quad 3 \\ \hline \end{array}$

❸ $\begin{array}{r} 0.6 \\ \times \quad 4 \\ \hline \end{array}$

❹ $\begin{array}{r} 0.7 \\ \times \quad 6 \\ \hline \end{array}$

❺ $\begin{array}{r} 0.8 \\ \times \quad 5 \\ \hline \end{array}$

❻ $\begin{array}{r} 0.9 \\ \times \quad 2 \\ \hline \end{array}$

❼ $\begin{array}{r} 0.4 \\ \times 14 \\ \hline \end{array}$

❽ $\begin{array}{r} 0.5 \\ \times 12 \\ \hline \end{array}$

❾ $\begin{array}{r} 0.7 \\ \times 18 \\ \hline \end{array}$

❿ $\begin{array}{r} 0.14 \\ \times \quad 2 \\ \hline \end{array}$

⓫ $\begin{array}{r} 0.22 \\ \times \quad 3 \\ \hline \end{array}$

⓬ $\begin{array}{r} 0.39 \\ \times \quad 4 \\ \hline \end{array}$

⓭ $\begin{array}{r} 0.42 \\ \times \quad 6 \\ \hline \end{array}$

⓮ $\begin{array}{r} 0.71 \\ \times \quad 4 \\ \hline \end{array}$

⓯ $\begin{array}{r} 0.83 \\ \times \quad 7 \\ \hline \end{array}$

⓰ $\begin{array}{r} 0.27 \\ \times \quad 17 \\ \hline \end{array}$

⓱ $\begin{array}{r} 0.39 \\ \times \quad 15 \\ \hline \end{array}$

⓲ $\begin{array}{r} 0.59 \\ \times \quad 23 \\ \hline \end{array}$

⑲ $0.2\times4=$

⑳ $0.3\times8=$

㉑ $0.4\times9=$

㉒ $0.5\times3=$

㉓ $0.6\times5=$

㉔ $0.8\times8=$

㉕ $0.9\times7=$

㉖ $0.4\times15=$

㉗ $0.6\times13=$

㉘ $0.8\times19=$

㉙ $0.13\times5=$

㉚ $0.27\times7=$

㉛ $0.32\times8=$

㉜ $0.43\times4=$

㉝ $0.59\times3=$

㉞ $0.66\times4=$

㉟ $0.73\times8=$

㊱ $0.91\times6=$

㊲ $0.26\times14=$

㊳ $0.52\times13=$

㊴ $0.87\times25=$

2 (1보다 큰 소수) × (자연수)

• **(1보다 큰 소수)×(자연수)의 계산 방법**

① 자연수의 곱셈을 합니다.

② 곱해지는 수의 소수점 위치에 맞추어 곱의 결과에 소수점을 찍습니다.

$$12 \times 3 = 36$$

$\frac{1}{10}$배 ↓ ↓ $\frac{1}{10}$배

$$1.2 \times 3 = 3.6$$

$$\begin{array}{r} 1\ 2 \\ \times \quad 3 \\ \hline 3\ 6 \end{array} \Rightarrow \begin{array}{r} 1.2 \\ \times \quad 3 \\ \hline 3.6 \end{array}$$

○ 계산해 보시오.

❶ $\begin{array}{r} 1.1 \\ \times \quad 4 \\ \hline \end{array}$

❷ $\begin{array}{r} 1.5 \\ \times \quad 7 \\ \hline \end{array}$

❸ $\begin{array}{r} 2.3 \\ \times \quad 3 \\ \hline \end{array}$

❹ $\begin{array}{r} 2.7 \\ \times \quad 2 \\ \hline \end{array}$

❺ $\begin{array}{r} 3.2 \\ \times \quad 8 \\ \hline \end{array}$

❻ $\begin{array}{r} 3.4 \\ \times \quad 6 \\ \hline \end{array}$

❼ $\begin{array}{r} 4.1 \\ \times \quad 2 \\ \hline \end{array}$

❽ $\begin{array}{r} 5.6 \\ \times \quad 3 \\ \hline \end{array}$

❾ $\begin{array}{r} 6.4 \\ \times \quad 7 \\ \hline \end{array}$

❿ $\begin{array}{r} 7.2 \\ \times \quad 4 \\ \hline \end{array}$

⓫ $\begin{array}{r} 8.6 \\ \times \quad 9 \\ \hline \end{array}$

⓬ $\begin{array}{r} 9.5 \\ \times \quad 8 \\ \hline \end{array}$

⑬ 1.2×13

⑭ 1.9×16

⑮ 2.8×22

⑯ 1.21×4

⑰ 1.63×5

⑱ 2.34×3

⑲ 2.98×4

⑳ 3.16×2

㉑ 3.23×7

㉒ 4.69×8

㉓ 5.19×4

㉔ 5.47×3

㉕ 6.51×9

㉖ 7.29×6

㉗ 8.57×4

㉘ 9.48×2

㉙ 1.72×21

㉚ 2.56×13

2 (1보다 큰 소수)×(자연수)

○ 계산해 보시오.

❶ $\begin{array}{r} 1.3 \\ \times \quad 2 \\ \hline \end{array}$

❷ $\begin{array}{r} 2.4 \\ \times \quad 6 \\ \hline \end{array}$

❸ $\begin{array}{r} 3.1 \\ \times \quad 5 \\ \hline \end{array}$

❹ $\begin{array}{r} 4.9 \\ \times \quad 8 \\ \hline \end{array}$

❺ $\begin{array}{r} 5.4 \\ \times \quad 9 \\ \hline \end{array}$

❻ $\begin{array}{r} 7.6 \\ \times \quad 3 \\ \hline \end{array}$

❼ $\begin{array}{r} 3.6 \\ \times 11 \\ \hline \end{array}$

❽ $\begin{array}{r} 4.2 \\ \times 15 \\ \hline \end{array}$

❾ $\begin{array}{r} 5.8 \\ \times 24 \\ \hline \end{array}$

❿ $\begin{array}{r} 1.47 \\ \times \quad 2 \\ \hline \end{array}$

⓫ $\begin{array}{r} 2.24 \\ \times \quad 3 \\ \hline \end{array}$

⓬ $\begin{array}{r} 3.91 \\ \times \quad 4 \\ \hline \end{array}$

⓭ $\begin{array}{r} 5.23 \\ \times \quad 6 \\ \hline \end{array}$

⓮ $\begin{array}{r} 6.18 \\ \times \quad 7 \\ \hline \end{array}$

⓯ $\begin{array}{r} 7.96 \\ \times \quad 5 \\ \hline \end{array}$

⓰ $\begin{array}{r} 9.92 \\ \times \quad 4 \\ \hline \end{array}$

⓱ $\begin{array}{r} 3.17 \\ \times \quad 14 \\ \hline \end{array}$

⓲ $\begin{array}{r} 4.63 \\ \times \quad 18 \\ \hline \end{array}$

⑲ $1.2 \times 8 =$

⑳ $2.5 \times 2 =$

㉑ $3.3 \times 9 =$

㉒ $4.8 \times 6 =$

㉓ $5.2 \times 5 =$

㉔ $6.3 \times 4 =$

㉕ $7.8 \times 7 =$

㉖ $1.7 \times 13 =$

㉗ $3.8 \times 12 =$

㉘ $4.3 \times 25 =$

㉙ $2.11 \times 7 =$

㉚ $3.65 \times 3 =$

㉛ $4.19 \times 6 =$

㉜ $4.95 \times 5 =$

㉝ $5.28 \times 8 =$

㉞ $6.24 \times 5 =$

㉟ $7.28 \times 4 =$

㊱ $8.89 \times 6 =$

㊲ $9.26 \times 7 =$

㊳ $5.14 \times 11 =$

㊴ $6.53 \times 15 =$

1 ~ 2 다르게 풀기

○ 빈칸에 알맞은 수를 써넣으시오.

❶
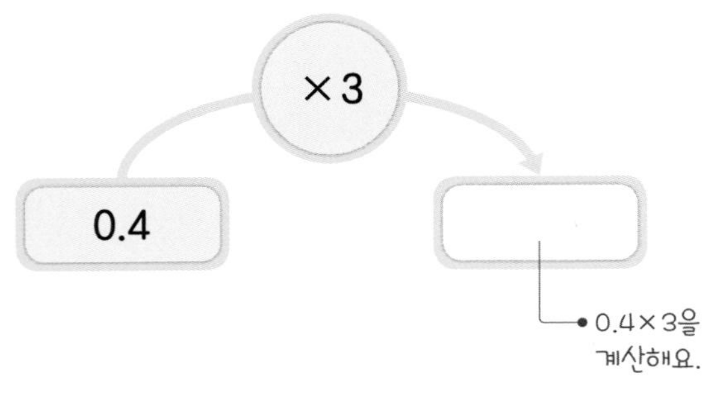

❷ ×4

2.7 → ☐

❸ ×9

0.8 → ☐

❹ ×6

6.5 → ☐

❺
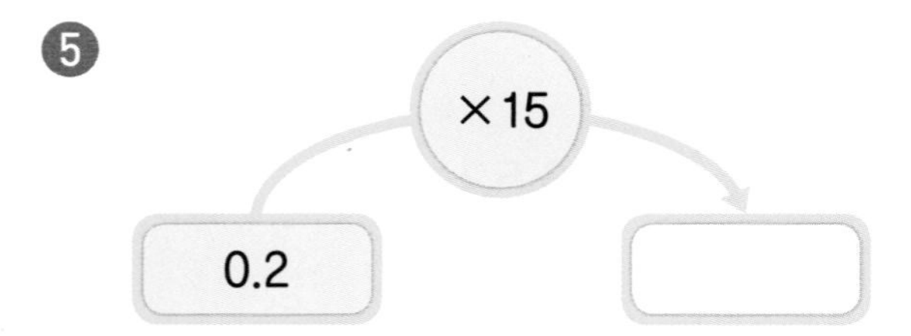

❻
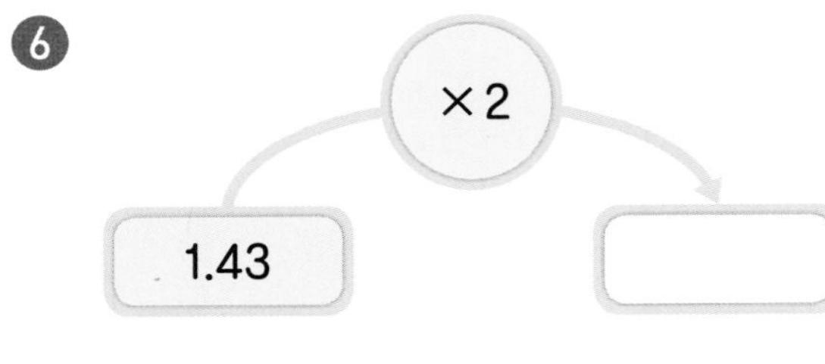

❼

❽
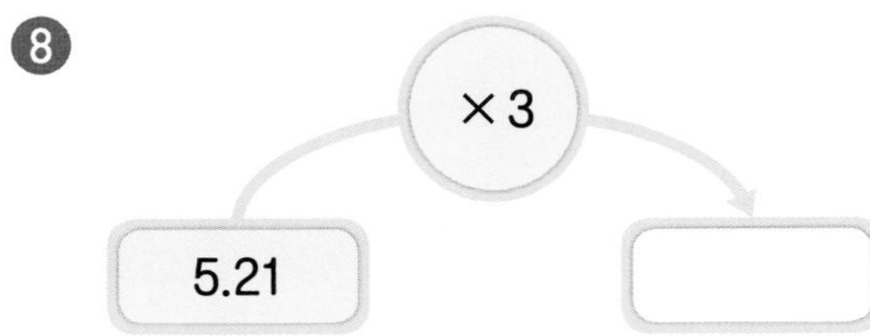

❾
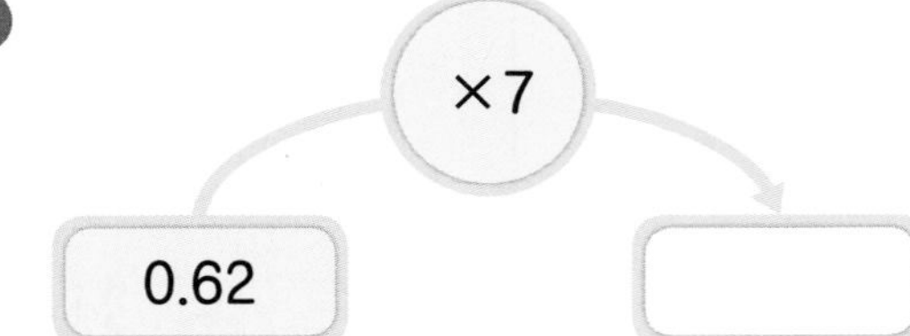

❿

⑪
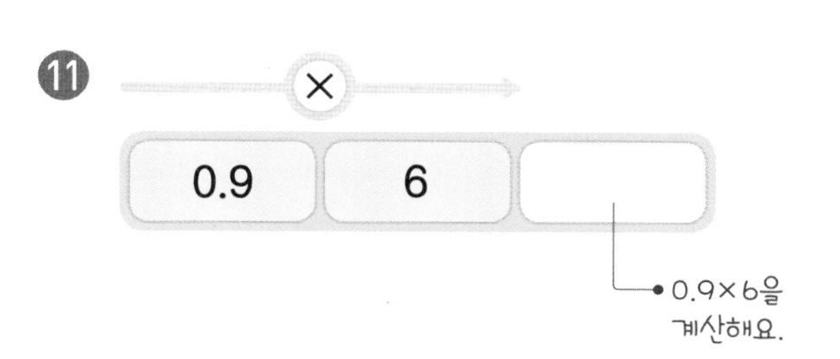

⑮
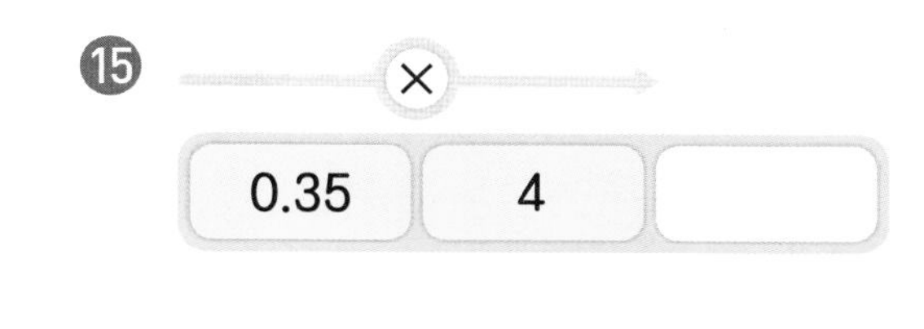

⑫
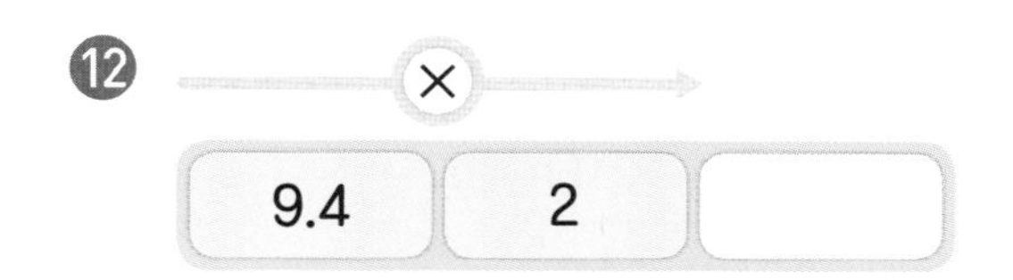

⑯
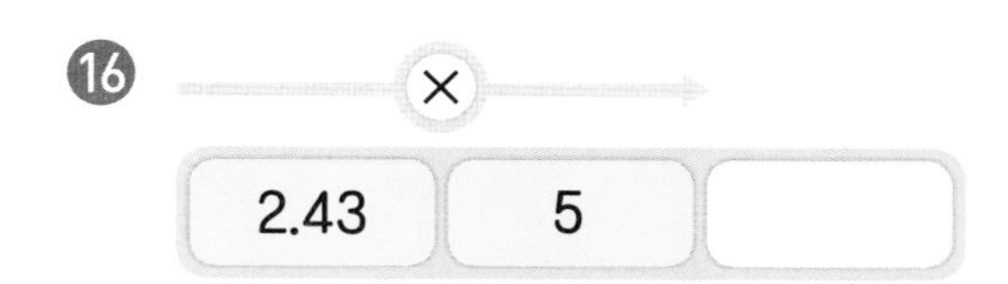

⑬

⑰
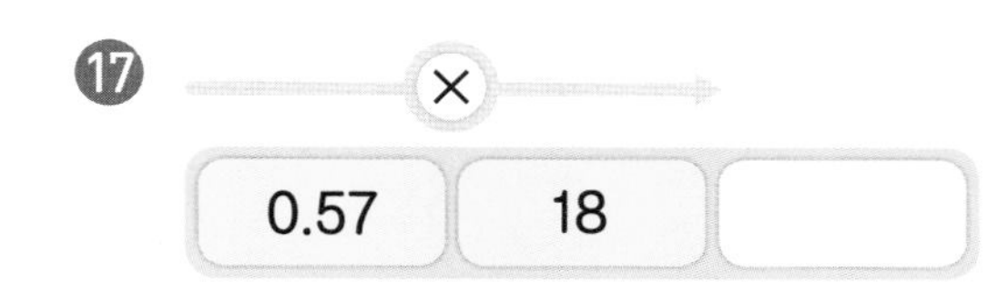

⑭

⑱

문장제 속 연산

⑲ 선물 한 개를 포장하는 데 끈 1.6 m가 필요합니다. 똑같은 선물 5개를 포장하는 데 필요한 끈의 길이는 모두 몇 m인지 구해 보시오.

3 (자연수) × (1보다 작은 소수)

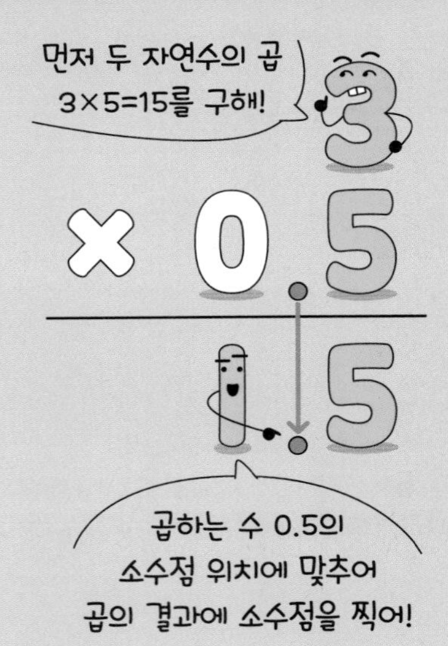

- (자연수)×(1보다 작은 소수)의 계산 방법

① 자연수의 곱셈을 합니다.

② 곱하는 수의 소수점 위치에 맞추어 곱의 결과에 소수점을 찍습니다.

$3 \times 5 = 15$

$\frac{1}{10}$배 ↓ ↓ $\frac{1}{10}$배

$3 \times 0.5 = 1.5$

$$\begin{array}{r} 3 \\ \times\ 5 \\ \hline 1\ 5 \end{array} \Rightarrow \begin{array}{r} 3 \\ \times\ 0.5 \\ \hline 1.5 \end{array}$$

○ 계산해 보시오.

❶ $\begin{array}{r} 2 \\ \times\ 0.1 \\ \hline \end{array}$

❷ $\begin{array}{r} 4 \\ \times\ 0.2 \\ \hline \end{array}$

❸ $\begin{array}{r} 5 \\ \times\ 0.2 \\ \hline \end{array}$

❹ $\begin{array}{r} 7 \\ \times\ 0.3 \\ \hline \end{array}$

❺ $\begin{array}{r} 4 \\ \times\ 0.4 \\ \hline \end{array}$

❻ $\begin{array}{r} 6 \\ \times\ 0.4 \\ \hline \end{array}$

❼ $\begin{array}{r} 9 \\ \times\ 0.5 \\ \hline \end{array}$

❽ $\begin{array}{r} 7 \\ \times\ 0.6 \\ \hline \end{array}$

❾ $\begin{array}{r} 2 \\ \times\ 0.7 \\ \hline \end{array}$

❿ $\begin{array}{r} 4 \\ \times\ 0.7 \\ \hline \end{array}$

⓫ $\begin{array}{r} 3 \\ \times\ 0.8 \\ \hline \end{array}$

⓬ $\begin{array}{r} 6 \\ \times\ 0.9 \\ \hline \end{array}$

⑬ $\begin{array}{r} 19 \\ \times\ 0.4 \\ \hline \end{array}$

⑭ $\begin{array}{r} 15 \\ \times\ 0.5 \\ \hline \end{array}$

⑮ $\begin{array}{r} 24 \\ \times\ 0.7 \\ \hline \end{array}$

⑯ $\begin{array}{r} 3 \\ \times\ 0.02 \\ \hline \end{array}$

⑰ $\begin{array}{r} 2 \\ \times\ 0.19 \\ \hline \end{array}$

⑱ $\begin{array}{r} 8 \\ \times\ 0.21 \\ \hline \end{array}$

⑲ $\begin{array}{r} 6 \\ \times\ 0.34 \\ \hline \end{array}$

⑳ $\begin{array}{r} 7 \\ \times\ 0.35 \\ \hline \end{array}$

㉑ $\begin{array}{r} 8 \\ \times\ 0.47 \\ \hline \end{array}$

㉒ $\begin{array}{r} 9 \\ \times\ 0.53 \\ \hline \end{array}$

㉓ $\begin{array}{r} 5 \\ \times\ 0.67 \\ \hline \end{array}$

㉔ $\begin{array}{r} 4 \\ \times\ 0.75 \\ \hline \end{array}$

㉕ $\begin{array}{r} 7 \\ \times\ 0.86 \\ \hline \end{array}$

㉖ $\begin{array}{r} 6 \\ \times\ 0.92 \\ \hline \end{array}$

㉗ $\begin{array}{r} 8 \\ \times\ 0.99 \\ \hline \end{array}$

㉘ $\begin{array}{r} 13 \\ \times\ 0.29 \\ \hline \end{array}$

㉙ $\begin{array}{r} 21 \\ \times\ 0.32 \\ \hline \end{array}$

㉚ $\begin{array}{r} 14 \\ \times\ 0.76 \\ \hline \end{array}$

3 (자연수) × (1보다 작은 소수)

○ 계산해 보시오.

❶ 4×0.3

❷ 7×0.4

❸ 5×0.5

❹ 6×0.6

❺ 8×0.7

❻ 3×0.9

❼ 27×0.2

❽ 25×0.8

❾ 18×0.9

❿ 3×0.15

⓫ 4×0.24

⓬ 8×0.29

⓭ 6×0.37

⓮ 7×0.58

⓯ 9×0.65

⓰ 28×0.12

⓱ 32×0.23

⓲ 13×0.85

⑲ $9\times0.2=$

⑳ $6\times0.3=$

㉑ $7\times0.5=$

㉒ $8\times0.6=$

㉓ $3\times0.7=$

㉔ $2\times0.8=$

㉕ $5\times0.9=$

㉖ $32\times0.2=$

㉗ $29\times0.6=$

㉘ $46\times0.8=$

㉙ $5\times0.24=$

㉚ $7\times0.33=$

㉛ $9\times0.36=$

㉜ $6\times0.43=$

㉝ $9\times0.52=$

㉞ $7\times0.69=$

㉟ $5\times0.76=$

㊱ $4\times0.88=$

㊲ $24\times0.13=$

㊳ $51\times0.19=$

㊴ $38\times0.46=$

4 (자연수) ×(1보다 큰 소수)

• (자연수)×(1보다 큰 소수)의 계산 방법

① 자연수의 곱셈을 합니다.

② 곱하는 수의 소수점 위치에 맞추어 곱의 결과에 소수점을 찍습니다.

$$4 \times 12 = 48$$

$\frac{1}{10}$배 ↓ ↓ $\frac{1}{10}$배

$$4 \times 1.2 = 4.8$$

$$\begin{array}{r} 4 \\ \times\ 1\ 2 \\ \hline 4\ 8 \end{array} \Rightarrow \begin{array}{r} 4 \\ \times\ 1.2 \\ \hline 4.8 \end{array}$$

○ 계산해 보시오.

❶ $\begin{array}{r} 5 \\ \times\ 1.7 \\ \hline \end{array}$

❷ $\begin{array}{r} 2 \\ \times\ 1.9 \\ \hline \end{array}$

❸ $\begin{array}{r} 3 \\ \times\ 2.1 \\ \hline \end{array}$

❹ $\begin{array}{r} 6 \\ \times\ 2.6 \\ \hline \end{array}$

❺ $\begin{array}{r} 4 \\ \times\ 3.9 \\ \hline \end{array}$

❻ $\begin{array}{r} 2 \\ \times\ 4.6 \\ \hline \end{array}$

❼ $\begin{array}{r} 7 \\ \times\ 5.3 \\ \hline \end{array}$

❽ $\begin{array}{r} 8 \\ \times\ 6.1 \\ \hline \end{array}$

❾ $\begin{array}{r} 5 \\ \times\ 6.9 \\ \hline \end{array}$

❿ $\begin{array}{r} 4 \\ \times\ 7.6 \\ \hline \end{array}$

⓫ $\begin{array}{r} 5 \\ \times\ 8.3 \\ \hline \end{array}$

⓬ $\begin{array}{r} 9 \\ \times\ 9.6 \\ \hline \end{array}$

⑬ 11×1.8

⑭ 13×2.9

⑮ 26×3.7

⑯ 2×1.57

⑰ 9×1.98

⑱ 6×2.15

⑲ 7×2.56

⑳ 9×3.25

㉑ 3×4.24

㉒ 8×5.09

㉓ 5×6.23

㉔ 4×6.78

㉕ 6×7.35

㉖ 7×8.92

㉗ 2×9.77

㉘ 24×1.16

㉙ 31×2.95

㉚ 43×7.12

4 (자연수) × (1보다 큰 소수)

○ 계산해 보시오.

❶ 4×2.2

❷ 7×3.3

❸ 3×4.8

❹ 9×5.1

❺ 8×6.4

❻ 5×8.6

❼ 54×1.5

❽ 16×2.8

❾ 32×8.4

❿ 3×1.54

⓫ 4×2.12

⓬ 9×3.35

⓭ 7×4.17

⓮ 8×5.24

⓯ 5×7.06

⓰ 23×1.14

⓱ 17×2.24

⓲ 42×3.19

월 일 분

/39

정답 • 16쪽

⑲ $9\times1.4=$

⑳ $5\times2.7=$

㉑ $6\times3.8=$

㉒ $7\times4.2=$

㉓ $4\times5.9=$

㉔ $2\times7.5=$

㉕ $3\times8.3=$

㉖ $71\times1.2=$

㉗ $55\times2.3=$

㉘ $14\times9.5=$

㉙ $8\times2.84=$

㉚ $5\times3.15=$

㉛ $7\times3.58=$

㉜ $6\times4.11=$

㉝ $4\times5.97=$

㉞ $3\times6.98=$

㉟ $2\times7.62=$

㊱ $5\times8.09=$

㊲ $22\times1.85=$

㊳ $19\times3.96=$

㊴ $72\times6.13=$

3 ~ 4 다르게 풀기

○ 빈칸에 알맞은 수를 써넣으시오.

❶ 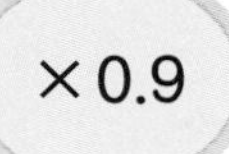

4 → ☐

4×0.9를 계산해요.

❷ ×2.3

5 → ☐

❸ ×6.1

7 → ☐

❹ ×0.5

13 → ☐

❺ ×1.7

12 → ☐

❻ ×0.68

2 → ☐

❼ ×1.52

6 → ☐

❽ ×0.97

8 → ☐

❾ ×0.85

11 → ☐

❿ ×4.15

12 → ☐

⑪
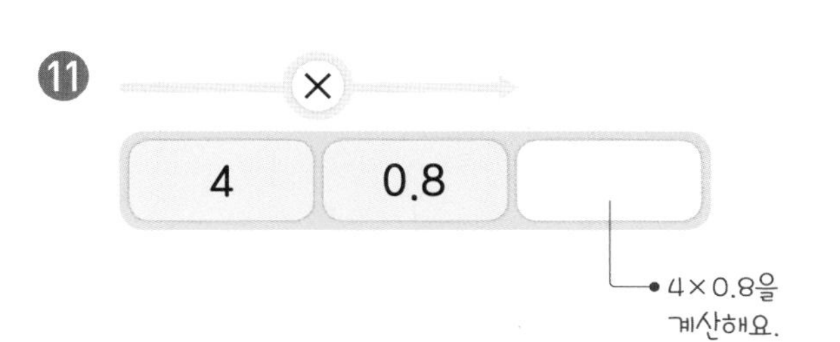

⑮
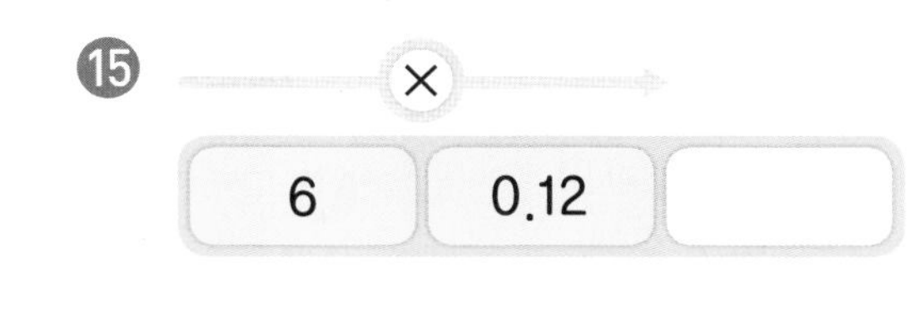

⑫
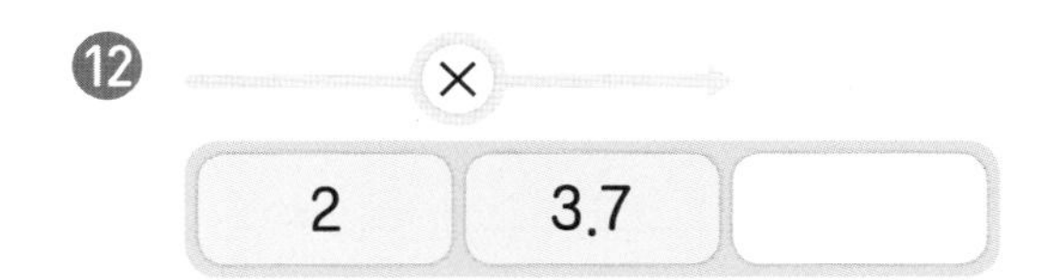

⑯

⑬
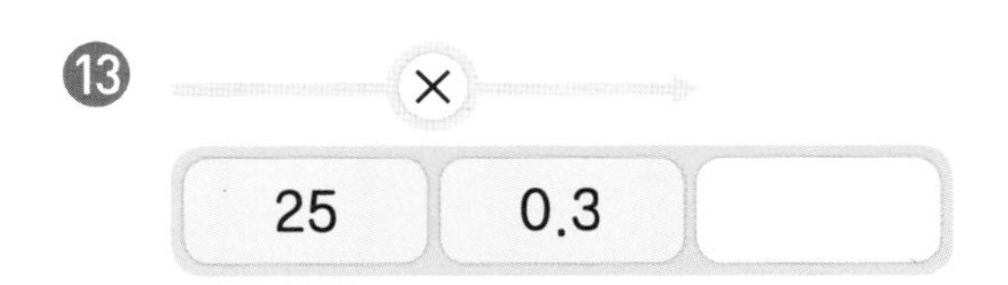

⑰
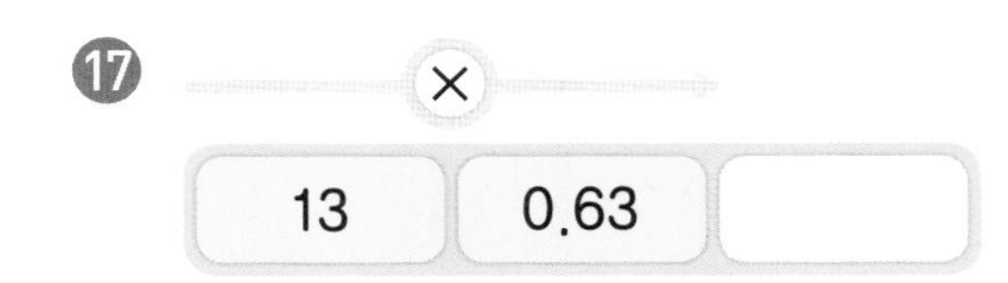

⑭
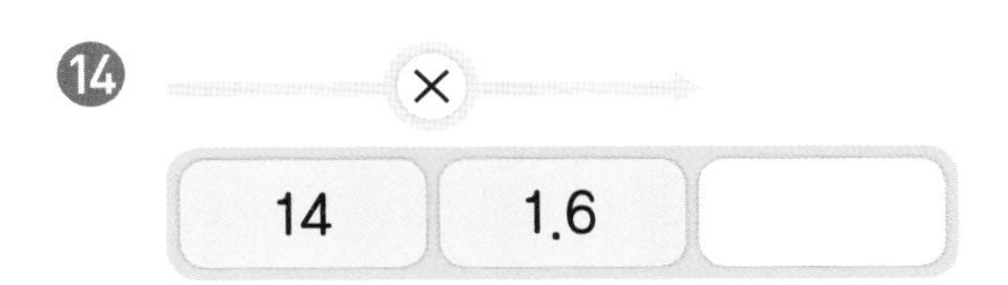

⑱

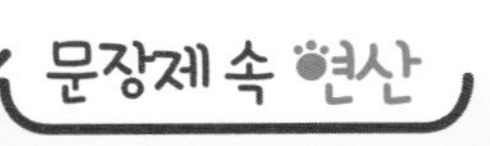

⑲ 희서가 빵을 만들기 위해 밀가루가 2 kg의 0.4만큼 필요합니다. 필요한 밀가루의 양은 몇 kg인지 구해 보시오.

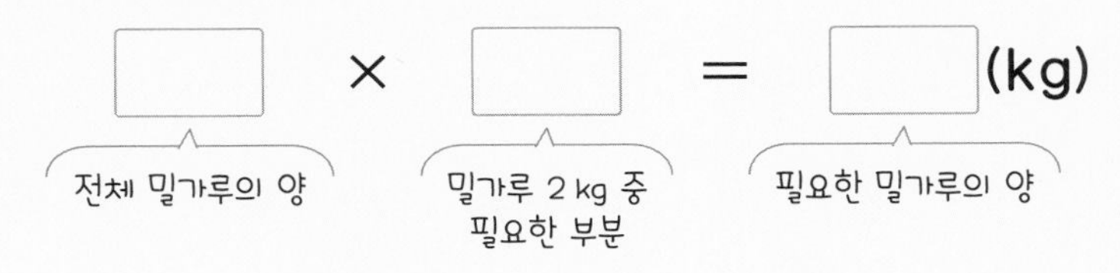

5 1보다 작은 소수끼리의 곱셈

• **1보다 작은 소수끼리의 곱셈 계산 방법**

① 자연수의 곱셈을 합니다.

② 곱하는 두 소수의 소수점 아래 자리 수의 합만큼 소수점을 찍습니다.

$$\begin{array}{ccccc} 2 & \times & 8 & = & 16 \\ \downarrow \frac{1}{10}\text{배} & & \downarrow \frac{1}{10}\text{배} & & \downarrow \frac{1}{100}\text{배} \\ 0.2 & \times & 0.8 & = & 0.16 \end{array}$$

$$\begin{array}{r} 2 \\ \times\ 8 \\ \hline 16 \end{array} \Rightarrow \begin{array}{r} 0.2 \\ \times\ 0.8 \\ \hline 0.16 \end{array}$$

○ 계산해 보시오.

❶ $\begin{array}{r} 0.1 \\ \times\ 0.7 \\ \hline \end{array}$

❷ $\begin{array}{r} 0.2 \\ \times\ 0.4 \\ \hline \end{array}$

❸ $\begin{array}{r} 0.3 \\ \times\ 0.9 \\ \hline \end{array}$

❹ $\begin{array}{r} 0.4 \\ \times\ 0.6 \\ \hline \end{array}$

❺ $\begin{array}{r} 0.5 \\ \times\ 0.8 \\ \hline \end{array}$

❻ $\begin{array}{r} 0.6 \\ \times\ 0.2 \\ \hline \end{array}$

❼ $\begin{array}{r} 0.7 \\ \times\ 0.3 \\ \hline \end{array}$

❽ $\begin{array}{r} 0.7 \\ \times\ 0.5 \\ \hline \end{array}$

❾ $\begin{array}{r} 0.8 \\ \times\ 0.6 \\ \hline \end{array}$

❿ $\begin{array}{r} 0.9 \\ \times\ 0.4 \\ \hline \end{array}$

⓫ $\begin{array}{r} 0.2 \\ \times\ 0.54 \\ \hline \end{array}$

⓬ $\begin{array}{r} 0.3 \\ \times\ 0.28 \\ \hline \end{array}$

⑬ $\begin{array}{r} 0.5 \\ \times\ 0.35 \\ \hline \end{array}$

⑭ $\begin{array}{r} 0.8 \\ \times\ 0.63 \\ \hline \end{array}$

⑮ $\begin{array}{r} 0.9 \\ \times\ 0.14 \\ \hline \end{array}$

⑯ $\begin{array}{r} 0.17 \\ \times\ 0.2 \\ \hline \end{array}$

⑰ $\begin{array}{r} 0.23 \\ \times\ 0.5 \\ \hline \end{array}$

⑱ $\begin{array}{r} 0.32 \\ \times\ 0.2 \\ \hline \end{array}$

⑲ $\begin{array}{r} 0.38 \\ \times\ 0.8 \\ \hline \end{array}$

⑳ $\begin{array}{r} 0.41 \\ \times\ 0.9 \\ \hline \end{array}$

㉑ $\begin{array}{r} 0.54 \\ \times\ 0.7 \\ \hline \end{array}$

㉒ $\begin{array}{r} 0.56 \\ \times\ 0.4 \\ \hline \end{array}$

㉓ $\begin{array}{r} 0.69 \\ \times\ 0.6 \\ \hline \end{array}$

㉔ $\begin{array}{r} 0.72 \\ \times\ 0.5 \\ \hline \end{array}$

㉕ $\begin{array}{r} 0.81 \\ \times\ 0.3 \\ \hline \end{array}$

㉖ $\begin{array}{r} 0.86 \\ \times\ 0.8 \\ \hline \end{array}$

㉗ $\begin{array}{r} 0.92 \\ \times\ 0.9 \\ \hline \end{array}$

㉘ $\begin{array}{r} 0.17 \\ \times\ 0.13 \\ \hline \end{array}$

㉙ $\begin{array}{r} 0.39 \\ \times\ 0.18 \\ \hline \end{array}$

㉚ $\begin{array}{r} 0.78 \\ \times\ 0.62 \\ \hline \end{array}$

5 1보다 작은 소수끼리의 곱셈

○ 계산해 보시오.

❶ 0.3×0.8

❷ 0.5×0.6

❸ 0.7×0.4

❹ 0.9×0.2

❺ 0.2×0.65

❻ 0.4×0.81

❼ 0.5×0.47

❽ 0.8×0.73

❾ 0.9×0.36

❿ 0.34×0.8

⓫ 0.48×0.7

⓬ 0.59×0.6

⓭ 0.64×0.4

⓮ 0.73×0.7

⓯ 0.82×0.8

⓰ 0.25×0.34

⓱ 0.52×0.89

⓲ 0.91×0.27

⑲ $0.2\times0.7=$

⑳ $0.3\times0.5=$

㉑ $0.4\times0.8=$

㉒ $0.6\times0.9=$

㉓ $0.2\times0.18=$

㉔ $0.3\times0.67=$

㉕ $0.5\times0.29=$

㉖ $0.6\times0.52=$

㉗ $0.7\times0.66=$

㉘ $0.8\times0.94=$

㉙ $0.9\times0.43=$

㉚ $0.16\times0.5=$

㉛ $0.29\times0.9=$

㉜ $0.37\times0.4=$

㉝ $0.48\times0.6=$

㉞ $0.65\times0.2=$

㉟ $0.78\times0.3=$

㊱ $0.94\times0.7=$

㊲ $0.27\times0.31=$

㊳ $0.45\times0.25=$

㊴ $0.63\times0.84=$

6 1보다 큰 소수끼리의 곱셈

2.583
소수 세 자리 수!

- **1보다 큰 소수끼리의 곱셈 계산 방법**

① 자연수의 곱셈을 합니다.

② 곱하는 두 소수의 소수점 아래 자리 수의 합만큼 소수점을 찍습니다.

$123 \times 21 = 2583$

$\frac{1}{100}$배, $\frac{1}{10}$배, $\frac{1}{1000}$배

$1.23 \times 2.1 = 2.583$

$$\begin{array}{r} 1\ 2\ 3 \\ \times \quad 2\ 1 \\ \hline 2\ 5\ 8\ 3 \end{array} \Rightarrow \begin{array}{r} 1.2\ 3 \\ \times \quad 2.1 \\ \hline 2.5\ 8\ 3 \end{array}$$

○ 계산해 보시오.

❶ $\begin{array}{r} 1.2 \\ \times\ 2.3 \\ \hline \end{array}$

❷ $\begin{array}{r} 1.9 \\ \times\ 4.2 \\ \hline \end{array}$

❸ $\begin{array}{r} 2.6 \\ \times\ 3.8 \\ \hline \end{array}$

❹ $\begin{array}{r} 3.5 \\ \times\ 4.7 \\ \hline \end{array}$

❺ $\begin{array}{r} 4.3 \\ \times\ 6.4 \\ \hline \end{array}$

❻ $\begin{array}{r} 4.8 \\ \times\ 2.9 \\ \hline \end{array}$

❼ $\begin{array}{r} 5.4 \\ \times\ 1.6 \\ \hline \end{array}$

❽ $\begin{array}{r} 5.8 \\ \times\ 3.1 \\ \hline \end{array}$

❾ $\begin{array}{r} 6.5 \\ \times\ 7.3 \\ \hline \end{array}$

❿ $\begin{array}{r} 7.1 \\ \times\ 3.4 \\ \hline \end{array}$

⓫ $\begin{array}{r} 8.2 \\ \times\ 7.9 \\ \hline \end{array}$

⓬ $\begin{array}{r} 9.4 \\ \times\ 5.2 \\ \hline \end{array}$

정답 • 17쪽

⑬ $\begin{array}{r} 2.3 \\ \times\ 1.26 \\ \hline \end{array}$

⑭ $\begin{array}{r} 2.7 \\ \times\ 4.15 \\ \hline \end{array}$

⑮ $\begin{array}{r} 3.1 \\ \times\ 2.54 \\ \hline \end{array}$

⑯ $\begin{array}{r} 4.6 \\ \times\ 7.19 \\ \hline \end{array}$

⑰ $\begin{array}{r} 6.3 \\ \times\ 8.02 \\ \hline \end{array}$

⑱ $\begin{array}{r} 1.87 \\ \times\ 9.5 \\ \hline \end{array}$

⑲ $\begin{array}{r} 2.09 \\ \times\ 4.3 \\ \hline \end{array}$

⑳ $\begin{array}{r} 3.15 \\ \times\ 4.8 \\ \hline \end{array}$

㉑ $\begin{array}{r} 3.94 \\ \times\ 2.7 \\ \hline \end{array}$

㉒ $\begin{array}{r} 4.25 \\ \times\ 7.1 \\ \hline \end{array}$

㉓ $\begin{array}{r} 5.36 \\ \times\ 3.9 \\ \hline \end{array}$

㉔ $\begin{array}{r} 6.13 \\ \times\ 8.2 \\ \hline \end{array}$

㉕ $\begin{array}{r} 6.72 \\ \times\ 2.4 \\ \hline \end{array}$

㉖ $\begin{array}{r} 7.42 \\ \times\ 6.3 \\ \hline \end{array}$

㉗ $\begin{array}{r} 8.21 \\ \times\ 5.9 \\ \hline \end{array}$

㉘ $\begin{array}{r} 9.16 \\ \times\ 3.4 \\ \hline \end{array}$

㉙ $\begin{array}{r} 2.13 \\ \times\ 1.07 \\ \hline \end{array}$

㉚ $\begin{array}{r} 3.23 \\ \times\ 5.34 \\ \hline \end{array}$

6 1보다 큰 소수끼리의 곱셈

○ 계산해 보시오.

❶ $\begin{array}{r} 2.5 \\ \times\ 3.1 \\ \hline \end{array}$

❷ $\begin{array}{r} 3.3 \\ \times\ 1.2 \\ \hline \end{array}$

❸ $\begin{array}{r} 4.1 \\ \times\ 3.7 \\ \hline \end{array}$

❹ $\begin{array}{r} 6.2 \\ \times\ 4.6 \\ \hline \end{array}$

❺ $\begin{array}{r} 7.3 \\ \times\ 6.5 \\ \hline \end{array}$

❻ $\begin{array}{r} 8.9 \\ \times\ 2.7 \\ \hline \end{array}$

❼ $\begin{array}{r} 2.2 \\ \times\ 2.09 \\ \hline \end{array}$

❽ $\begin{array}{r} 4.5 \\ \times\ 3.52 \\ \hline \end{array}$

❾ $\begin{array}{r} 5.6 \\ \times\ 9.21 \\ \hline \end{array}$

❿ $\begin{array}{r} 6.7 \\ \times\ 5.24 \\ \hline \end{array}$

⓫ $\begin{array}{r} 7.1 \\ \times\ 1.13 \\ \hline \end{array}$

⓬ $\begin{array}{r} 1.82 \\ \times\ 6.4 \\ \hline \end{array}$

⓭ $\begin{array}{r} 2.43 \\ \times\ 1.5 \\ \hline \end{array}$

⓮ $\begin{array}{r} 4.79 \\ \times\ 8.2 \\ \hline \end{array}$

⓯ $\begin{array}{r} 7.34 \\ \times\ 4.8 \\ \hline \end{array}$

⓰ $\begin{array}{r} 9.23 \\ \times\ 2.7 \\ \hline \end{array}$

⓱ $\begin{array}{r} 4.02 \\ \times\ 2.19 \\ \hline \end{array}$

⓲ $\begin{array}{r} 6.35 \\ \times\ 8.31 \\ \hline \end{array}$

⑲ $2.4 \times 1.4 =$

⑳ $3.8 \times 2.8 =$

㉑ $4.2 \times 5.9 =$

㉒ $6.7 \times 3.6 =$

㉓ $7.9 \times 1.8 =$

㉔ $8.3 \times 5.5 =$

㉕ $9.8 \times 7.4 =$

㉖ $1.3 \times 5.09 =$

㉗ $2.5 \times 4.77 =$

㉘ $3.6 \times 6.91 =$

㉙ $5.8 \times 9.12 =$

㉚ $6.9 \times 4.87 =$

㉛ $8.4 \times 2.65 =$

㉜ $9.2 \times 1.96 =$

㉝ $1.98 \times 3.5 =$

㉞ $3.62 \times 5.7 =$

㉟ $4.54 \times 1.8 =$

㊱ $6.02 \times 3.5 =$

㊲ $9.27 \times 4.2 =$

㊳ $5.28 \times 6.19 =$

㊴ $9.32 \times 7.45 =$

5 ~ 6 다르게 풀기

○ 빈칸에 알맞은 수를 써넣으시오.

❶

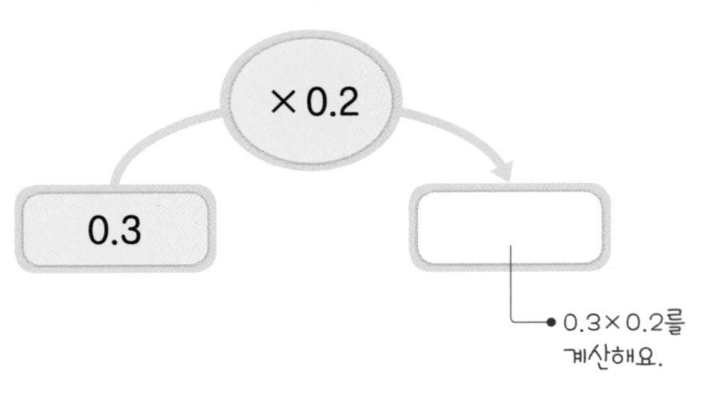

❷

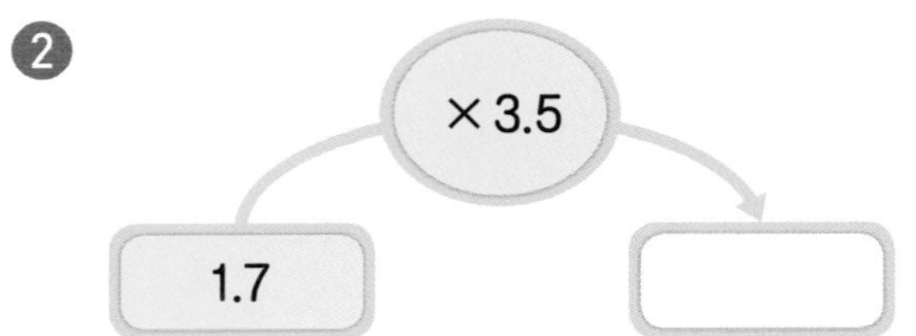

❸

❹

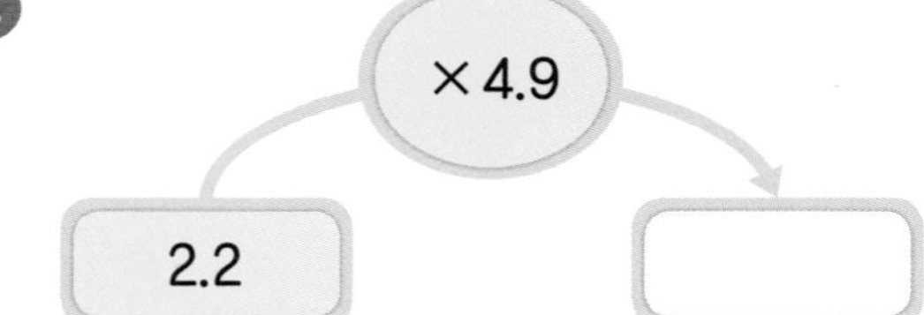

❺

❻

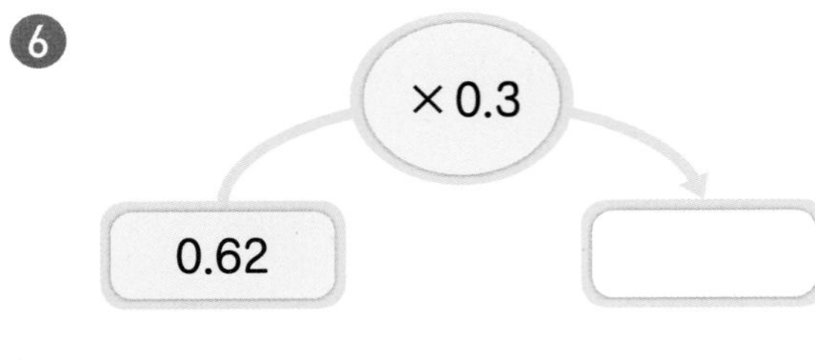

❼

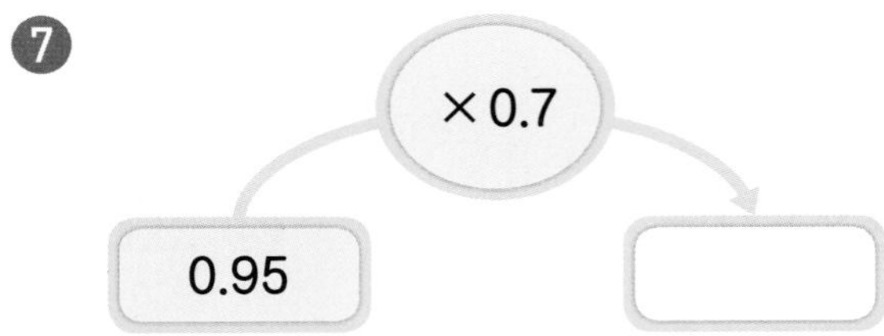

❽

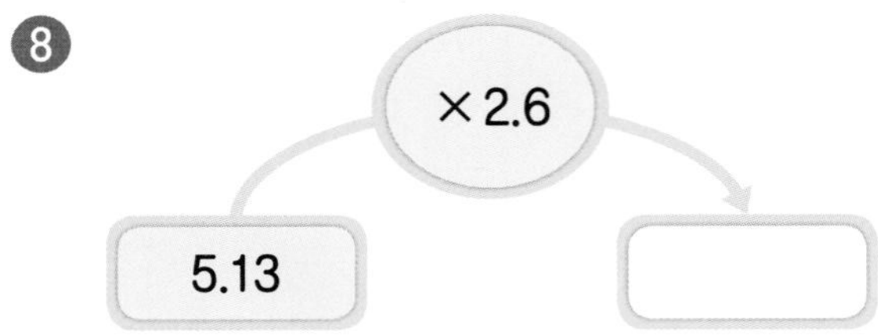

❾

❿

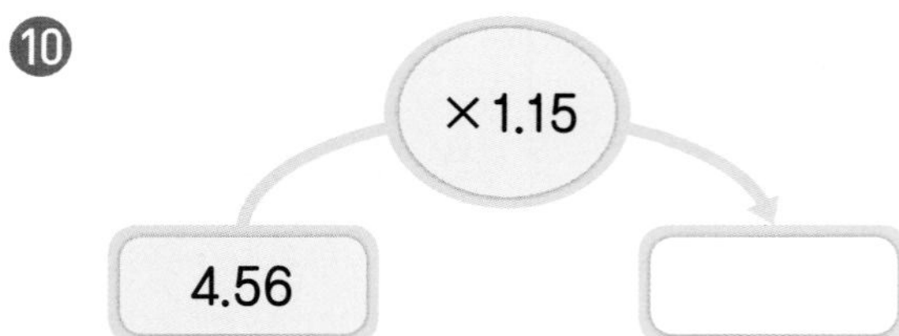

⑪
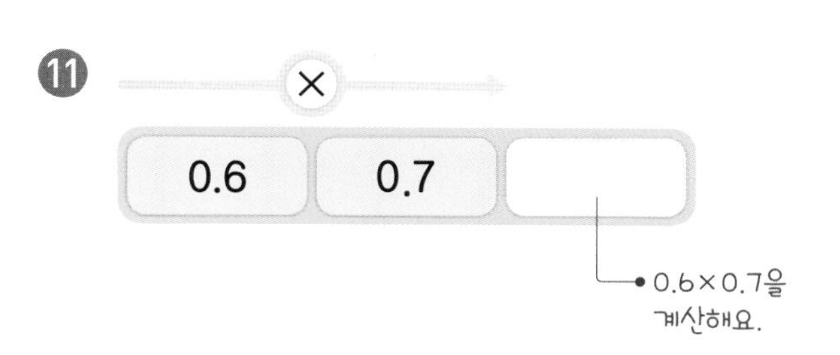

⑮
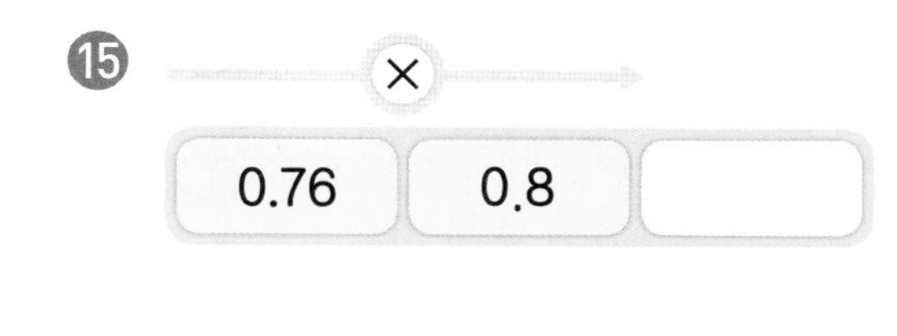

⑫
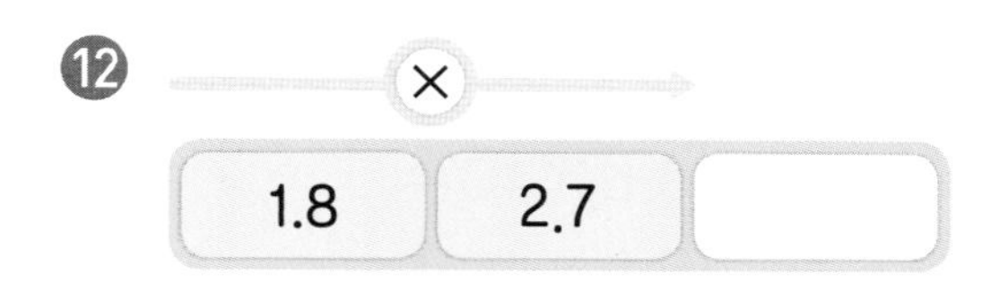

⑯
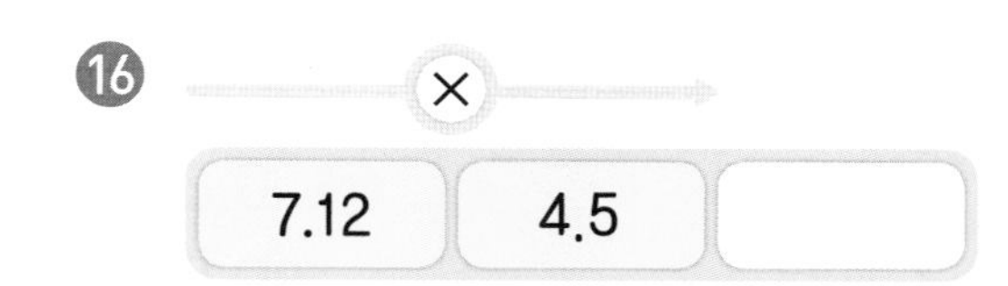

⑬
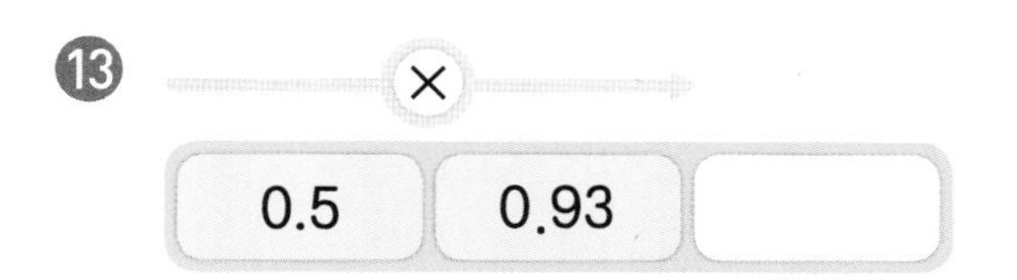

⑰
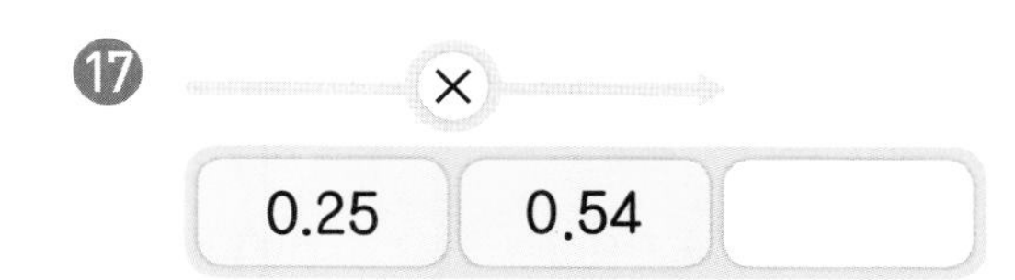

⑭
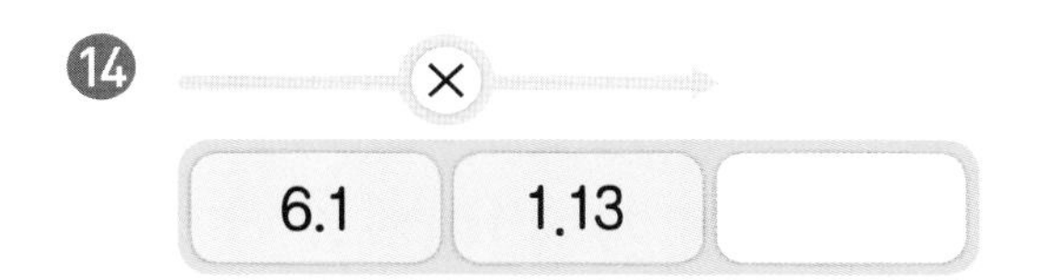

⑱
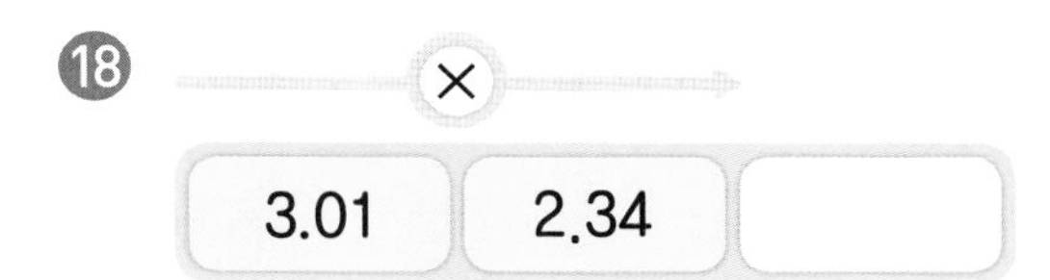

문장제 속 연산

⑲ ○○ 밀가루 한 봉지는 0.9 kg입니다. 그중 0.75만큼이 탄수화물 성분일 때 탄수화물 성분이 몇 kg인지 구해 보시오.

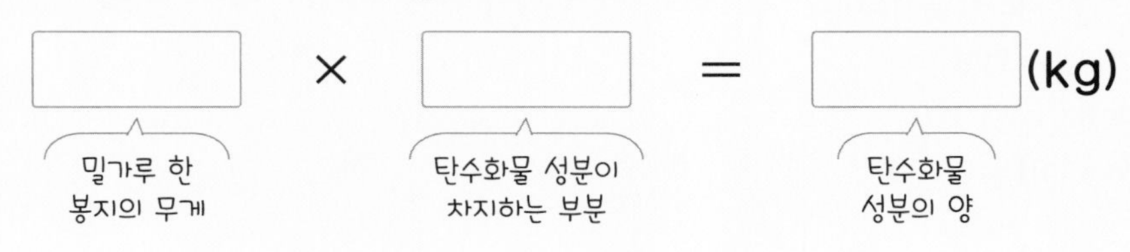

7 자연수와 소수의 곱셈에서 곱의 소수점 위치

곱하는 수의 0의 개수만큼 소수점을 오른쪽으로 한 자리씩 옮겨!

0.72×10=0.7.2 (0이 한 개! 한 자리!)

0.72×100=0.72 (0이 두 개! 두 자리!)

0.72×1000=0.720 (0이 세 개! 세 자리!)

곱하는 소수의 소수점 아래 자리 수만큼 소수점을 왼쪽으로 한 자리씩 옮겨!

720×0.1=720. (소수 한 자리 수, 한 자리!)

720×0.01=7.20. (소수 두 자리 수, 두 자리!)

720×0.001=0.720. (소수 세 자리 수, 세 자리!)

- 자연수와 소수의 곱셈에서 곱의 소수점 위치의 규칙
- (소수) $\times$ 10, 100, 1000
  곱하는 수의 0이 하나씩 늘어날 때마다 곱의 소수점이 오른쪽으로 한 자리씩 옮겨집니다.
  $0.72 \times 10 = 7.2$
  $0.72 \times 100 = 72$
  $0.72 \times 1000 = 720$
- (자연수) $\times$ 0.1, 0.01, 0.001
  곱하는 소수의 소수점 아래 자리 수가 하나씩 늘어날 때마다 곱의 소수점이 왼쪽으로 한 자리씩 옮겨집니다.
  $720 \times 0.1 = 720$
  $720 \times 0.01 = 7.20$
  $720 \times 0.001 = 0.720$

○ 계산해 보시오.

❶ $0.2 \times 10 =$
$0.2 \times 100 =$
$0.2 \times 1000 =$

❷ $0.8 \times 10 =$
$0.8 \times 100 =$
$0.8 \times 1000 =$

❸ $0.13 \times 10 =$
$0.13 \times 100 =$
$0.13 \times 1000 =$

❹ $0.74 \times 10 =$
$0.74 \times 100 =$
$0.74 \times 1000 =$

❺ $0.675 \times 10 =$
$0.675 \times 100 =$
$0.675 \times 1000 =$

❻ $1.1 \times 10 =$
$1.1 \times 100 =$
$1.1 \times 1000 =$

❼ $5.6 \times 10 =$
$5.6 \times 100 =$
$5.6 \times 1000 =$

❽ $3.08 \times 10 =$
$3.08 \times 100 =$
$3.08 \times 1000 =$

❾ $5.27 \times 10 =$
$5.27 \times 100 =$
$5.27 \times 1000 =$

❿ $9.329 \times 10 =$
$9.329 \times 100 =$
$9.329 \times 1000 =$

⑪ $3\times0.1=$
$3\times0.01=$
$3\times0.001=$

⑫ $5\times0.1=$
$5\times0.01=$
$5\times0.001=$

⑬ $6\times0.1=$
$6\times0.01=$
$6\times0.001=$

⑭ $9\times0.1=$
$9\times0.01=$
$9\times0.001=$

⑮ $24\times0.1=$
$24\times0.01=$
$24\times0.001=$

⑯ $31\times0.1=$
$31\times0.01=$
$31\times0.001=$

⑰ $70\times0.1=$
$70\times0.01=$
$70\times0.001=$

⑱ $89\times0.1=$
$89\times0.01=$
$89\times0.001=$

⑲ $346\times0.1=$
$346\times0.01=$
$346\times0.001=$

⑳ $612\times0.1=$
$612\times0.01=$
$612\times0.001=$

㉑ $733\times0.1=$
$733\times0.01=$
$733\times0.001=$

㉒ $902\times0.1=$
$902\times0.01=$
$902\times0.001=$

㉓ $5960\times0.1=$
$5960\times0.01=$
$5960\times0.001=$

㉔ $6783\times0.1=$
$6783\times0.01=$
$6783\times0.001=$

㉕ $9047\times0.1=$
$9047\times0.01=$
$9047\times0.001=$

7 자연수와 소수의 곱셈에서 곱의 소수점 위치

○ 계산해 보시오.

❶ $0.4 \times 10 =$
$0.4 \times 100 =$
$0.4 \times 1000 =$

❷ $0.9 \times 10 =$
$0.9 \times 100 =$
$0.9 \times 1000 =$

❸ $0.26 \times 10 =$
$0.26 \times 100 =$
$0.26 \times 1000 =$

❹ $0.83 \times 10 =$
$0.83 \times 100 =$
$0.83 \times 1000 =$

❺ $0.208 \times 10 =$
$0.208 \times 100 =$
$0.208 \times 1000 =$

❻ $0.374 \times 10 =$
$0.374 \times 100 =$
$0.374 \times 1000 =$

❼ $0.715 \times 10 =$
$0.715 \times 100 =$
$0.715 \times 1000 =$

❽ $3.6 \times 10 =$
$3.6 \times 100 =$
$3.6 \times 1000 =$

❾ $6.1 \times 10 =$
$6.1 \times 100 =$
$6.1 \times 1000 =$

❿ $9.5 \times 10 =$
$9.5 \times 100 =$
$9.5 \times 1000 =$

⓫ $2.98 \times 10 =$
$2.98 \times 100 =$
$2.98 \times 1000 =$

⓬ $6.22 \times 10 =$
$6.22 \times 100 =$
$6.22 \times 1000 =$

⓭ $8.07 \times 10 =$
$8.07 \times 100 =$
$8.07 \times 1000 =$

⓮ $4.196 \times 10 =$
$4.196 \times 100 =$
$4.196 \times 1000 =$

⓯ $8.002 \times 10 =$
$8.002 \times 100 =$
$8.002 \times 1000 =$

⑯ $2 \times 0.1 =$
$2 \times 0.01 =$
$2 \times 0.001 =$

⑰ $4 \times 0.1 =$
$4 \times 0.01 =$
$4 \times 0.001 =$

⑱ $7 \times 0.1 =$
$7 \times 0.01 =$
$7 \times 0.001 =$

⑲ $19 \times 0.1 =$
$19 \times 0.01 =$
$19 \times 0.001 =$

⑳ $46 \times 0.1 =$
$46 \times 0.01 =$
$46 \times 0.001 =$

㉑ $63 \times 0.1 =$
$63 \times 0.01 =$
$63 \times 0.001 =$

㉒ $90 \times 0.1 =$
$90 \times 0.01 =$
$90 \times 0.001 =$

㉓ $255 \times 0.1 =$
$255 \times 0.01 =$
$255 \times 0.001 =$

㉔ $563 \times 0.1 =$
$563 \times 0.01 =$
$563 \times 0.001 =$

㉕ $785 \times 0.1 =$
$785 \times 0.01 =$
$785 \times 0.001 =$

㉖ $820 \times 0.1 =$
$820 \times 0.01 =$
$820 \times 0.001 =$

㉗ $2934 \times 0.1 =$
$2934 \times 0.01 =$
$2934 \times 0.001 =$

㉘ $3189 \times 0.1 =$
$3189 \times 0.01 =$
$3189 \times 0.001 =$

㉙ $7040 \times 0.1 =$
$7040 \times 0.01 =$
$7040 \times 0.001 =$

㉚ $8296 \times 0.1 =$
$8296 \times 0.01 =$
$8296 \times 0.001 =$

8 소수끼리의 곱셈에서 곱의 소수점 위치

4×8=32

곱하는 두 소수의 소수점 아래 자리 수를 더한 것만큼 소수점을 왼쪽으로 옮겨 표시해!

0.4×0.8=0.32
소수 한 자리 수 / 소수 한 자리 수 / 소수 두 자리 수

0.4×0.08=0.032
소수 한 자리 수 / 소수 두 자리 수 / 소수 세 자리 수

0.04×0.08=0.0032
소수 두 자리 수 / 소수 두 자리 수 / 소수 네 자리 수

- 소수끼리의 곱셈에서 곱의 소수점 위치의 규칙

곱하는 두 소수의 소수점 아래 자리 수를 더한 것만큼 곱의 소수점이 왼쪽으로 옮겨집니다.

$4 \times 8 = 32$

$0.4 \times 0.8 = 0.32$
$0.4 \times 0.08 = 0.032$
$0.04 \times 0.08 = 0.0032$

○ 주어진 식을 보고 계산해 보시오.

❶ $3 \times 9 = 27$

$0.3 \times 0.9 =$
$0.3 \times 0.09 =$
$0.03 \times 0.09 =$

❷ $5 \times 7 = 35$

$0.5 \times 0.7 =$
$0.05 \times 0.7 =$
$0.05 \times 0.07 =$

❸ $9 \times 4 = 36$

$0.9 \times 0.4 =$
$0.09 \times 0.4 =$
$0.09 \times 0.04 =$

❹ $2 \times 52 = 104$

$0.2 \times 5.2 =$
$0.2 \times 0.52 =$
$0.02 \times 0.52 =$

❺ $6 \times 23 = 138$

$0.6 \times 2.3 =$
$0.6 \times 0.23 =$
$0.06 \times 0.23 =$

❻ $32 \times 7 = 224$

$3.2 \times 0.7 =$
$3.2 \times 0.07 =$
$0.32 \times 0.07 =$

❼ $4 \times 61 = 244$

$0.4 \times 6.1 =$
$0.04 \times 6.1 =$
$0.04 \times 0.61 =$

❽ $75 \times 5 = 375$

$7.5 \times 0.5 =$
$7.5 \times 0.05 =$
$0.75 \times 0.05 =$

정답 • 19쪽

⑨ 93×6=558

9.3×0.6=
0.93×0.6=
0.93×0.06=

⑩ 21×31=651

2.1×3.1=
0.21×3.1=
0.21×0.31=

⑪ 12×63=756

1.2×6.3=
1.2×0.63=
0.12×0.63=

⑫ 236×4=944

23.6×0.4=
23.6×0.04=
2.36×0.04=

⑬ 23×67=1541

2.3×6.7=
2.3×0.67=
0.23×0.67=

⑭ 71×39=2769

7.1×3.9=
0.71×3.9=
0.71×0.39=

⑮ 42×85=3570

4.2×8.5=
4.2×0.85=
0.42×0.85=

⑯ 162×51=8262

16.2×5.1=
16.2×0.51=
1.62×0.51=

⑰ 5.3×14=74.2

5.3×1.4=
5.3×0.14=
0.53×0.14=

⑱ 28×4.6=128.8

2.8×4.6=
0.28×4.6=
2.8×0.46=

⑲ 9.1×1.7=15.47

9.1×0.17=
0.91×1.7=
0.91×0.17=

⑳ 3.3×6.5=21.45

0.33×6.5=
3.3×0.65=
0.33×0.65=

8 소수끼리의 곱셈에서 곱의 소수점 위치

○ 주어진 식을 보고 계산해 보시오.

❶ $2 \times 7 = 14$

$0.2 \times 0.7 =$

$0.2 \times 0.07 =$

$0.02 \times 0.07 =$

❷ $5 \times 6 = 30$

$0.5 \times 0.6 =$

$0.05 \times 0.6 =$

$0.05 \times 0.06 =$

❸ $24 \times 6 = 144$

$2.4 \times 0.6 =$

$2.4 \times 0.06 =$

$0.24 \times 0.06 =$

❹ $79 \times 2 = 158$

$7.9 \times 0.2 =$

$0.79 \times 0.2 =$

$0.79 \times 0.02 =$

❺ $3 \times 62 = 186$

$0.3 \times 6.2 =$

$0.3 \times 0.62 =$

$0.03 \times 0.62 =$

❻ $63 \times 4 = 252$

$6.3 \times 0.4 =$

$0.63 \times 0.4 =$

$0.63 \times 0.04 =$

❼ $8 \times 42 = 336$

$0.8 \times 4.2 =$

$0.08 \times 4.2 =$

$0.08 \times 0.42 =$

❽ $5 \times 84 = 420$

$0.5 \times 8.4 =$

$0.5 \times 0.84 =$

$0.05 \times 8.4 =$

❾ $17 \times 25 = 425$

$1.7 \times 2.5 =$

$0.17 \times 2.5 =$

$0.17 \times 0.25 =$

❿ $53 \times 11 = 583$

$5.3 \times 0.11 =$

$0.53 \times 1.1 =$

$0.53 \times 0.11 =$

⓫ $35 \times 18 = 630$

$3.5 \times 1.8 =$

$0.35 \times 1.8 =$

$0.35 \times 0.18 =$

⓬ $169 \times 5 = 845$

$16.9 \times 0.5 =$

$1.69 \times 0.5 =$

$1.69 \times 0.05 =$

⑬ $41\times27=1107$

$4.1\times2.7=$

$4.1\times0.27=$

$0.41\times0.27=$

⑭ $33\times42=1386$

$3.3\times4.2=$

$3.3\times0.42=$

$0.33\times0.42=$

⑮ $73\times28=2044$

$7.3\times2.8=$

$0.73\times2.8=$

$0.73\times0.28=$

⑯ $34\times79=2686$

$3.4\times7.9=$

$0.34\times7.9=$

$0.34\times0.79=$

⑰ $76\times65=4940$

$7.6\times6.5=$

$7.6\times0.65=$

$0.76\times0.65=$

⑱ $89\times57=5073$

$8.9\times0.57=$

$0.89\times0.57=$

$0.089\times5.7=$

⑲ $526\times13=6838$

$52.6\times1.3=$

$5.26\times1.3=$

$5.26\times0.13=$

⑳ $142\times69=9798$

$14.2\times0.69=$

$1.42\times6.9=$

$0.142\times6.9=$

㉑ $19\times6.2=117.8$

$1.9\times6.2=$

$0.19\times6.2=$

$0.19\times0.62=$

㉒ $8.5\times36=306$

$8.5\times0.36=$

$0.85\times3.6=$

$0.85\times0.36=$

㉓ $1.6\times5.9=9.44$

$1.6\times0.59=$

$0.16\times5.9=$

$0.16\times0.59=$

㉔ $6.7\times1.5=10.05$

$0.67\times1.5=$

$6.7\times0.15=$

$0.67\times0.15=$

7 ~ 8 다르게 풀기

○ 빈칸에 알맞은 수를 써넣으시오.

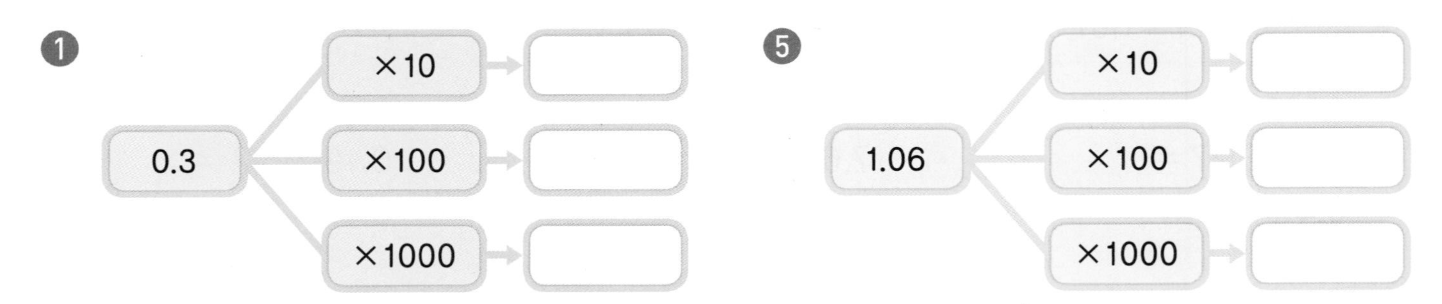

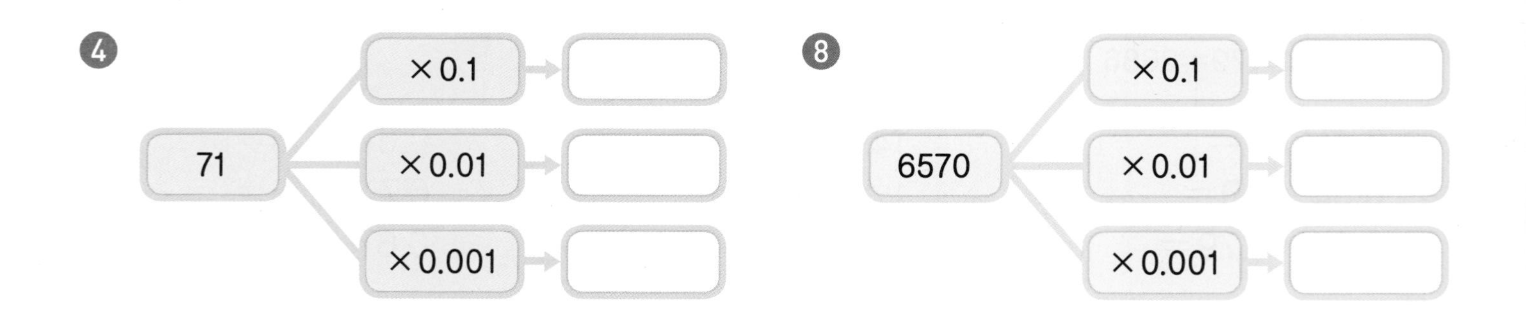

정답 • 19쪽

9 ×

5	3	15
0.5	0.3	
0.5	0.03	
0.05	0.03	

12 ×

16	31	496
1.6	3.1	
0.16	3.1	
0.16	0.31	

10 ×

4	12	48
0.4	1.2	
0.04	1.2	
0.04	0.12	

13 ×

35	46	1610
3.5	4.6	
3.5	0.46	
0.35	0.46	

11 ×

23	8	184
2.3	0.8	
2.3	0.08	
0.23	0.8	

14 ×

29	64	1856
2.9	0.64	
0.29	6.4	
0.29	0.64	

문장제 속 연산

15 한 장의 무게가 1.2 kg인 벽돌이 있습니다. 똑같은 벽돌 100장의 무게는 몇 kg인지 구해 보시오.

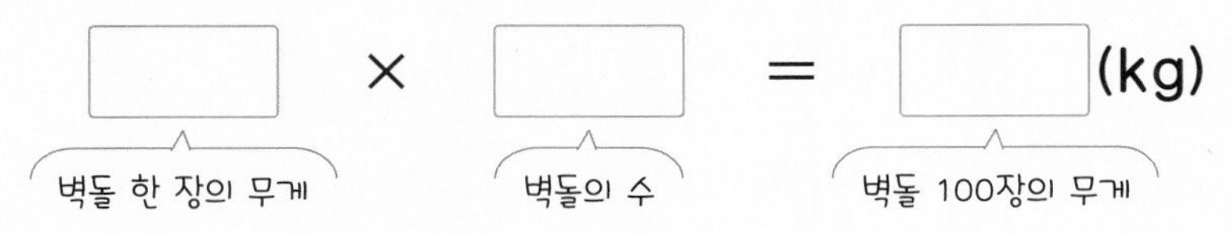

비법 강의

비법 강의 QR

수 감각을 키우면 빨라지는 계산 비법

+−×÷ 1보다 큰 소수끼리의 곱셈을 쉽고 빠르게 계산하는 방법

1보다 큰 소수 중 한 수를 자연수와 1보다 작은 소수의 합으로 나타내어 계산할 수 있습니다.

예 1.2×4.5의 계산

$4.5=4+0.5$임을 이용하여 1.2×4.5를 다음과 같이 계산할 수 있습니다.

$1.2\times\underset{4+0.5}{4.5}$ ⇨ $1.2\times4=4.8$, $1.2\times0.5=0.6$ ⊕ ⇨ 5.4

○ 1보다 큰 소수끼리의 곱셈에서 한 수를 '자연수와 1보다 작은 소수의 합'으로 나타내어 계산하려고 합니다. □ 안에 알맞은 수를 써넣으시오.

❶ $1.6\times2.3=$ □

$1.6\times2=$ □

$1.6\times0.3=$ □

❷ $2.7\times3.2=$ □

$2.7\times3=$ □

$2.7\times0.2=$ □

❸ $3.8\times2.1=$ □

$3.8\times2=$ □

$3.8\times0.1=$ □

❹ $4.5\times3.4=$ □

$4.5\times3=$ □

$4.5\times0.4=$ □

❺ $5.1\times2.8=$ □

$5.1\times2=$ □

$5.1\times0.8=$ □

❻ $6.3\times3.5=$ □

$6.3\times3=$ □

$6.3\times0.5=$ □

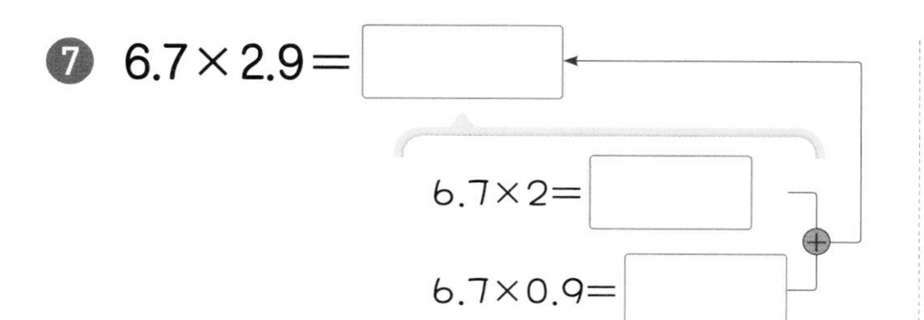

❽ $7.1\times2.8=$ ☐

$7.1\times2=$ ☐

$7.1\times0.8=$ ☐

❾ $8.2\times5.4=$ ☐

$8.2\times5=$ ☐

$8.2\times0.4=$ ☐

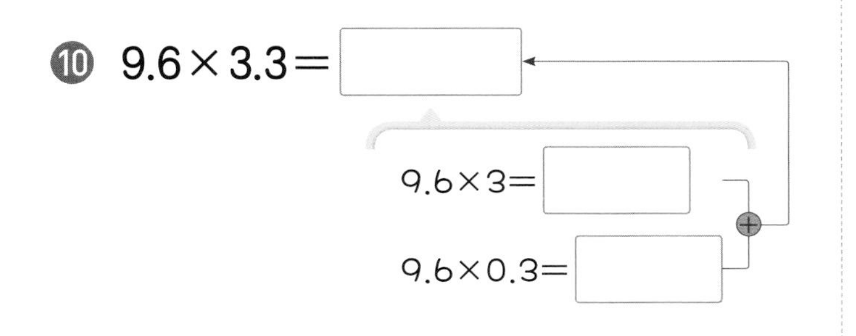

⓫ $1.9\times2.01=$ ☐

$1.9\times2=$ ☐

$1.9\times0.01=$ ☐

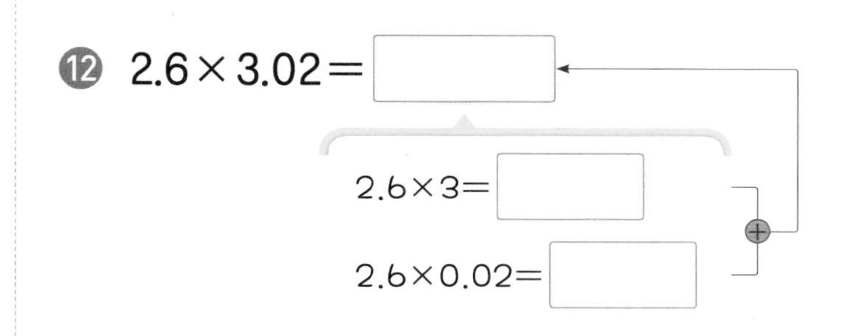

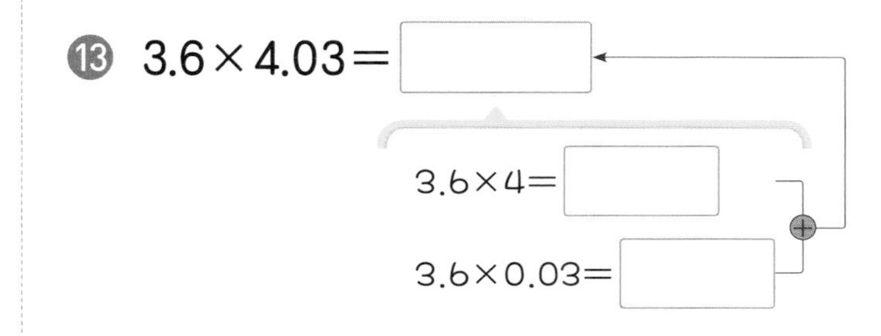

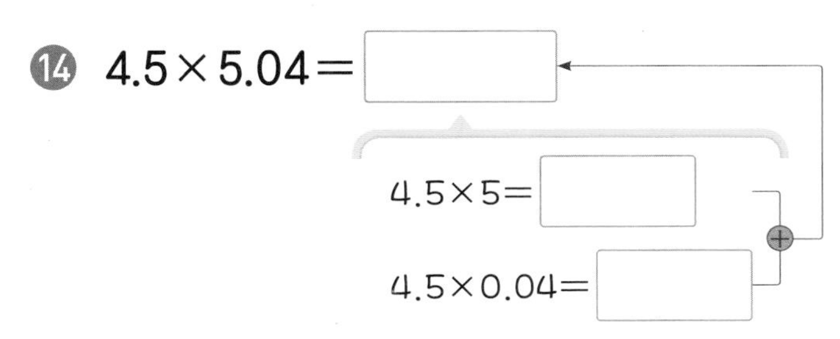

4. 소수의 곱셈

○ 계산해 보시오.

1 $\begin{array}{r} 0.9 \\ \times \quad 5 \\ \hline \end{array}$

2 $\begin{array}{r} 8.1 \\ \times \quad 3 \\ \hline \end{array}$

3 $\begin{array}{r} 2 \\ \times\ 0.54 \\ \hline \end{array}$

4 $\begin{array}{r} 6 \\ \times\ 4.63 \\ \hline \end{array}$

5 $\begin{array}{r} 0.4 \\ \times\ 0.75 \\ \hline \end{array}$

6 $\begin{array}{r} 1.63 \\ \times\ 4.8 \\ \hline \end{array}$

7 $0.2 \times 13 =$

8 $1.32 \times 4 =$

9 $6 \times 0.94 =$

10 $5 \times 1.7 =$

11 $19 \times 4.8 =$

12 $0.7 \times 0.8 =$

13 $0.69 \times 0.2 =$

14 $4.6 \times 3.6 =$

15 $9.3 \times 1.06 =$

정답 • 20쪽

○ 계산해 보시오.

16 $5.03 \times 10 =$
$5.03 \times 100 =$
$5.03 \times 1000 =$

17 $680 \times 0.1 =$
$680 \times 0.01 =$
$680 \times 0.001 =$

○ 주어진 식을 보고 계산해 보시오.

18 $5 \times 33 = 165$

$0.5 \times 3.3 =$
$0.5 \times 0.33 =$
$0.05 \times 0.33 =$

19 $17 \times 29 = 493$

$1.7 \times 2.9 =$
$0.17 \times 2.9 =$
$0.17 \times 0.29 =$

20 $72 \times 53 = 3816$

$7.2 \times 5.3 =$
$7.2 \times 0.53 =$
$0.72 \times 5.3 =$

○ 빈칸에 알맞은 수를 써넣으시오.

21
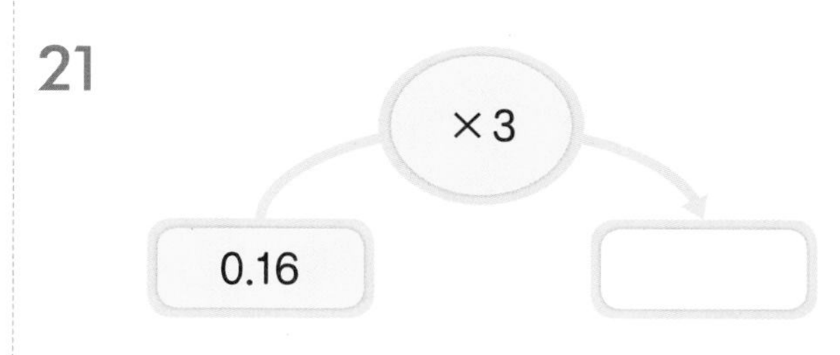

22
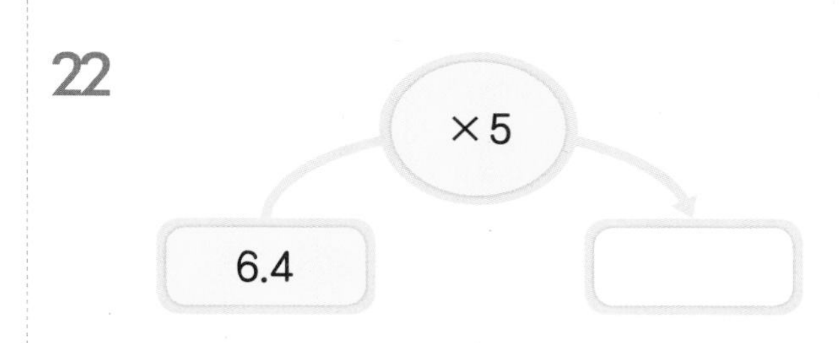

23
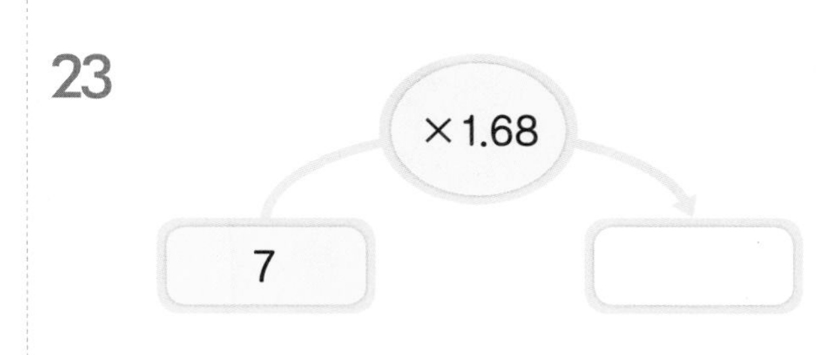

24

25
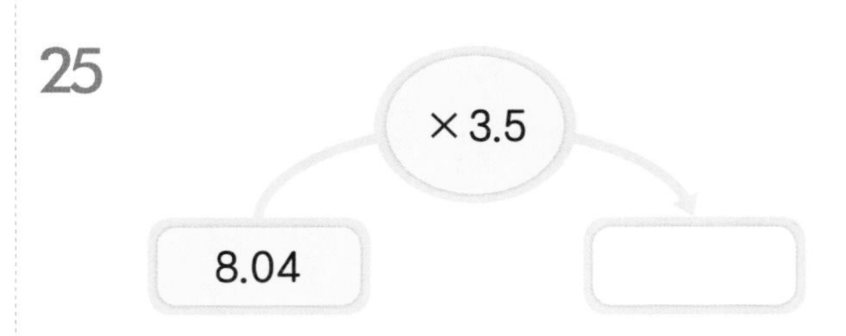

4단원의 연산 실력을 보충하고 싶다면 **클리닉 북 19~26쪽**을 풀어 보세요.

직육면체

학습하는 데 걸린 시간을 작성해 봐요!

학습 내용	학습 회차	걸린 시간
1 직육면체와 정육면체	1일 차	/5분
2 직육면체의 성질	2일 차	/9분
3 직육면체의 겨냥도	3일 차	/7분
4 정육면체의 전개도	4일 차	/7분
5 직육면체의 전개도	5일 차	/7분
평가 5. 직육면체	6일 차	/13분

1 직육면체와 정육면체

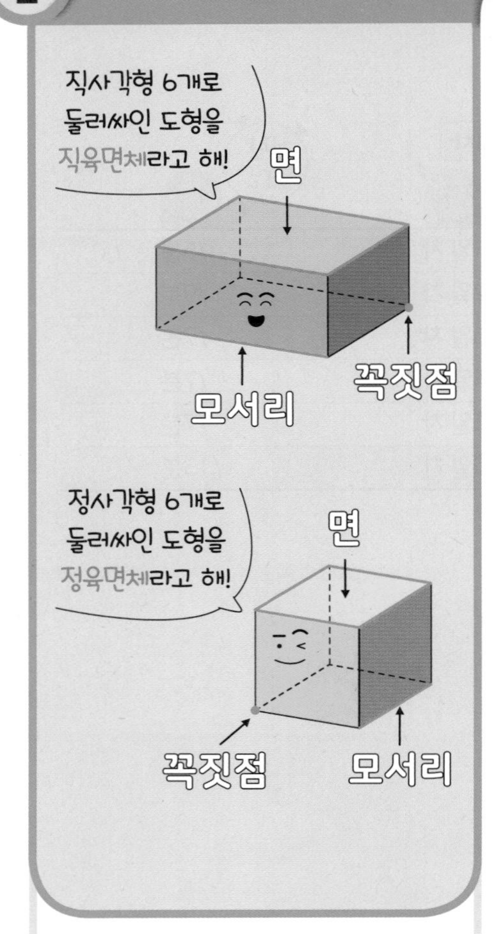

● 직육면체와 정육면체

• 직육면체: 직사각형 6개로 둘러싸인 도형

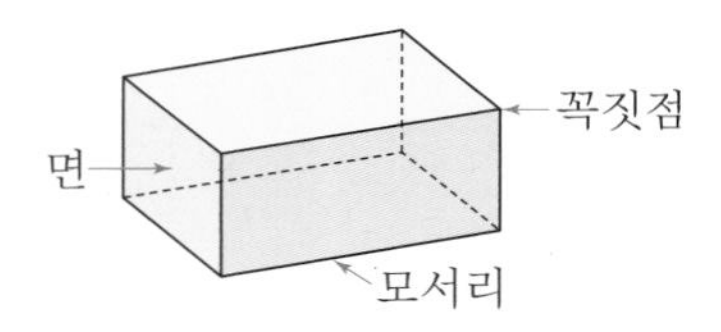

- 면: 선분으로 둘러싸인 부분
- 모서리: 면과 면이 만나는 선분
- 꼭짓점: 모서리와 모서리가 만나는 점

• 정육면체: 정사각형 6개로 둘러싸인 도형

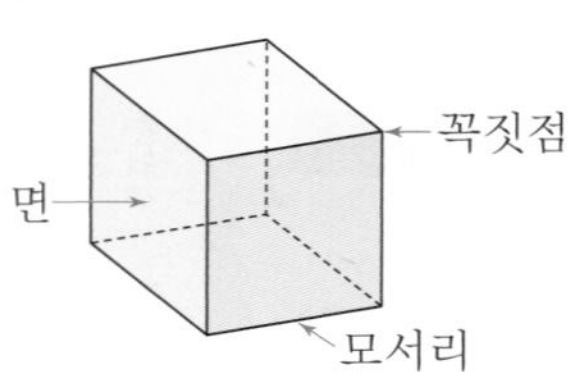

참고 정육면체도 직육면체입니다.

○ 직육면체를 찾아 ○표 하시오.

❶

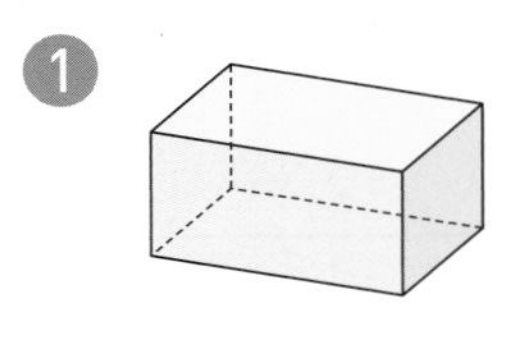 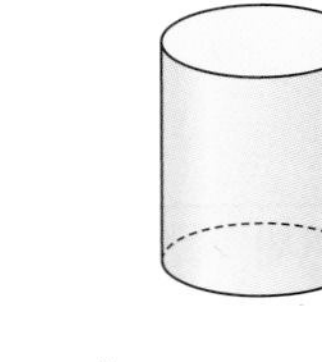 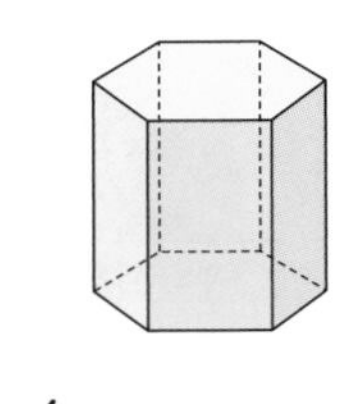

( ) ( ) ( )

❷

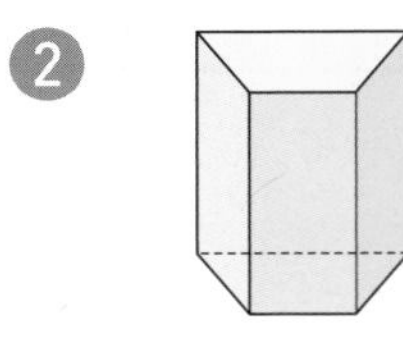 

( ) ( ) ( )

❸

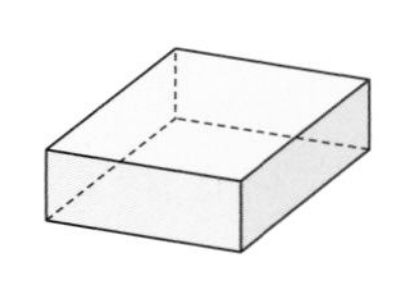

( ) ( ) ( )

❹

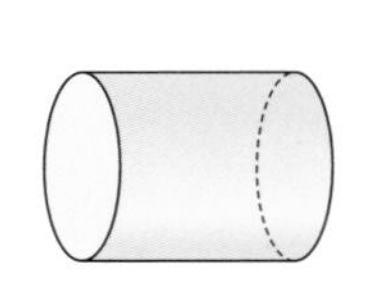 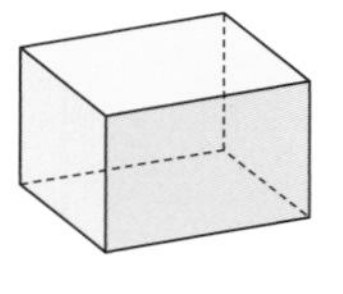

( ) ( ) ( )

❺

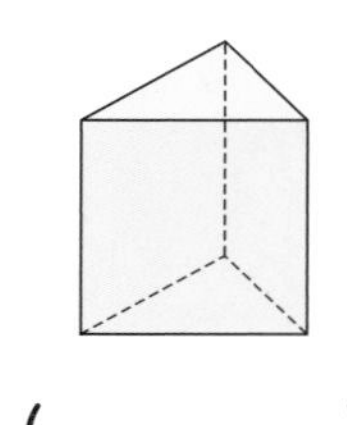 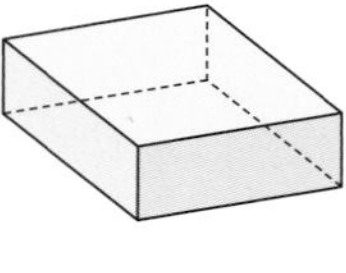

( ) ( ) ( )

정답 • 20쪽

○ 정육면체를 찾아 ○표 하시오.

6 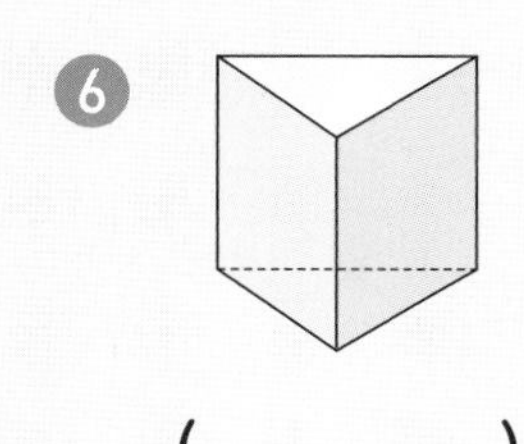 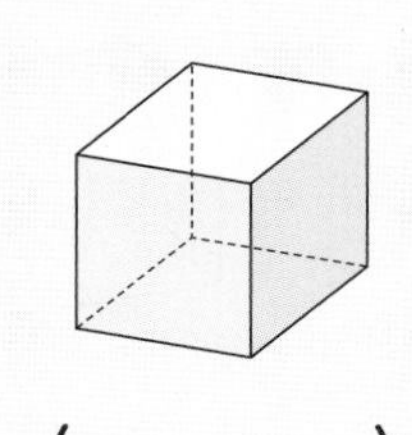 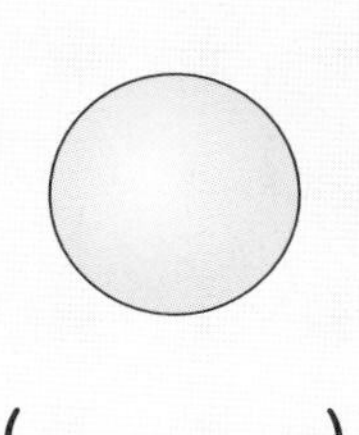

( ) ( ) ( )

7 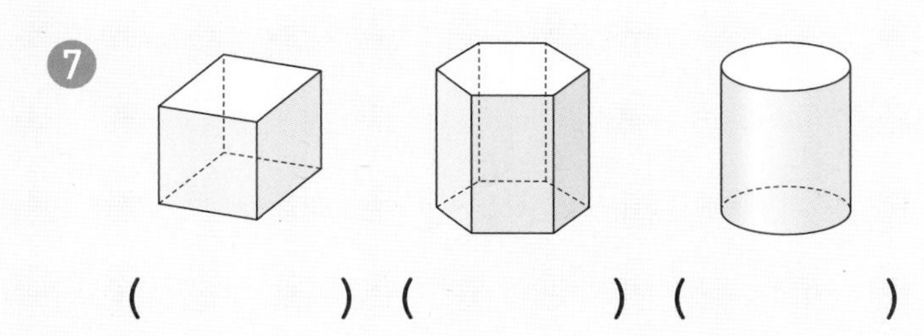

( ) ( ) ( )

8 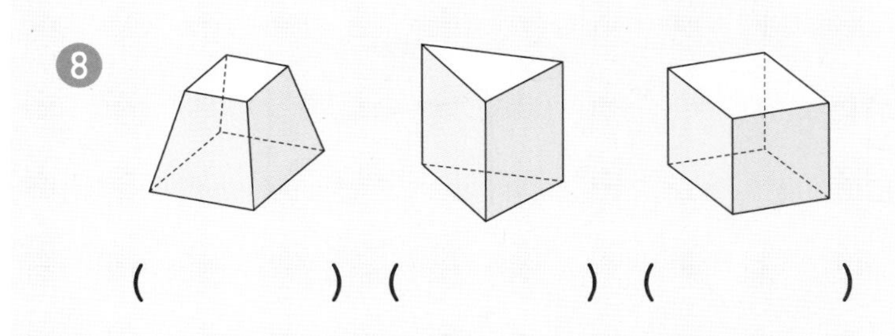

( ) ( ) ( )

9 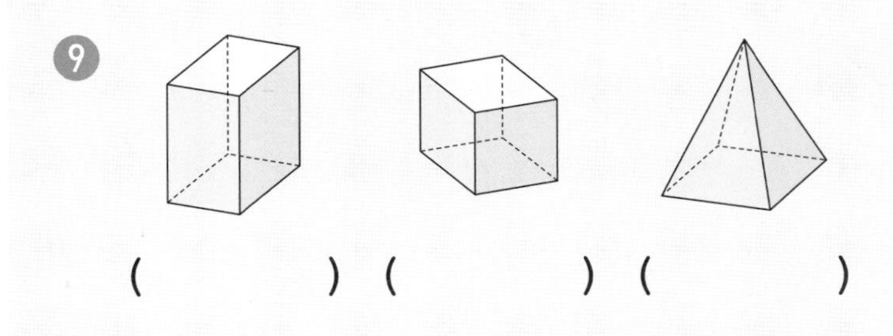

( ) ( ) ( )

10 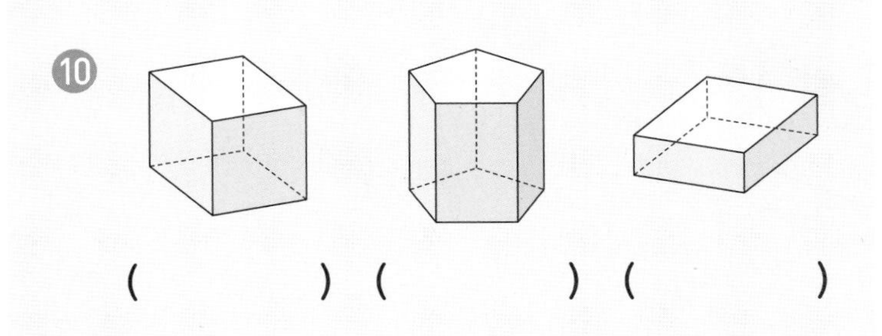

( ) ( ) ( )

○ □ 안에 도형 각 부분의 이름을 알맞게 써넣으시오.

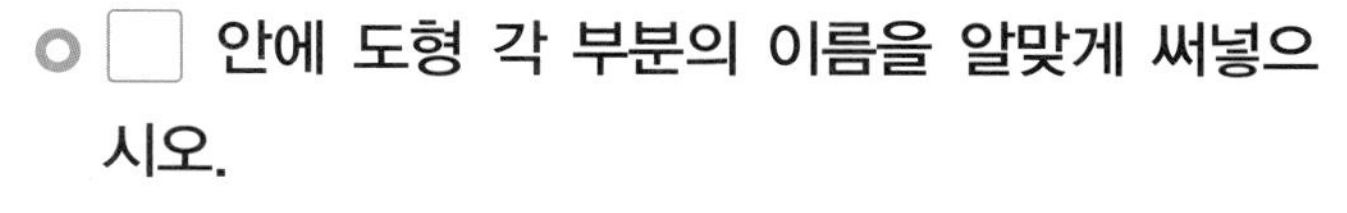

11 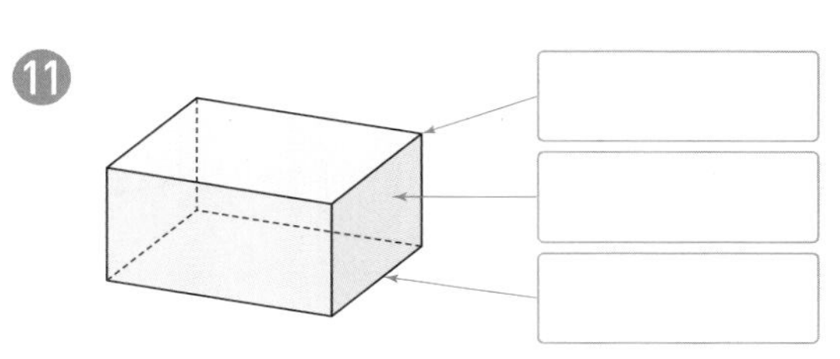

12 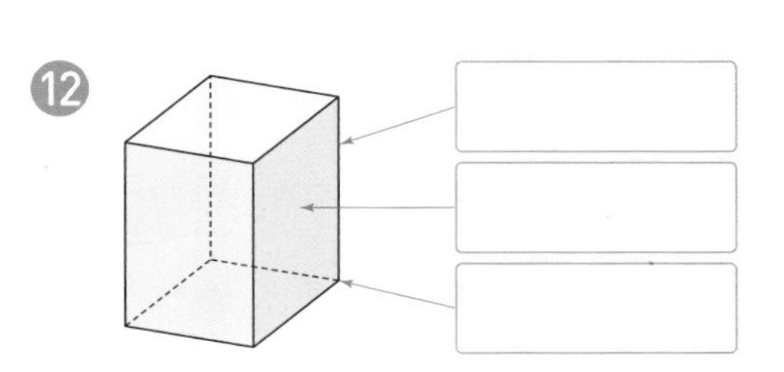

13 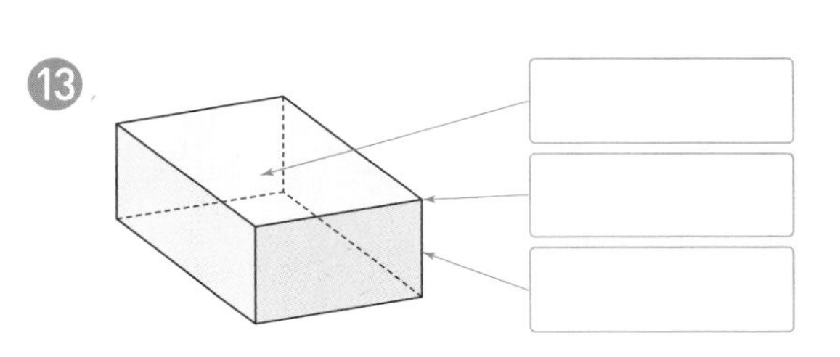

14 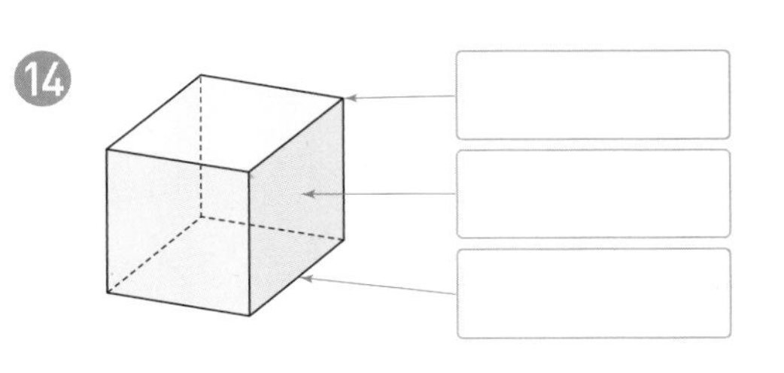

15 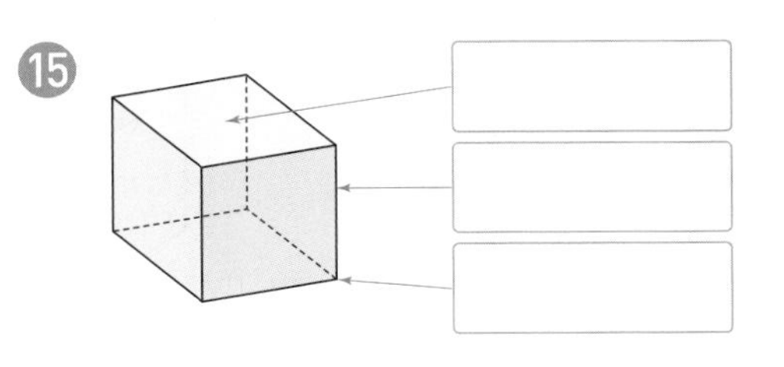

2 직육면체의 성질

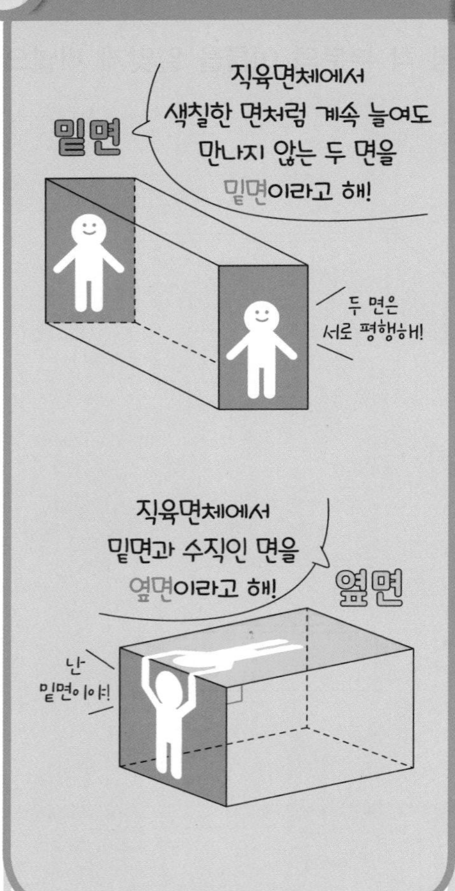

● **직육면체의 밑면과 옆면**

• 직육면체의 밑면: 직육면체에서 계속 늘여도 만나지 않는 서로 평행한 두 면

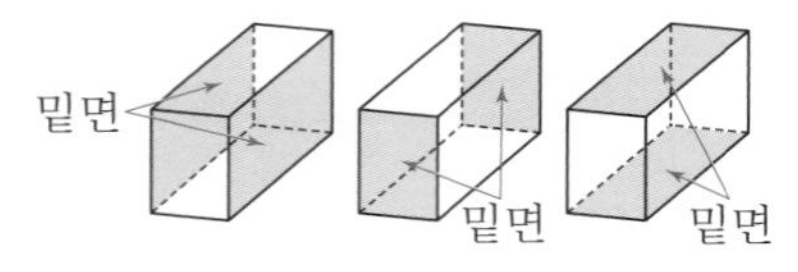

⇨ 직육면체에서 평행한 면: 3쌍

• 직육면체의 옆면: 직육면체에서 밑면과 수직인 면

만나는 면

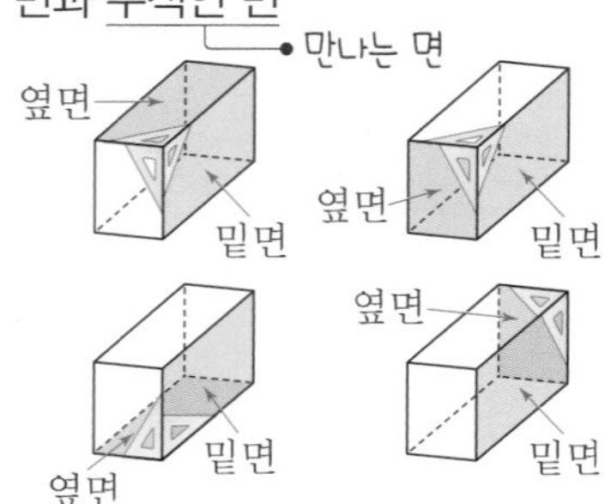

⇨ 직육면체에서 한 면과 수직인 면: 4개

○ **직육면체에서 색칠한 면과 평행한 면을 찾아 색칠해 보시오.**

❶

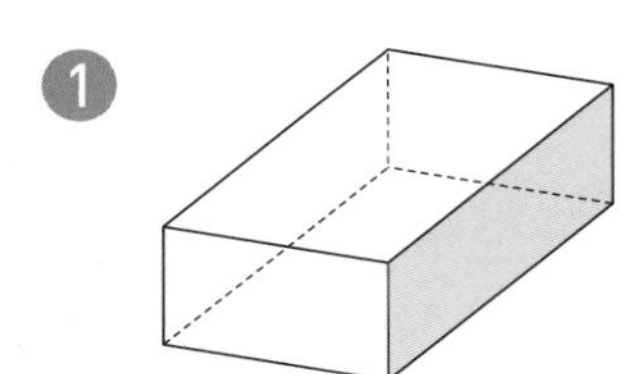

❷

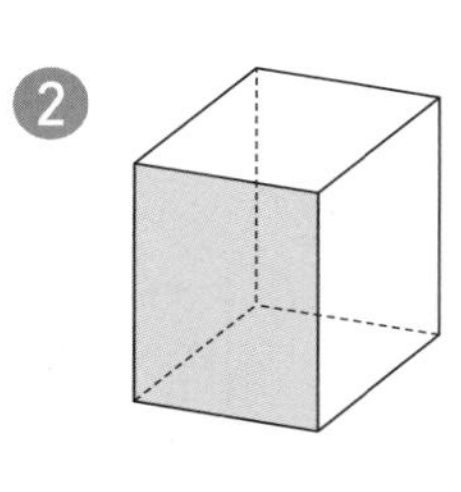

❸

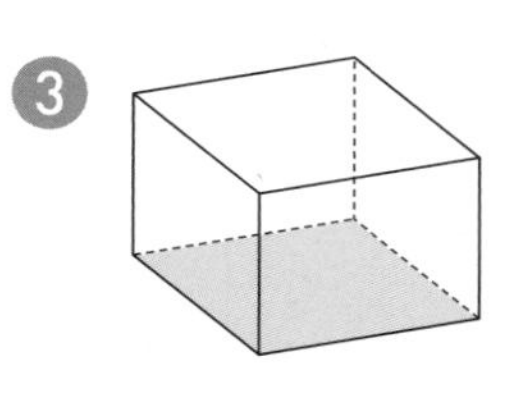

❹

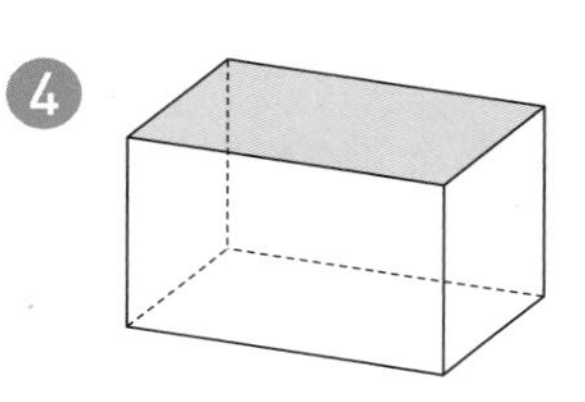

❺

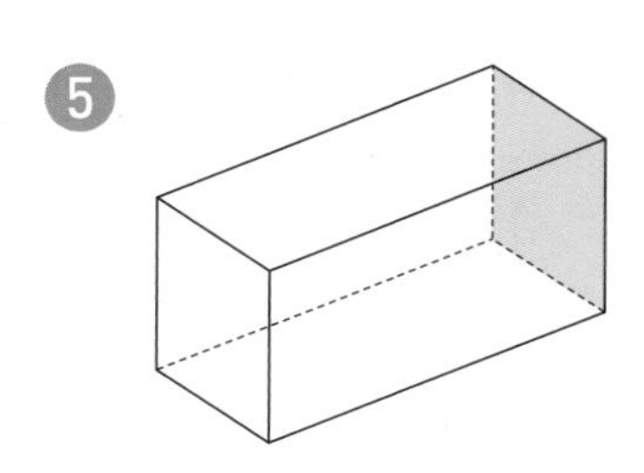

❻

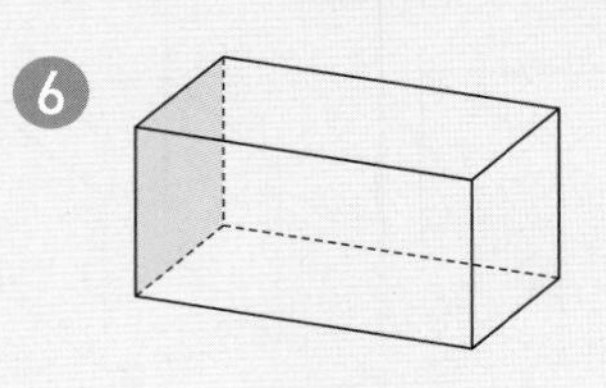

❼

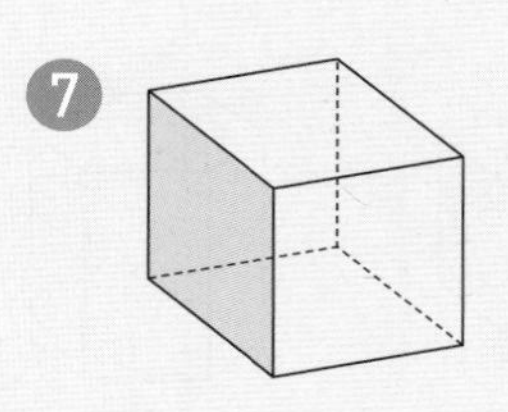

❽

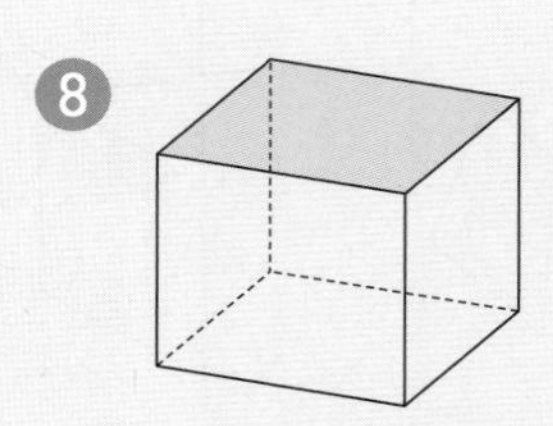

❾

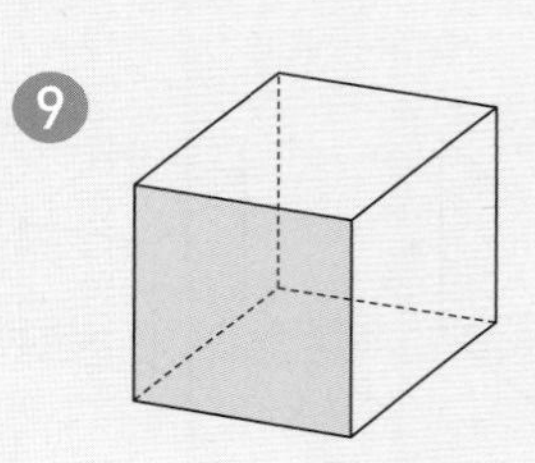

❿

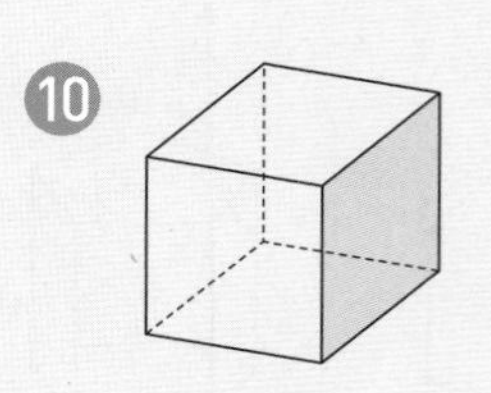

○ 직육면체에서 색칠한 면과 수직인 면을 모두 찾아 써 보시오.

⑪

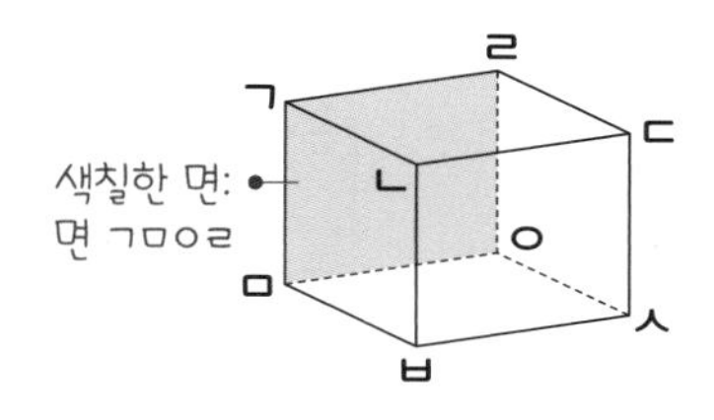

⑫

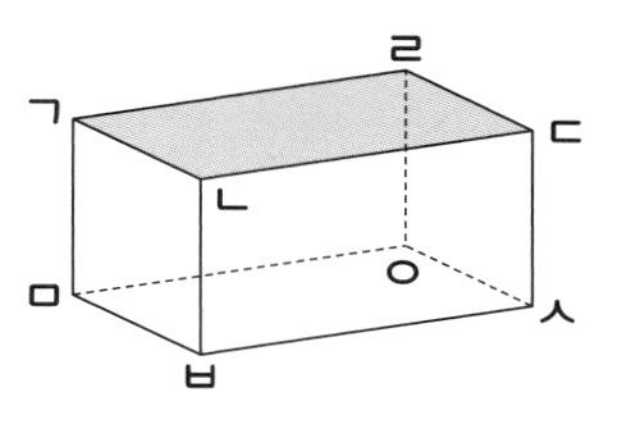

⑬

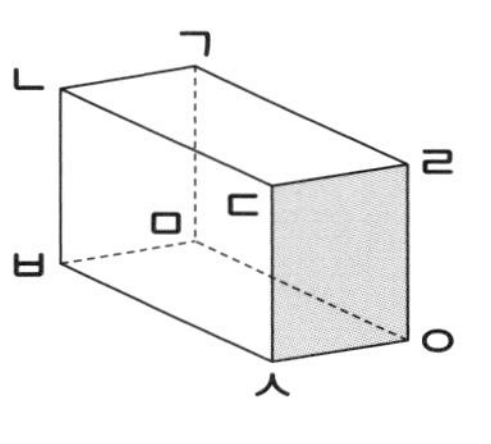

⑭

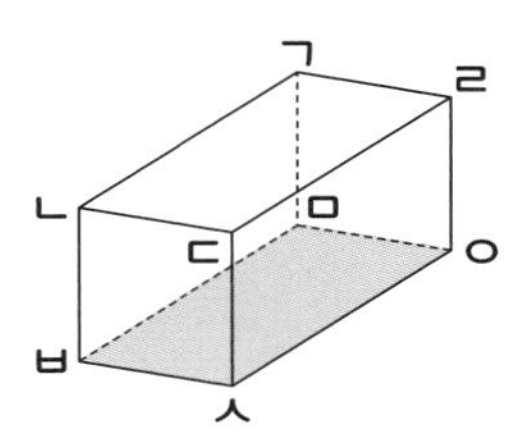

⑮

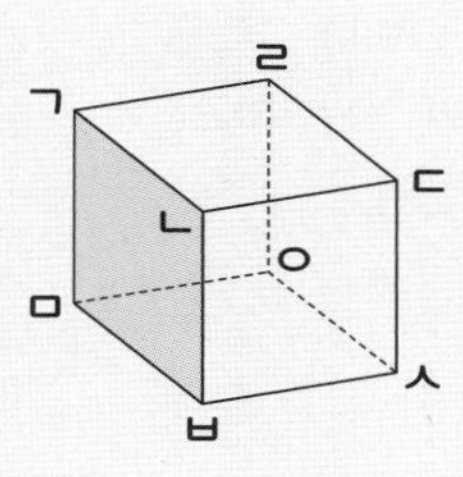

⑯

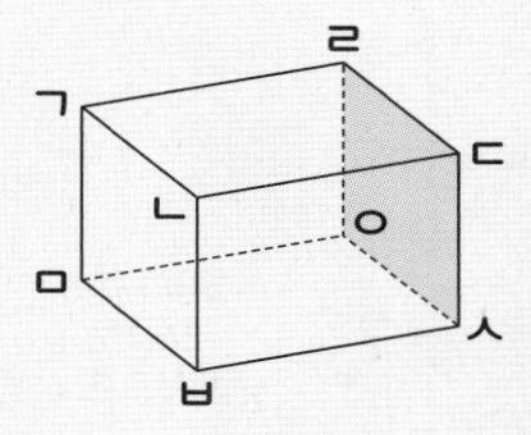

⑰

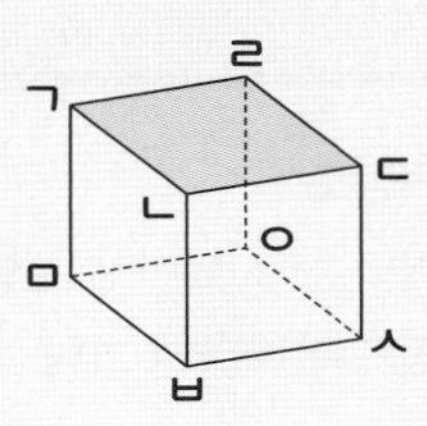

⑱

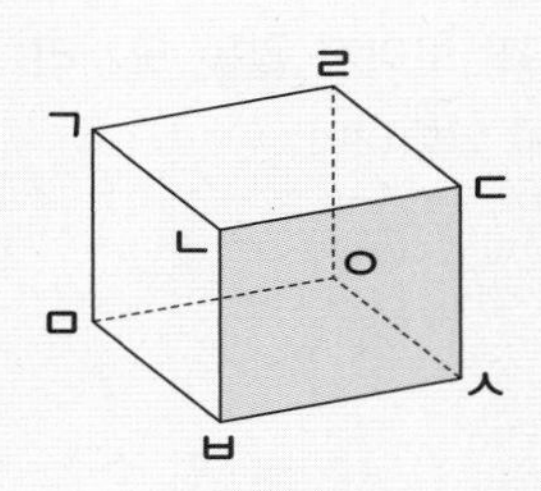

3 직육면체의 겨냥도

직육면체 모양을 잘 알 수 있도록 나타낸 그림을 직육면체의 겨냥도라고 해!

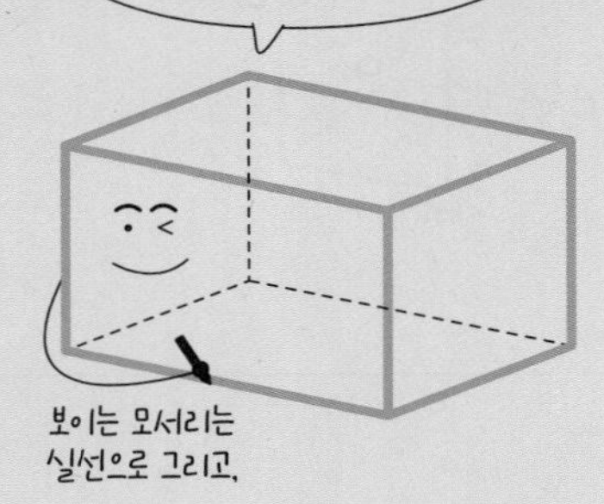

- **직육면체의 겨냥도**
- 직육면체의 겨냥도: 직육면체 모양을 잘 알 수 있도록 나타낸 그림

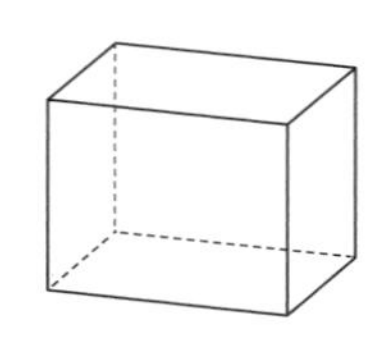 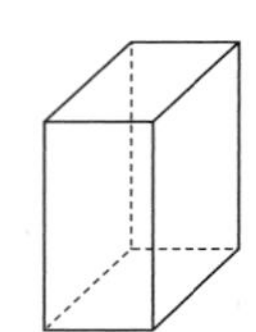

- 겨냥도에서 보이는 모서리는 실선으로 그리고, 보이지 않는 모서리는 점선으로 그립니다.

○ 직육면체의 겨냥도를 바르게 그린 것을 찾아 ○표 하시오.

❶

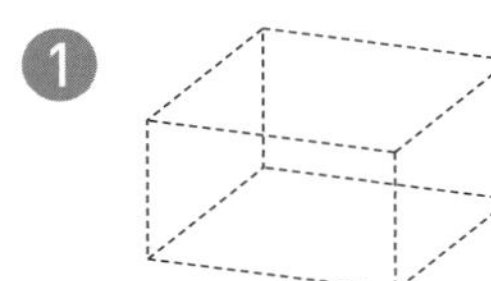 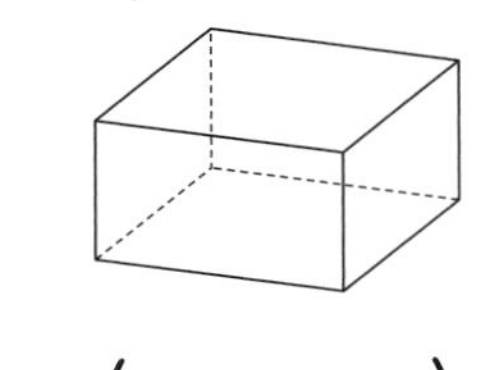 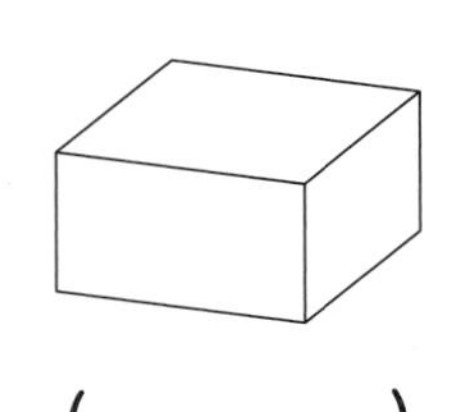

(　　　) (　　　) (　　　)

❷

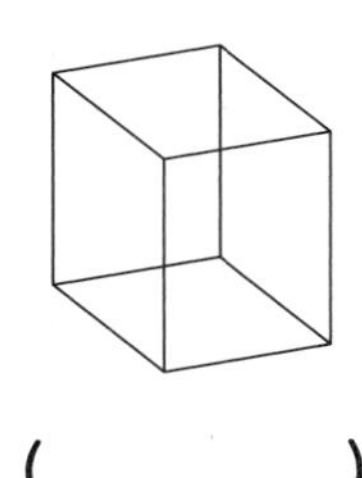 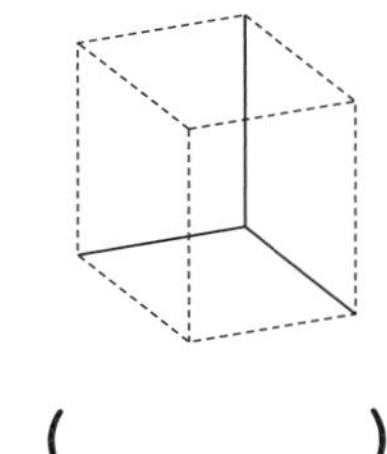 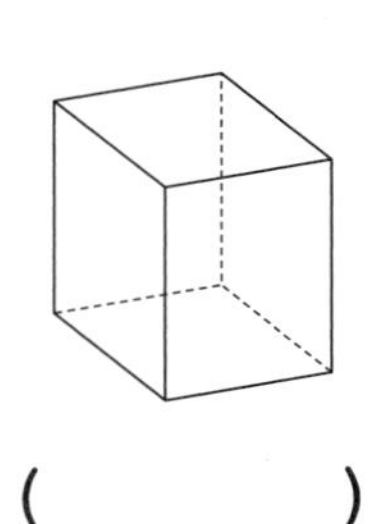

(　　　) (　　　) (　　　)

❸

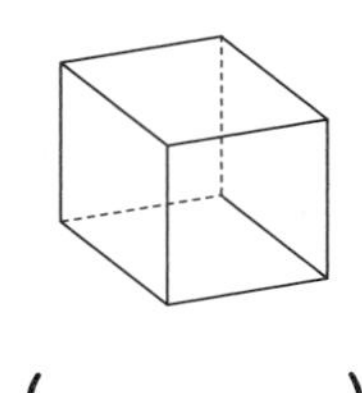 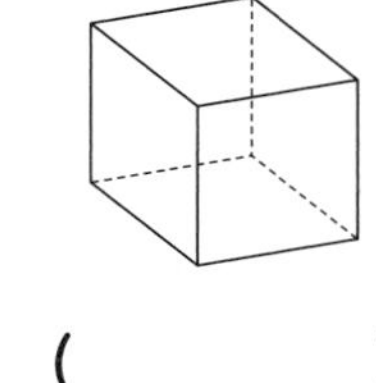 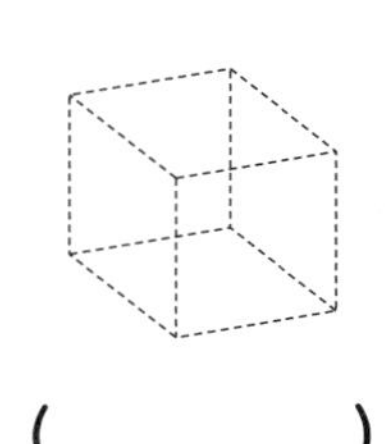

(　　　) (　　　) (　　　)

❹

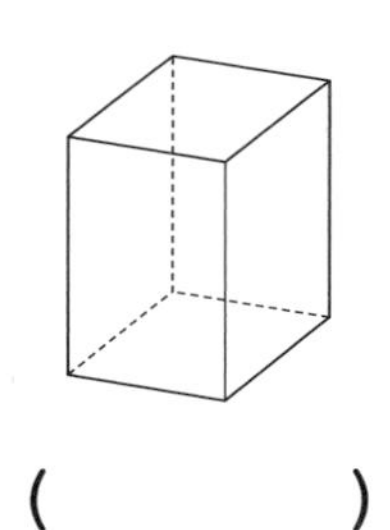 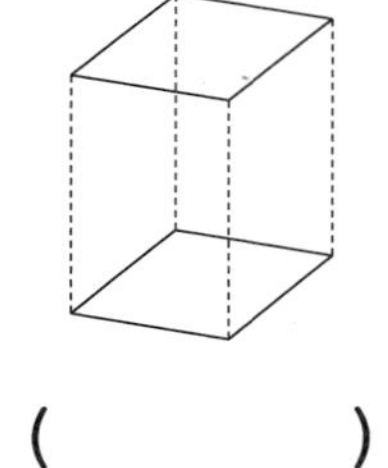 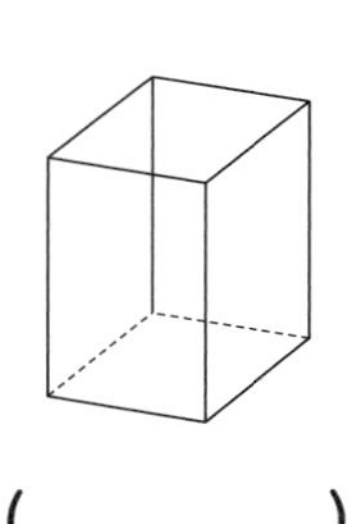

(　　　) (　　　) (　　　)

❺

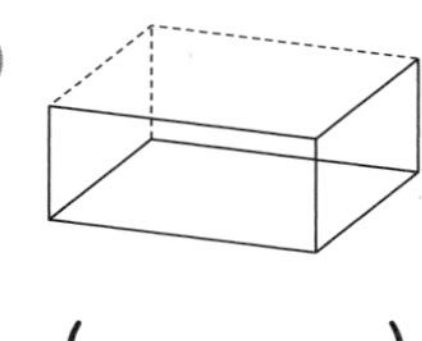 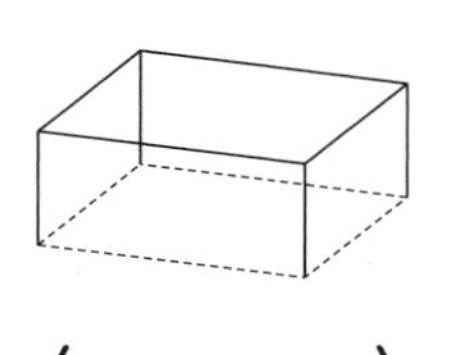 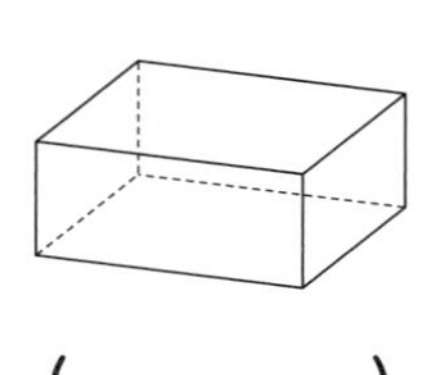

(　　　) (　　　) (　　　)

○ 그림에서 빠진 부분을 그려 넣어 직육면체의 겨냥도를 완성해 보시오.

6
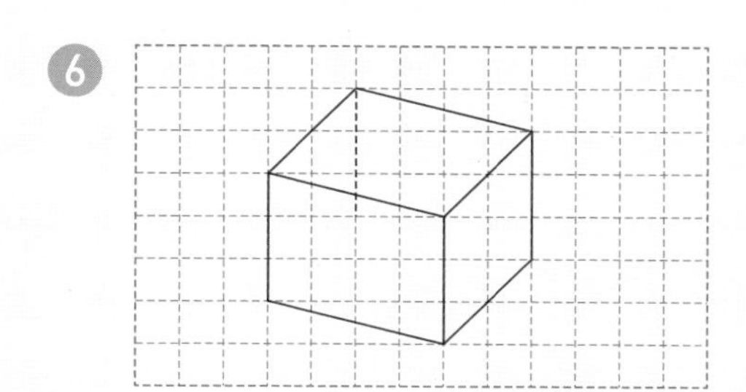

7
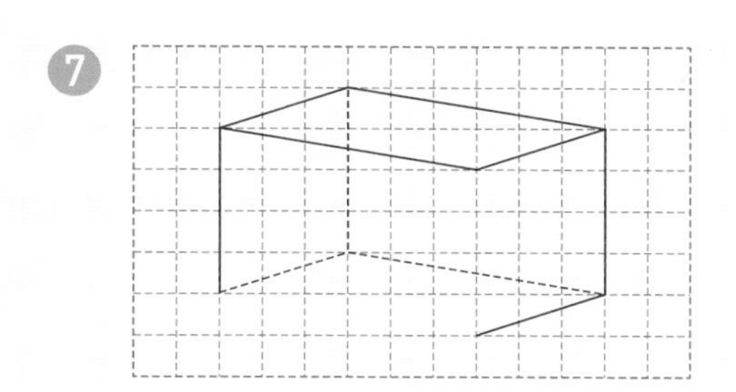

8
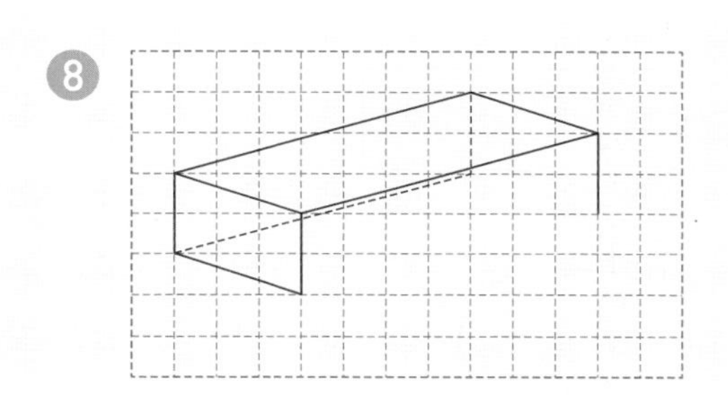

9
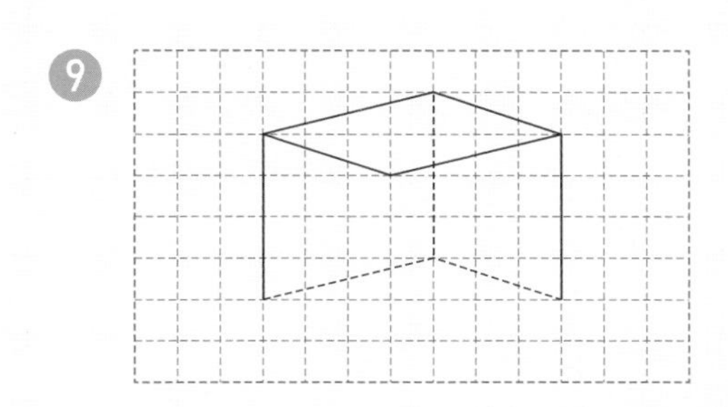

10
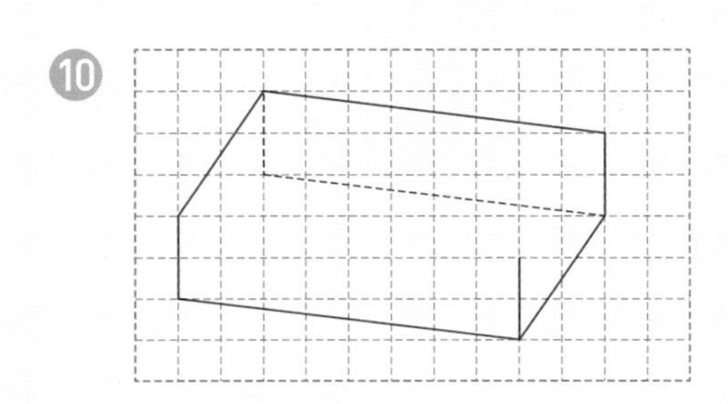

11
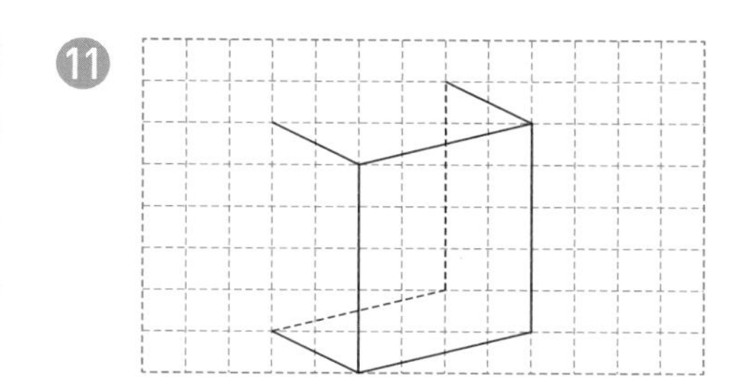

12
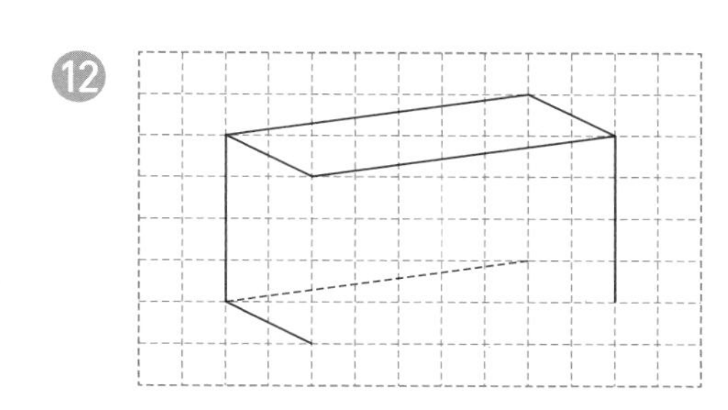

13
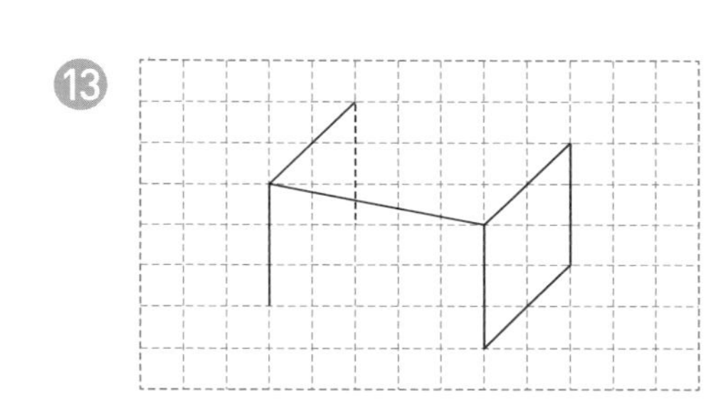

14
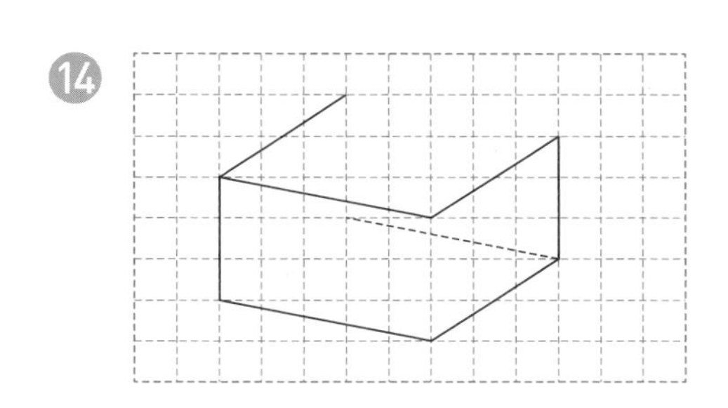

15
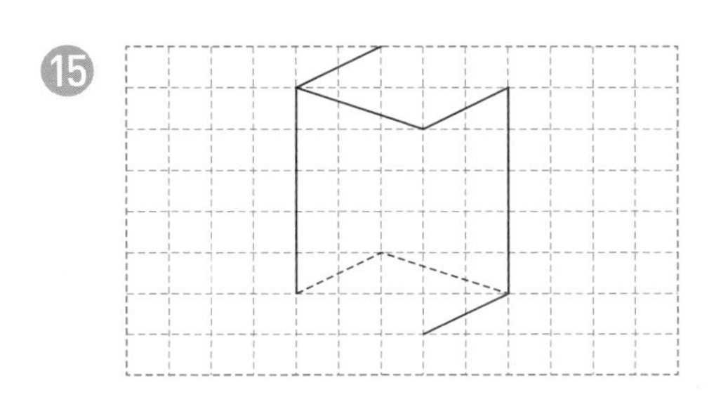

4 정육면체의 전개도

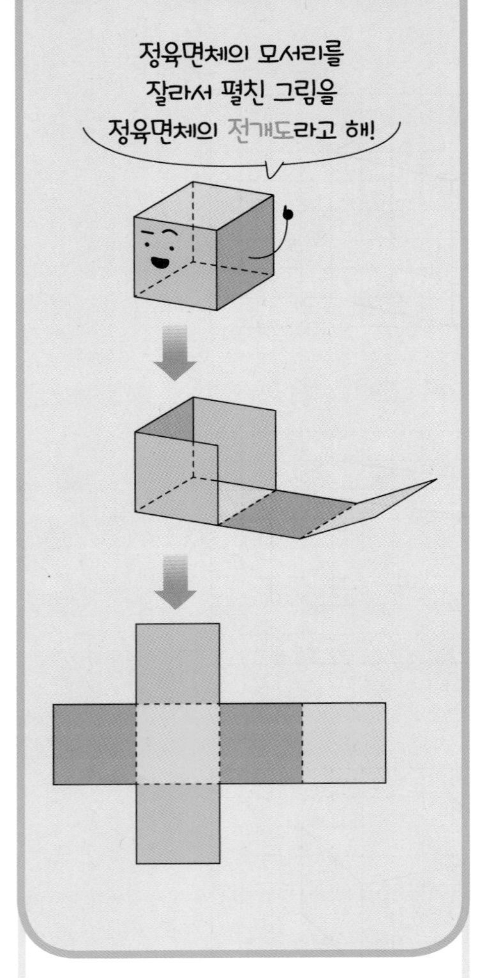

- 정육면체의 전개도
- 정육면체의 전개도: 정육면체의 모서리를 잘라서 펼친 그림

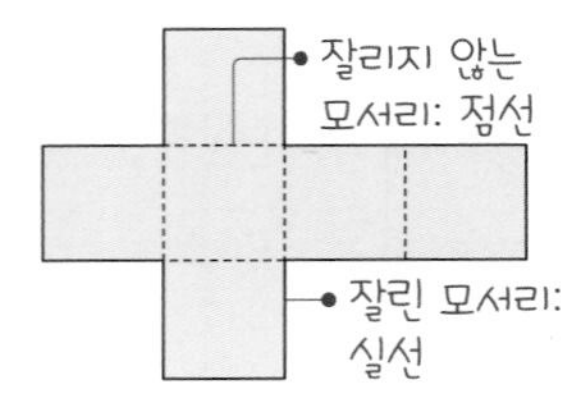

- 정육면체의 전개도의 특징
- 접었을 때 서로 겹치는 부분이 없습니다.
- 접었을 때 겹치는 선분의 길이가 같습니다.

○ 정육면체의 전개도에 ◯표 하시오.

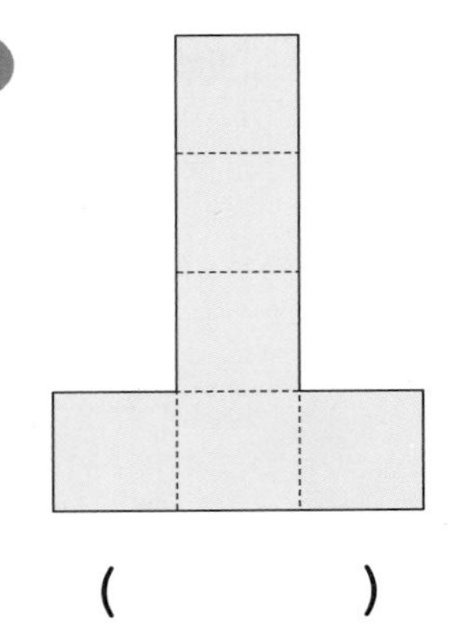

( )

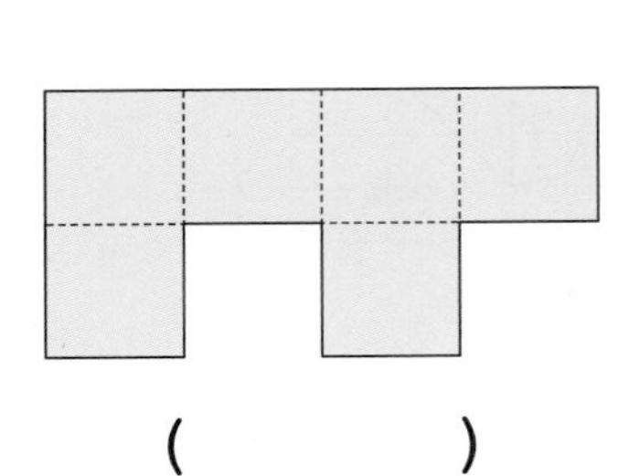

( )

❷

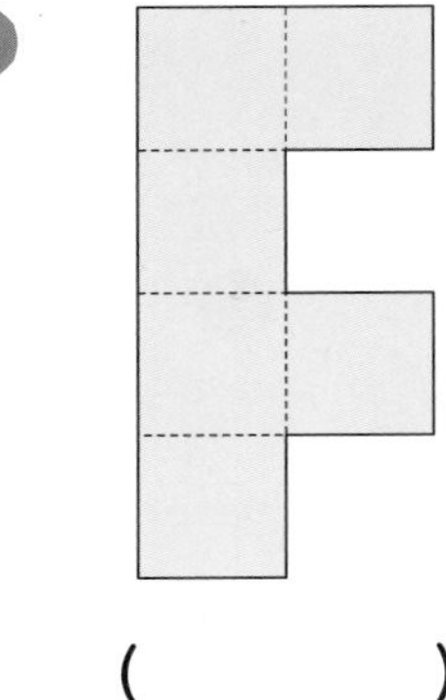

( )

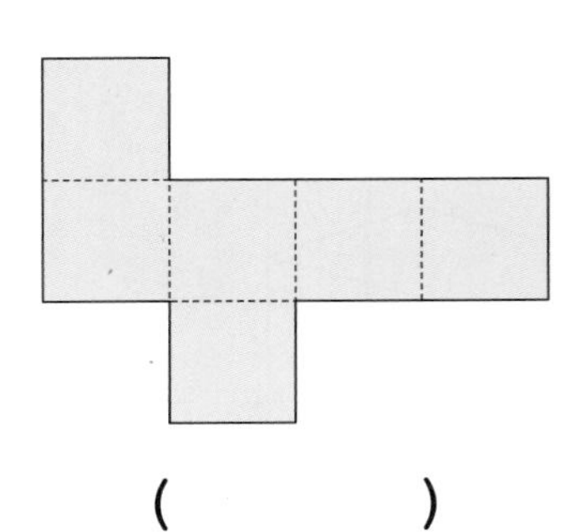

( )

❸

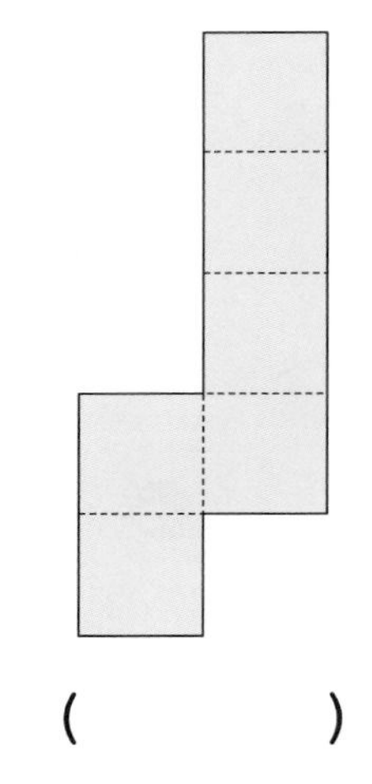

( )

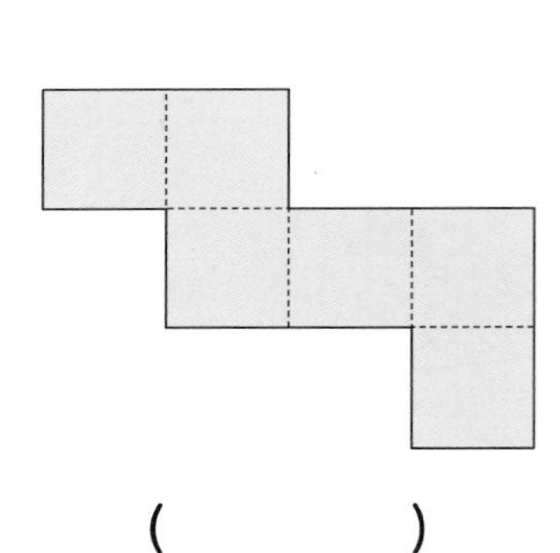

( )

정답 • 22쪽

◎ 전개도를 접어서 정육면체를 만들었습니다. 색칠한 면과 평행한 면에 색칠해 보시오.

④
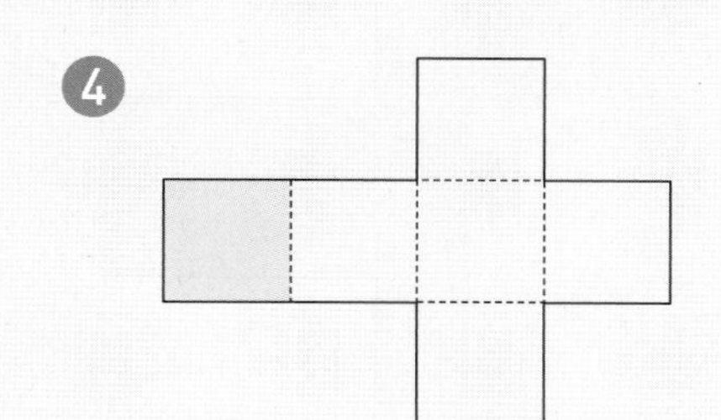

⑤
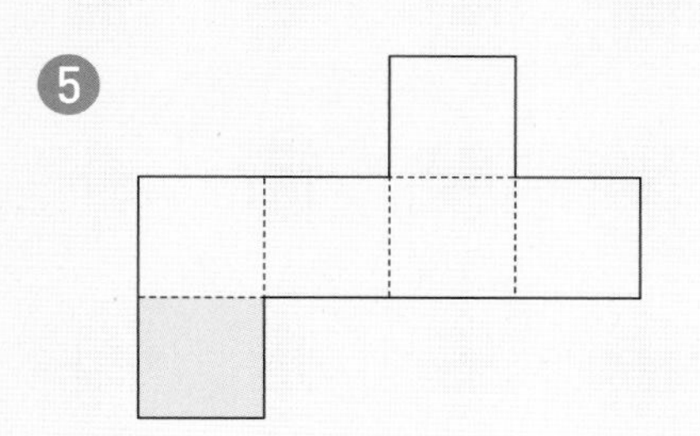

⑥
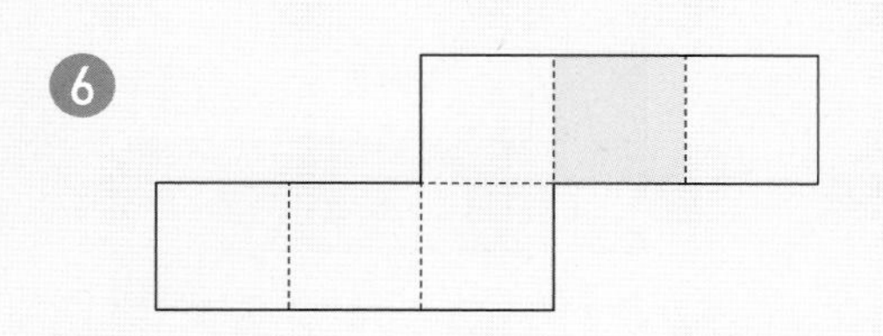

⑦
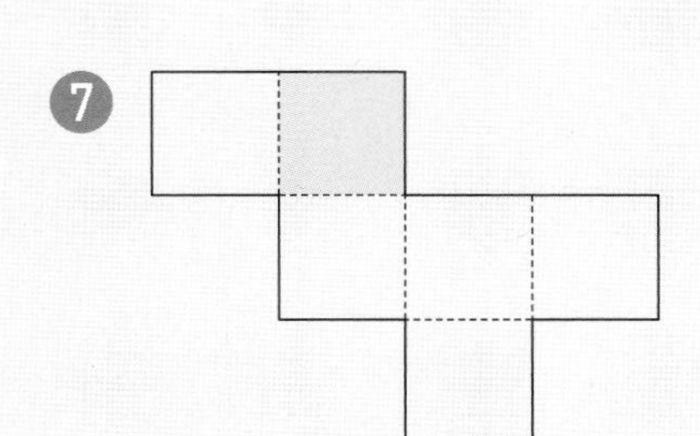

⑧
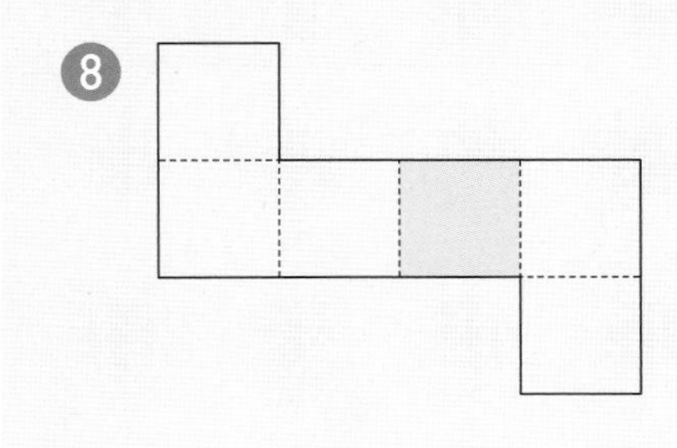

◎ 전개도를 접어서 정육면체를 만들었습니다. 색칠한 면과 수직인 면에 모두 색칠해 보시오.

⑨
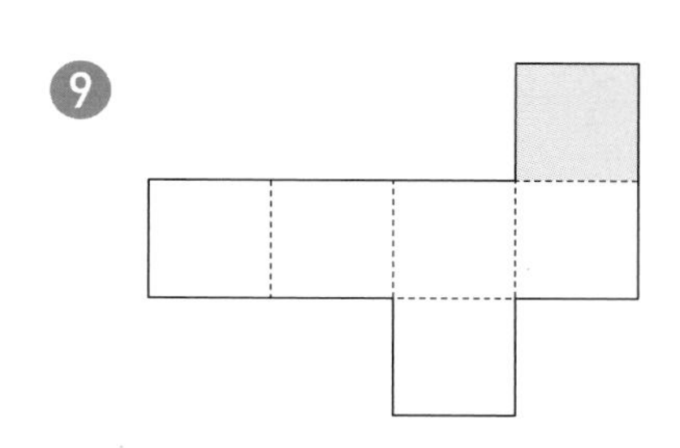

⑩
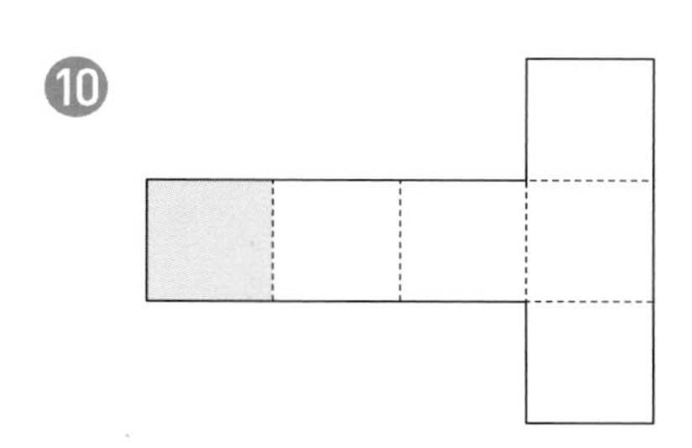

⑪
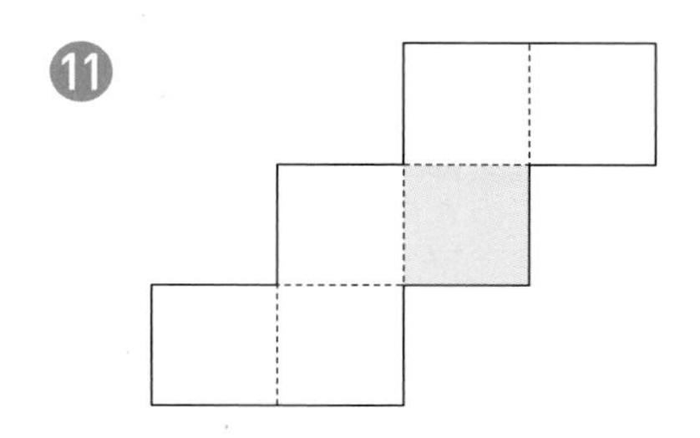

⑫
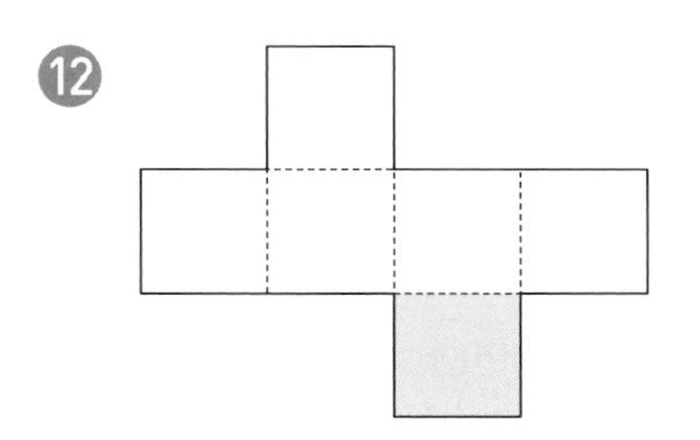

⑬
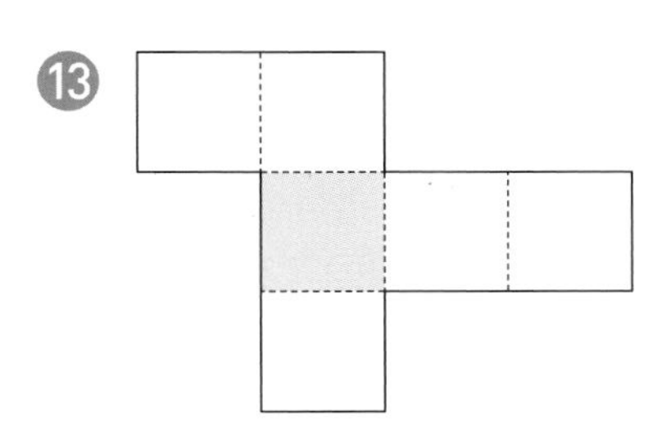

5 직육면체의 전개도

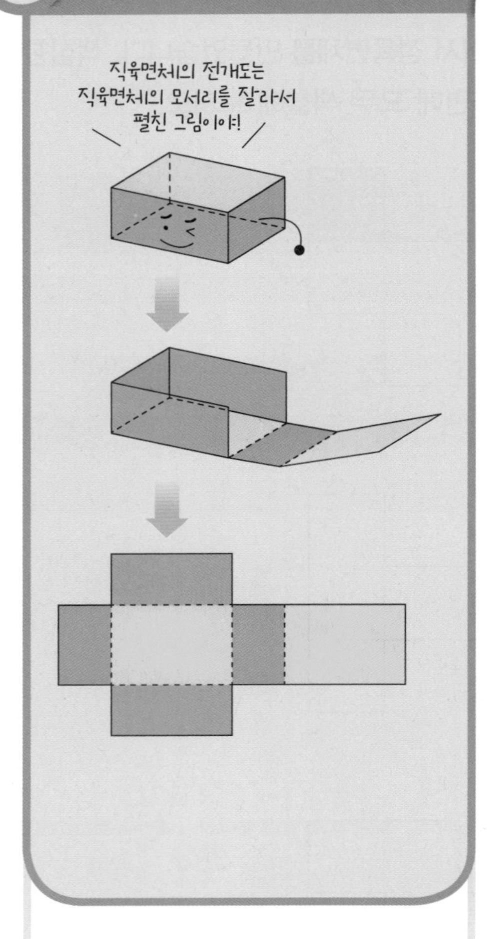

- 직육면체의 전개도
  - 직육면체의 전개도: 직육면체의 모서리를 잘라서 펼친 그림

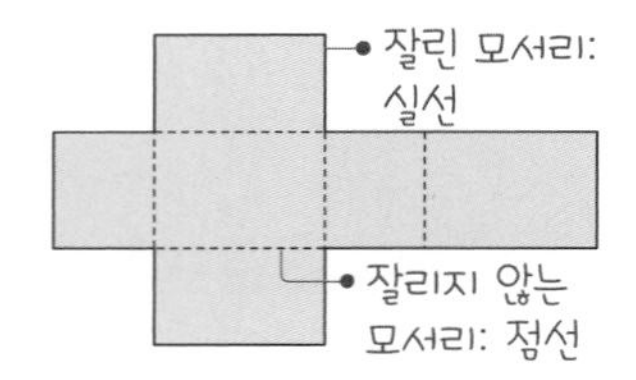

- 직육면체의 전개도의 특징
  - 접었을 때 마주 보는 3쌍의 면의 모양과 크기가 서로 같습니다.
  - 접었을 때 서로 겹치는 면이 없습니다.
  - 접었을 때 겹치는 선분의 길이가 같습니다.

○ 직육면체의 전개도에 ◯표 하시오.

1.

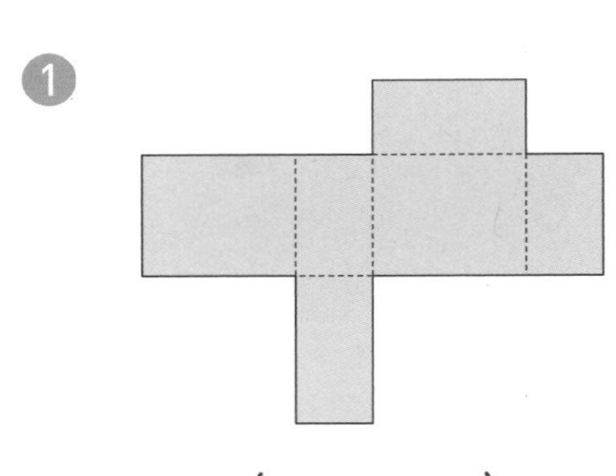

(　　　　)

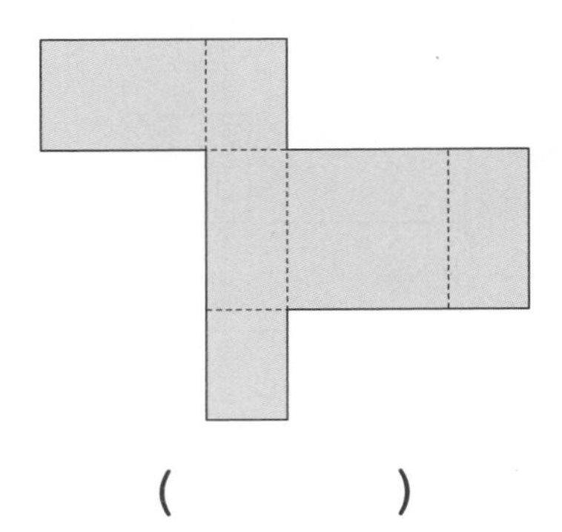

(　　　　)

2.

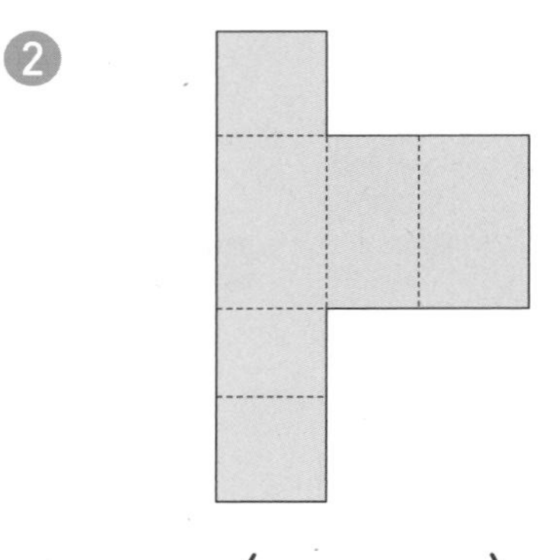

(　　　　)

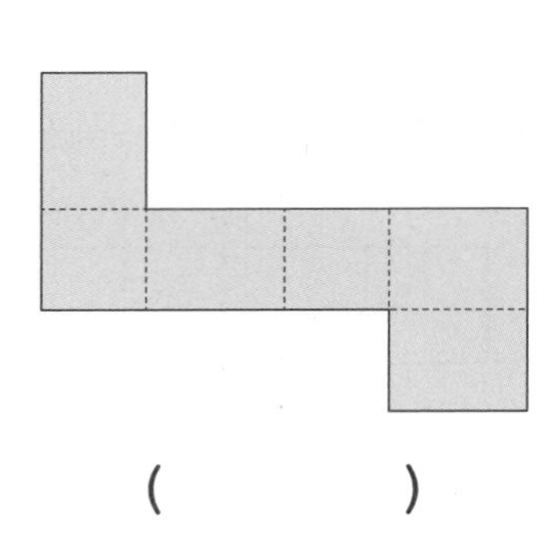

(　　　　)

3.

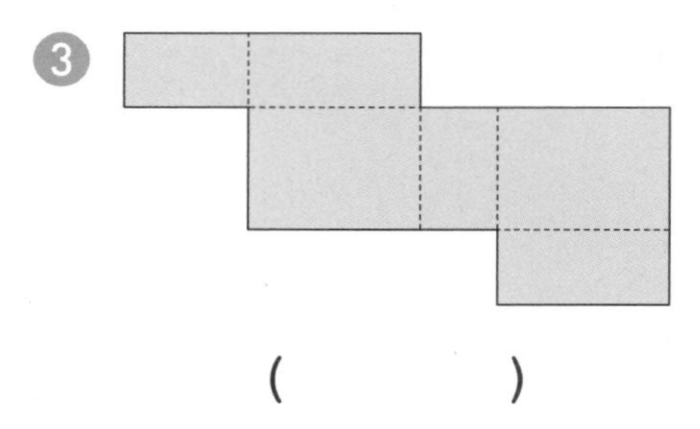

(　　　　)

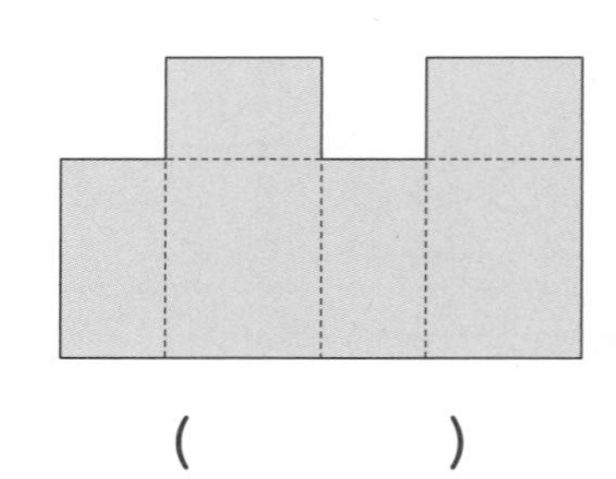

(　　　　)

○ 전개도를 접어서 직육면체를 만들었습니다. 색칠한 면과 평행한 면에 색칠해 보시오.

❹
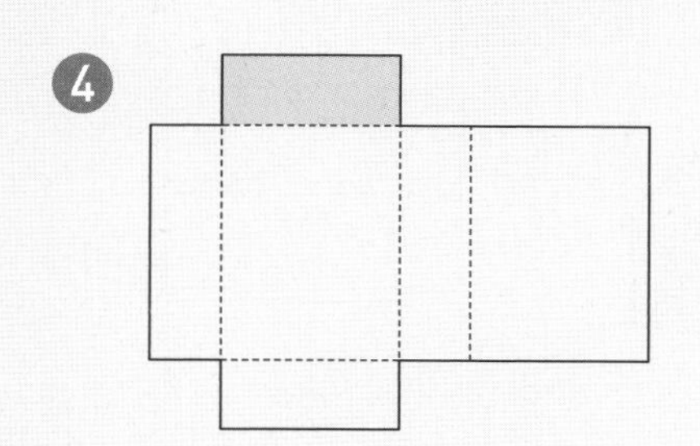

❺
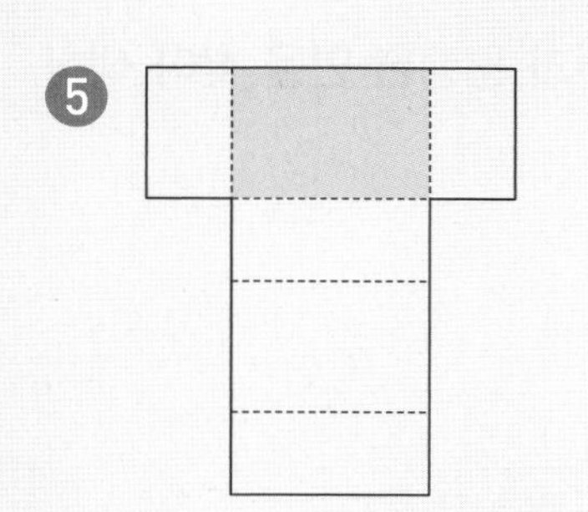

❻
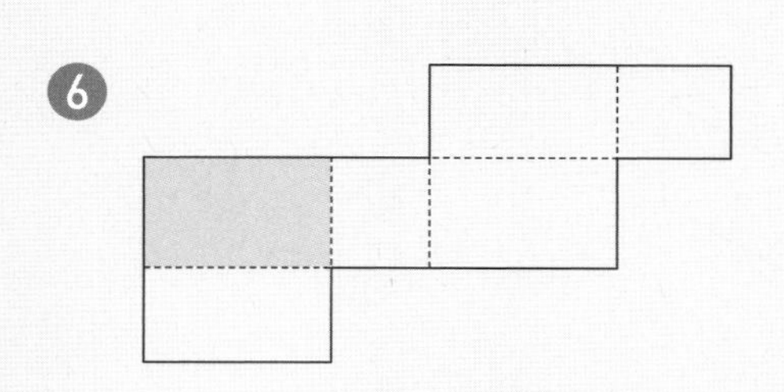

❼
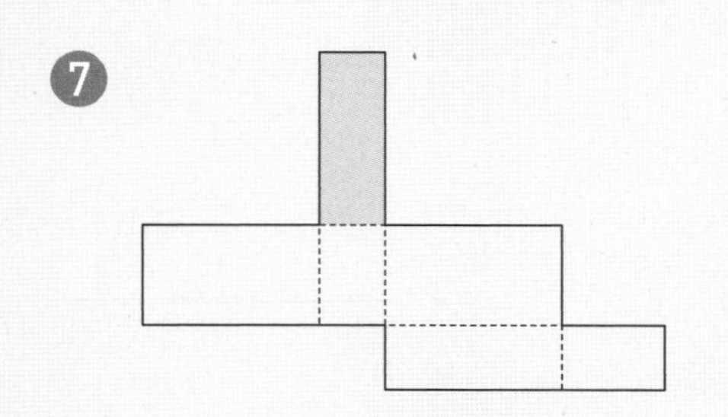

❽
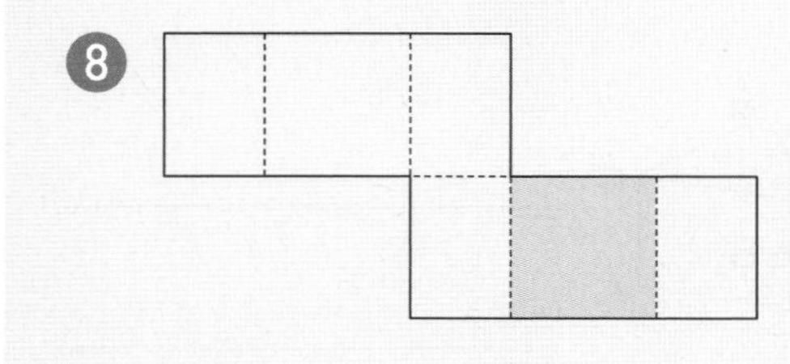

○ 전개도를 접어서 직육면체를 만들었습니다. 색칠한 면과 수직인 면에 모두 색칠해 보시오.

❾
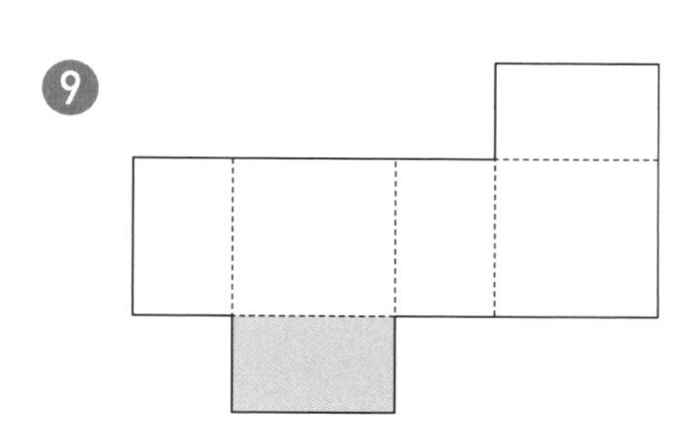

❿
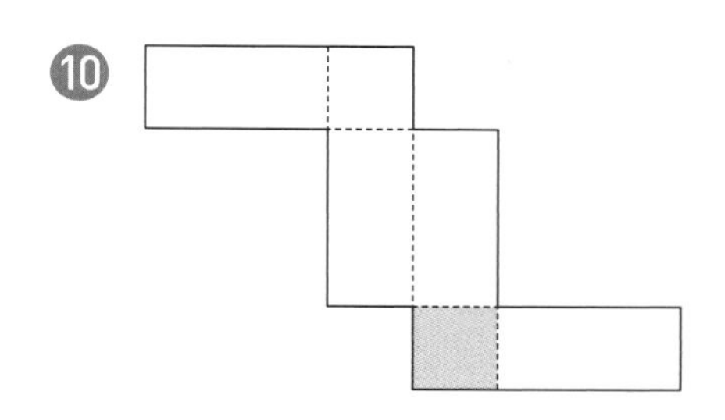

⓫
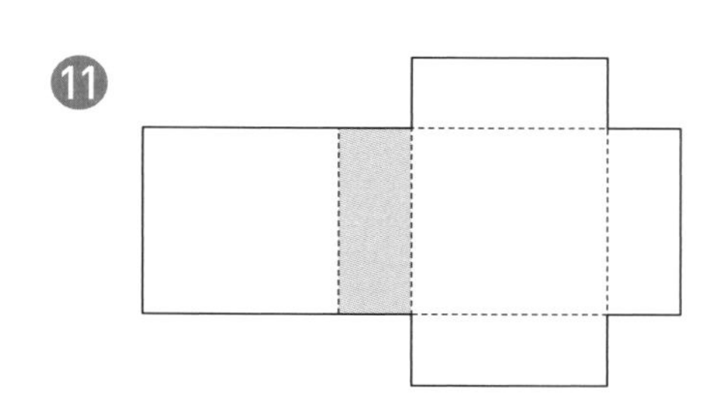

⓬
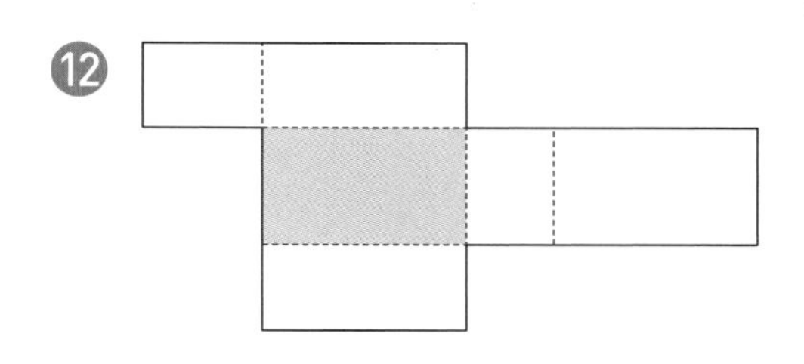

⓭
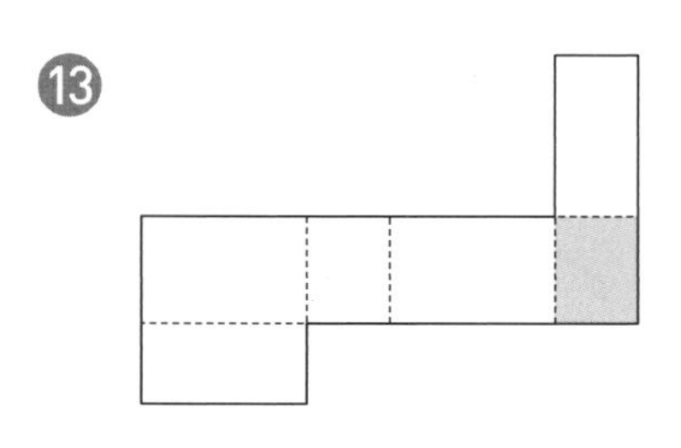

5. 직육면체

○ 직육면체를 찾아 ○표 하시오.

1

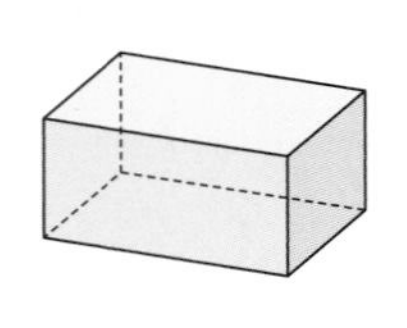 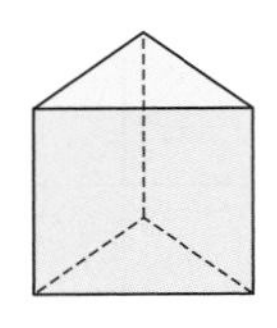 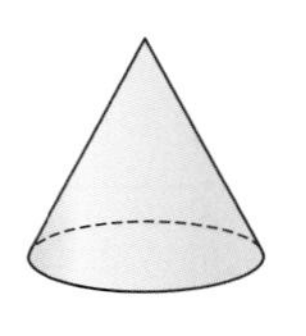

(　　　　) (　　　　) (　　　　)

2

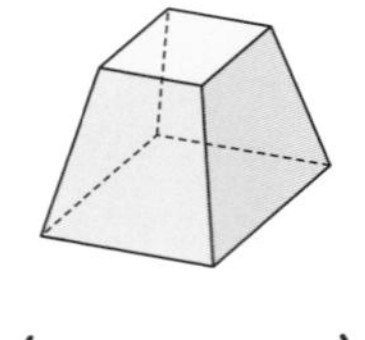 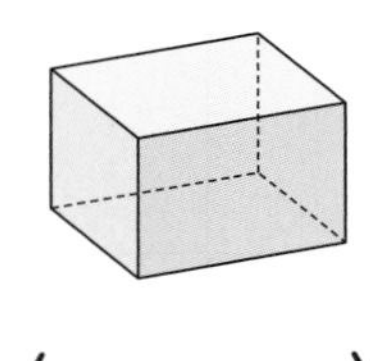

(　　　　) (　　　　) (　　　　)

○ 정육면체를 찾아 ○표 하시오.

3

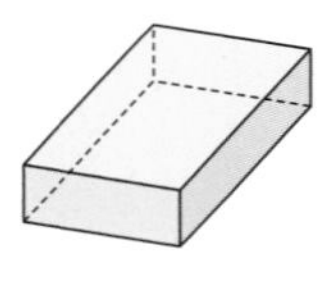 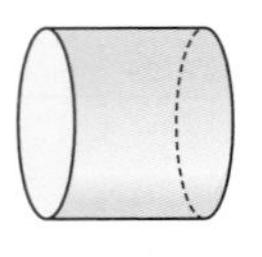 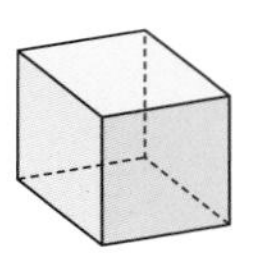

(　　　　) (　　　　) (　　　　)

4

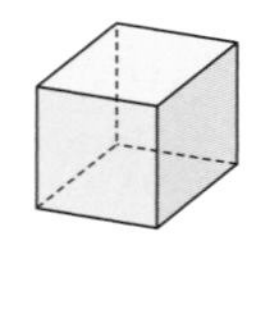 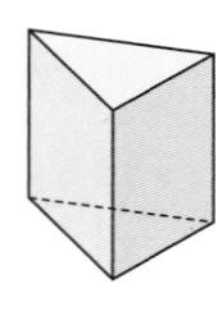 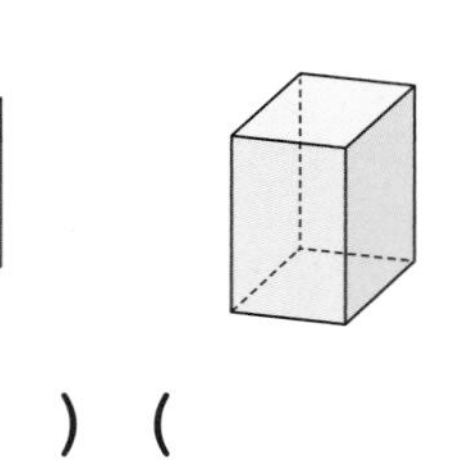

(　　　　) (　　　　) (　　　　)

5 □ 안에 도형 각 부분의 이름을 알맞게 써넣으시오.

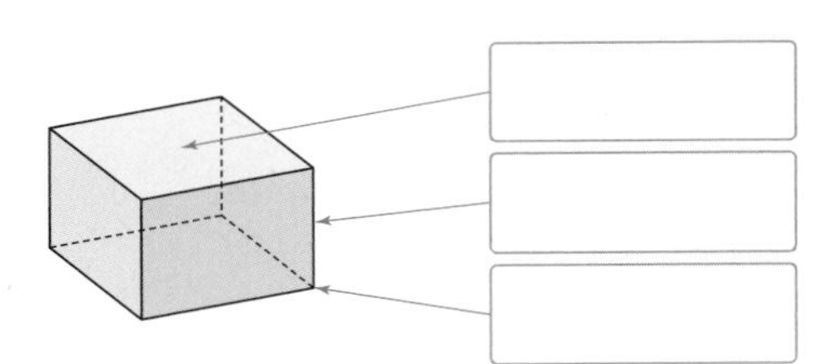

○ 직육면체에서 색칠한 면과 평행한 면을 찾아 색칠해 보시오.

6

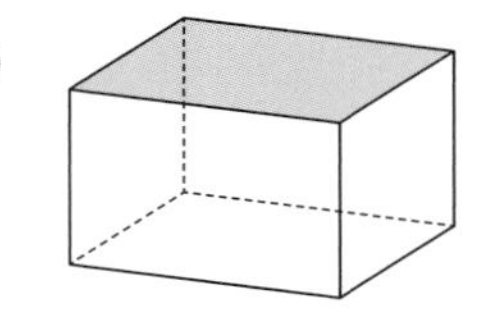

7

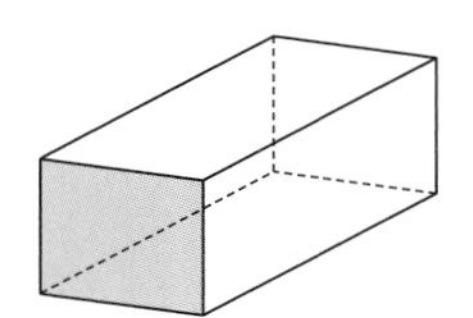

○ 직육면체에서 색칠한 면과 수직인 면을 모두 찾아 써 보시오.

8

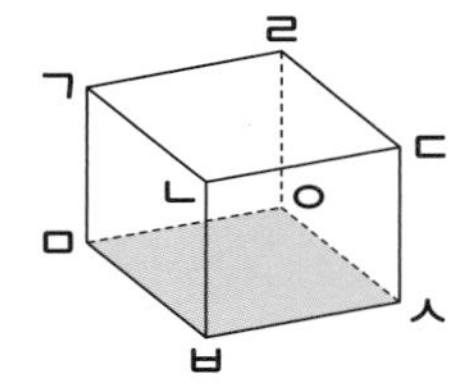

____

____

9

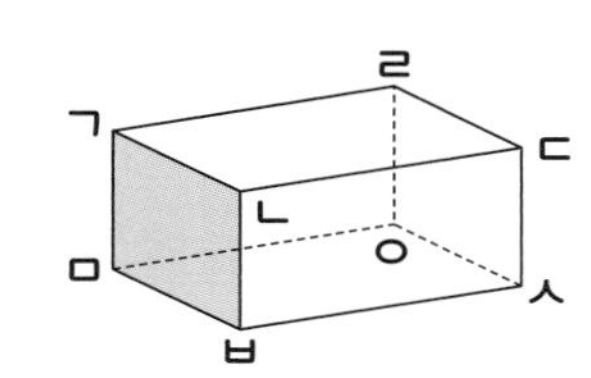

____

____

10 직육면체의 겨냥도를 바르게 그린 것을 찾아 ◯표 하시오.

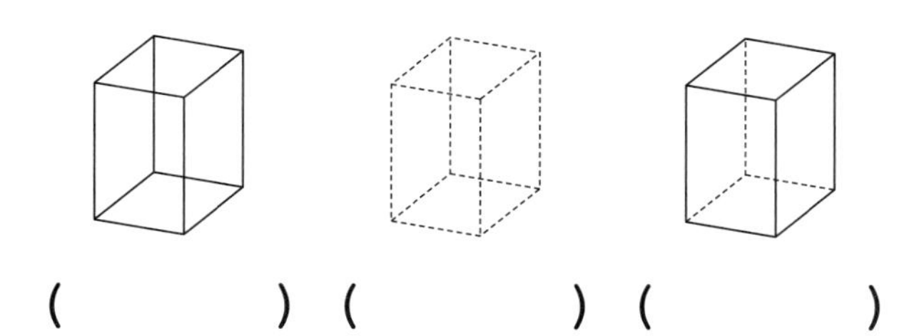

( ) ( ) ( )

11 그림에서 빠진 부분을 그려 넣어 직육면체의 겨냥도를 완성해 보시오.

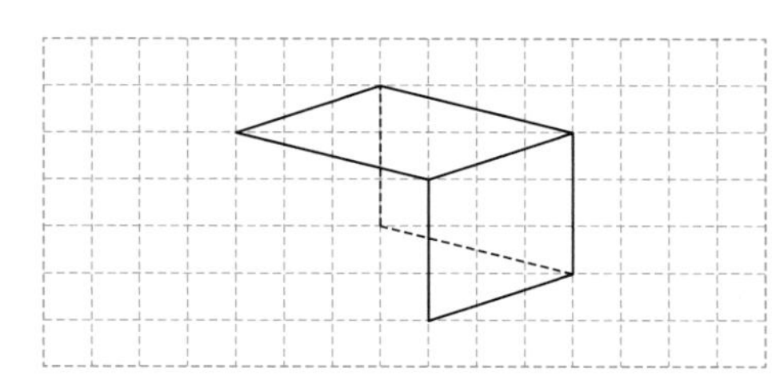

○ 정육면체의 전개도에 ◯표 하시오.

12

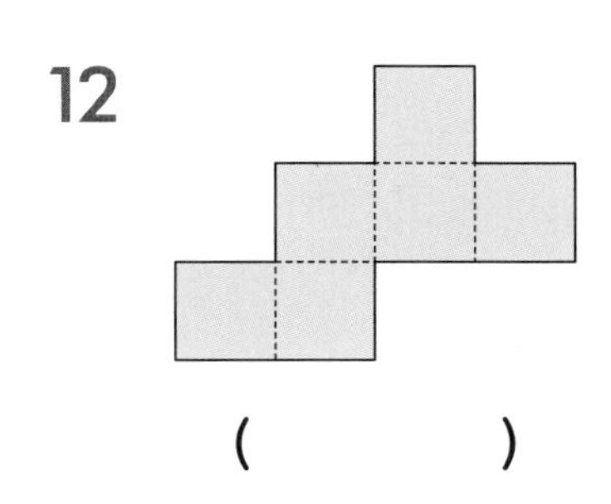
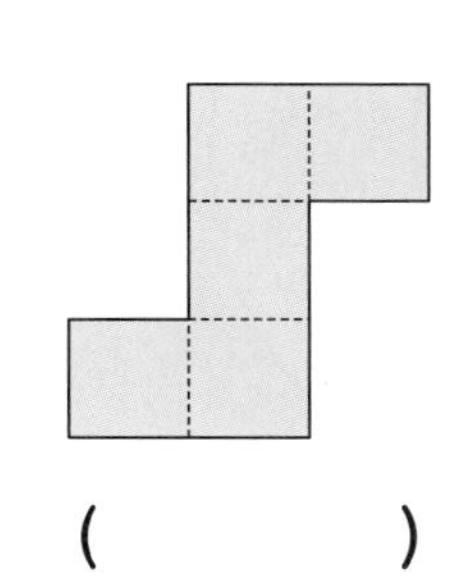

( ) ( )

13

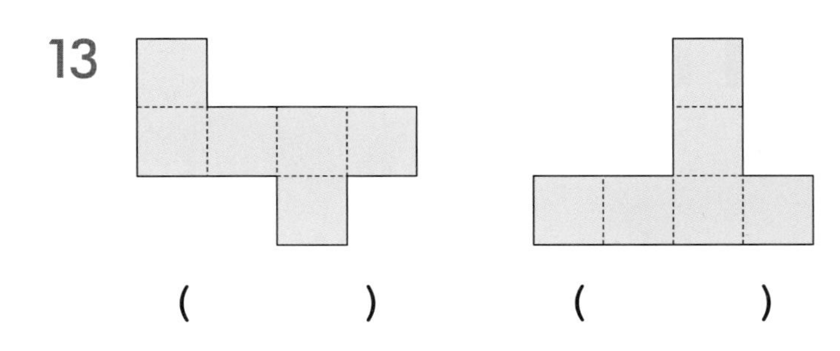

( ) ( )

14 전개도를 접어서 정육면체를 만들었습니다. 색칠한 면과 평행한 면에 색칠해 보시오.

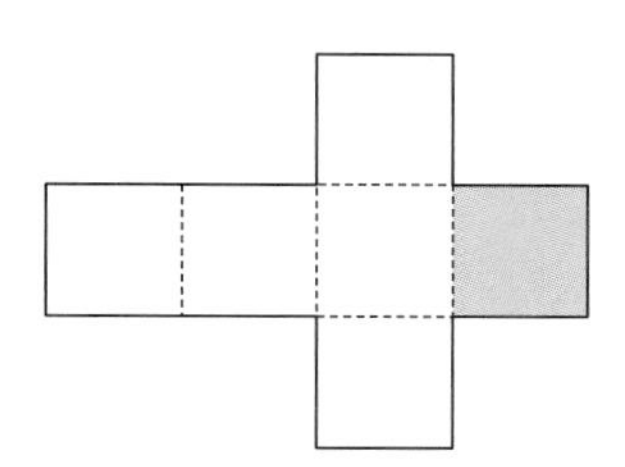

○ 직육면체의 전개도에 ◯표 하시오.

15

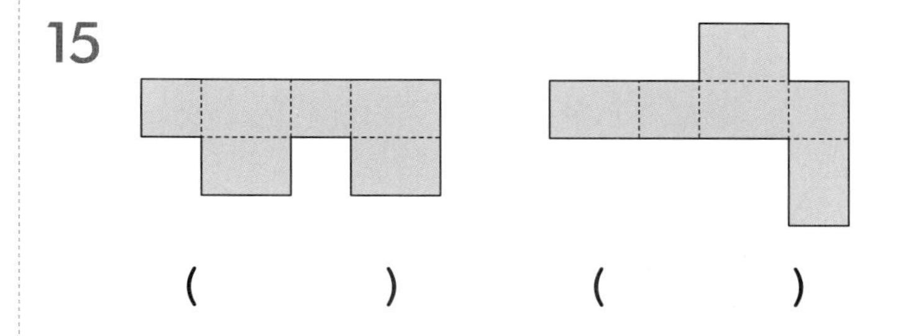

( ) ( )

16

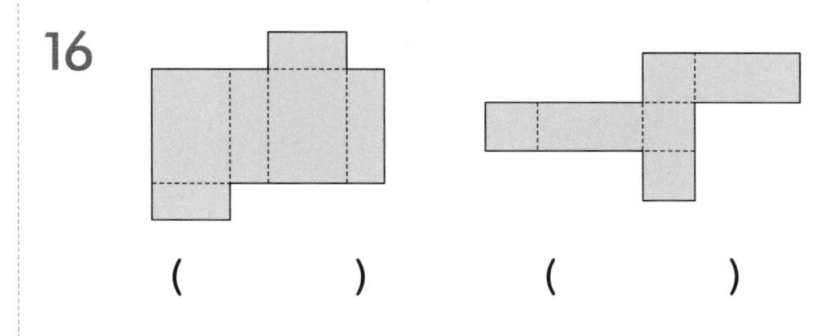

( ) ( )

17 전개도를 접어서 직육면체를 만들었습니다. 색칠한 면과 수직인 면에 모두 색칠해 보시오.

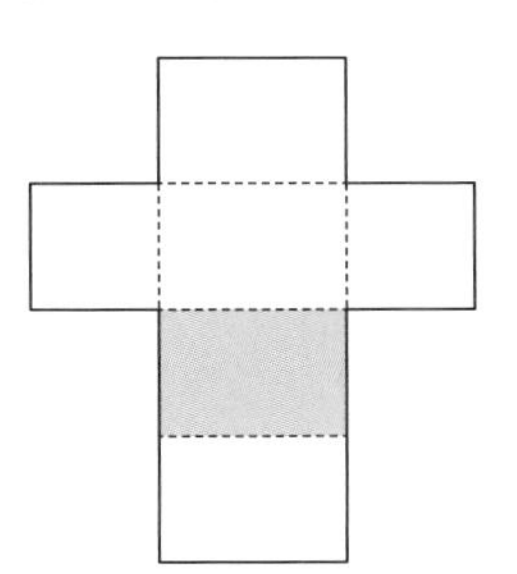

5단원의 연산 실력을 보충하고 싶다면 **클리닉 북 27~31쪽**을 풀어 보세요.

평균과 가능성

학습하는 데 걸린 시간을 작성해 봐요!

학습 내용	학습 회차	걸린 시간
1 평균	1일 차	/11분
	2일 차	/15분
2 일이 일어날 가능성을 말로 표현하고 비교하기	3일 차	/7분
3 일이 일어날 가능성을 수로 표현하기	4일 차	/8분
평가 6. 평균과 가능성	5일 차	/19분

1 평균

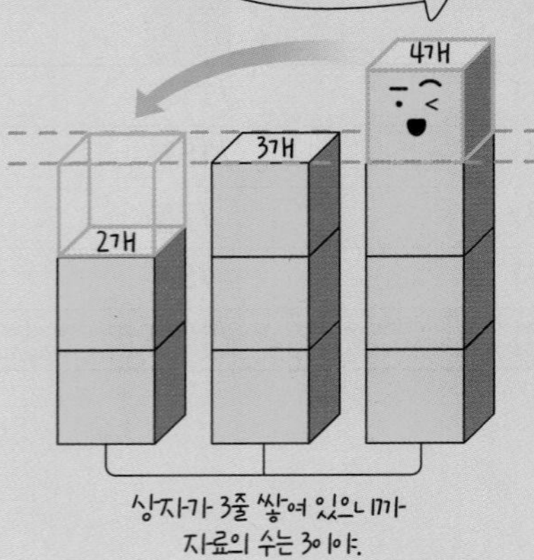

(평균)
=(자료의 값을 모두 더한 수)
÷(자료의 수)

쌓여 있는 상자 수의 평균은
(2+3+4)÷3=3(개)야!

• **평균**

평균: 각 자료의 값을 모두 더해 자료의 수로 나눈 값 → 자료를 대표하는 값

(평균)=(자료의 값을 모두 더한 수)
÷(자료의 수)

예 줄넘기 기록의 평균 구하기

줄넘기 기록

이름	은수	연희	경호
기록(개)	20	26	17

(줄넘기 기록의 합)
$=20+26+17=63$(개)
(학생 수)$=3$명
⇨ (줄넘기 기록의 평균)
$=63\div3=21$(개)

○ 자료의 평균을 구해 보시오.

1 10 7 11 8

( )

2 17 15 12 16

( )

3 19 20 24 21

( )

4 34 29 33 32

( )

5 43 47 45 41

( )

6 56 72 65 67

( )

○ 표를 보고 자료의 평균을 구해 보시오.

7 넣은 화살 수

이름	민정	진욱	서희	사랑
화살 수(개)	3	2	7	4

( )

8 가지고 있는 연필 수

이름	나래	하은	가영	은재
연필 수 (자루)	10	5	9	8

( )

9 제기차기 기록

이름	정한	규철	은하	민석
기록(개)	12	8	11	13

( )

10 요일별 최고 기온

요일	월	화	수	목
기온(°C)	14	17	18	15

( )

11 학급별 학생 수

학급(반)	가	나	다	라
학생 수(명)	24	25	27	24

( )

12 몸무게

이름	시호	재민	우희	소정
몸무게(kg)	33	39	31	29

( )

13 독서한 시간

이름	소희	동건	나영	정재
독서 시간 (분)	50	22	54	42

( )

14 키

이름	현준	서아	진수	정민
키(cm)	140	143	152	145

( )

1 평균

○ 자료의 평균을 구해 보시오.

❶ 4　2　1　7　6

( )

❷ 6　7　8　3　1

( )

❸ 9　5　5　10　11

( )

❹ 16　14　7　12　21

( )

❺ 18　11　29　19　13

( )

❻ 24　29　24　25　28

( )

❼ 33　39　27　40　36

( )

❽ 47　44　50　51　53

( )

❾ 52　60　58　59　56

( )

❿ 79　91　88　75　87

( )

⓫ 80　100　95　110　105

( )

⓬ 120　125　133　138　114

( )

○ 표를 보고 자료의 평균을 구해 보시오.

⑬ 과녁 맞히기 점수

회	1회	2회	3회	4회	5회
점수(점)	3	2	1	4	5

( )

⑭ 수면 시간

이름	은형	소민	정아	중기	보검
수면 시간 (시간)	6	6	8	8	7

( )

⑮ 100 m 달리기 기록

이름	윤수	지희	하늘	민아	혜경
기록(초)	18	22	15	19	21

( )

⑯ 읽은 책 수

이름	성민	용석	인혜	지민	미희
책 수(권)	39	43	20	38	55

( )

⑰ 운동한 시간

요일	월	화	수	목	금
운동 시간 (분)	55	40	38	45	52

( )

⑱ 수학 단원 평가 점수

단원	1단원	2단원	3단원	4단원	5단원
점수(점)	90	85	70	80	75

( )

⑲ 제자리멀리뛰기 기록

이름	준서	재윤	보영	지수	환희
기록(cm)	165	180	173	177	170

( )

⑳ 마신 우유의 양

이름	경진	서희	영애	정수	국진
우유의 양 (mL)	200	350	500	300	450

( )

2 일이 일어날 가능성을 말로 표현하고 비교하기

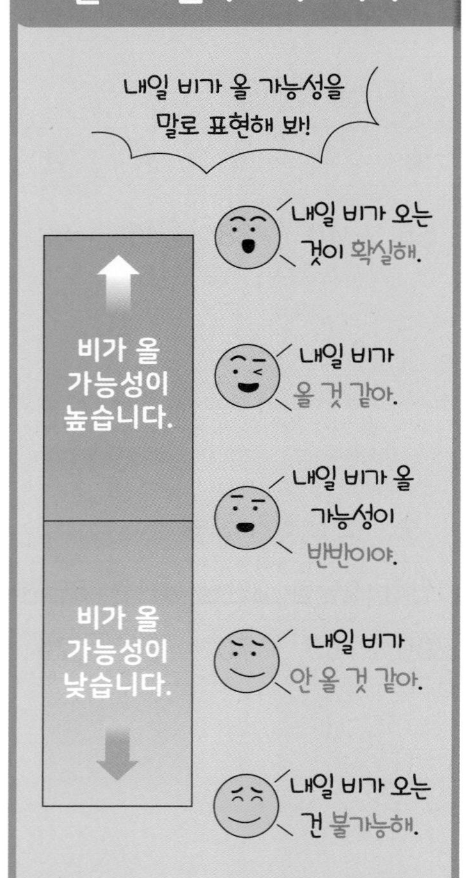

- 일이 일어날 가능성을 말로 표현하고 비교하기
- 가능성: 어떠한 상황에서 특정한 일이 일어나길 기대할 수 있는 정도
- 가능성의 정도는 불가능하다, ~아닐 것 같다, 반반이다, ~일 것 같다, 확실하다 등으로 표현할 수 있습니다.

일이 일어날 가능성이 낮습니다. ← → 일이 일어날 가능성이 높습니다.

~아닐 것 같다	~일 것 같다

불가능하다 반반이다 확실하다

○ 일이 일어날 가능성을 알맞게 표현한 곳에 ○표 하시오.

❶

일 \ 가능성	불가능하다	~아닐 것 같다	반반이다	~일 것 같다	확실하다
내일 아침에 서쪽에서 해가 뜰 것입니다.					
동전을 던지면 그림 면이 나올 것입니다.					
오늘이 토요일이니까 내일은 일요일이 될 것입니다.					
주사위를 3번 굴리면 주사위 눈의 수가 모두 3이 나올 것입니다.					
내년 8월에는 1월보다 비가 자주 올 것입니다.					

❷

일 \ 가능성	불가능하다	~아닐 것 같다	반반이다	~일 것 같다	확실하다
오늘 학교에 전학생이 올 것입니다.					
내년에는 6월이 7월보다 빨리 올 것입니다.					
내일은 오늘보다 더 따뜻할 것입니다.					
주사위를 한 번 굴리면 주사위 눈의 수가 4 이하로 나올 것입니다.					
요정이 우리 집에 놀러 올 것입니다.					

○ 초록색과 노란색을 사용하여 만든 회전판을 보고 물음에 답하시오.

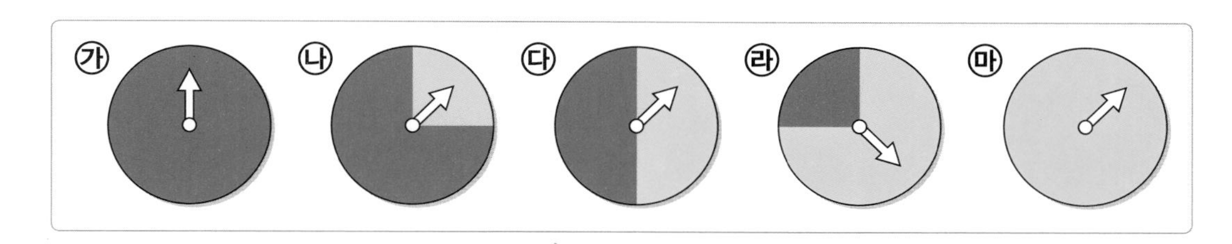

3 화살이 노란색에 멈추는 것이 확실한 회전판을 찾아 써 보시오.

( )

4 회전판 ㉯와 회전판 ㉱ 중에서 화살이 노란색에 멈출 가능성이 더 높은 회전판을 찾아 써 보시오.

( )

5 화살이 노란색에 멈출 가능성이 높은 회전판부터 차례대로 써 보시오.

( )

○ 파란색과 빨간색을 사용하여 만든 회전판을 보고 물음에 답하시오.

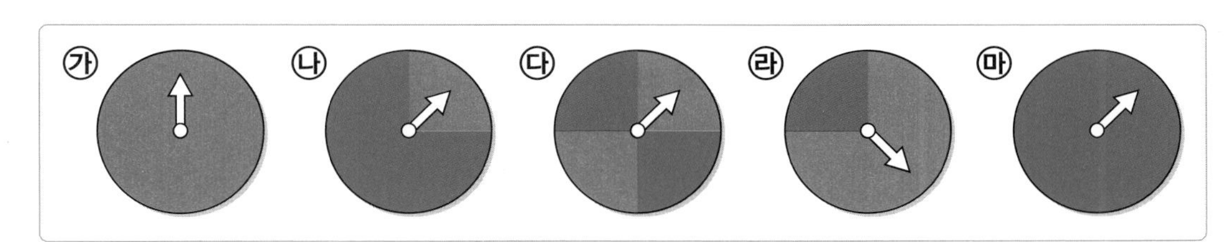

6 화살이 파란색에 멈추는 것이 불가능한 회전판을 찾아 써 보시오.

( )

7 화살이 파란색에 멈출 가능성과 빨간색에 멈출 가능성이 비슷한 회전판을 찾아 써 보시오.

( )

8 화살이 파란색에 멈출 가능성이 낮은 회전판부터 차례대로 써 보시오.

( )

3 일이 일어날 가능성을 수로 표현하기

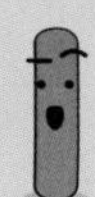

일이 일어날 가능성을 수로 표현할 때는 0, $\frac{1}{2}$, 1을 이용해!

가능성이 '불가능하다' ➡ 0

가능성이 '반반이다' ➡ $\frac{1}{2}$

가능성이 '확실하다' ➡ 1

- 일이 일어날 가능성을 수로 표현하기
- 일이 일어날 가능성이 '불가능하다'인 경우 ⇨ 0
- 일이 일어날 가능성이 '반반이다'인 경우 ⇨ $\frac{1}{2}$
- 일이 일어날 가능성이 '확실하다'인 경우 ⇨ 1

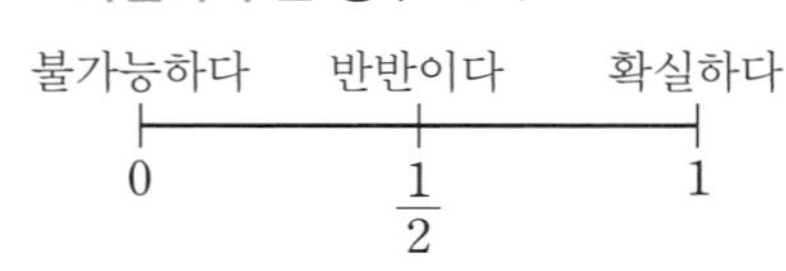

○ 6장의 수 카드 중에서 한 장을 뽑았습니다. 알맞은 말과 수에 ○표 하시오.

1 2 3 4 5 6

❶ 수 카드의 수가 1 이상일 가능성

- 말로 표현하기 ⇨ (불가능하다 , 반반이다 , 확실하다)
- 수로 표현하기 ⇨ (0 , $\frac{1}{2}$, 1)

❷ 수 카드의 수가 7이 나올 가능성

- 말로 표현하기 ⇨ (불가능하다 , 반반이다 , 확실하다)
- 수로 표현하기 ⇨ (0 , $\frac{1}{2}$, 1)

❸ 수 카드의 수가 홀수일 가능성

- 말로 표현하기 ⇨ (불가능하다 , 반반이다 , 확실하다)
- 수로 표현하기 ⇨ (0 , $\frac{1}{2}$, 1)

❹ 수 카드의 수가 6 이하일 가능성

- 말로 표현하기 ⇨ (불가능하다 , 반반이다 , 확실하다)
- 수로 표현하기 ⇨ (0 , $\frac{1}{2}$, 1)

❺ 수 카드의 수가 2의 배수일 가능성

- 말로 표현하기 ⇨ (불가능하다 , 반반이다 , 확실하다)
- 수로 표현하기 ⇨ (0 , $\frac{1}{2}$, 1)

○ 일이 일어날 가능성을 수로 표현해 보시오.

6 ○× 문제에서 ×라고 답했을 때, 정답을 맞혔을 가능성 ⇨ (　　　　)

7 당첨 제비만 5개 들어 있는 제비뽑기 상자에서 제비 1개를 뽑았을 때, 뽑은 제비가 당첨 제비일 가능성 ⇨ (　　　　)

8 1번에서 10번까지의 번호표 중에서 번호표 1개를 뽑았을 때, 11번 번호표를 뽑을 가능성 ⇨ (　　　　)

9 (1), (2), (3), (4)의 구슬이 들어 있는 주머니에서 구슬 1개를 꺼냈을 때, 꺼낸 구슬에 적힌 수가 짝수일 가능성 ⇨ (　　　　)

10 주황색 구슬 1개, 초록색 구슬 1개가 들어 있는 주머니에서 구슬 1개를 꺼냈을 때, 꺼낸 구슬이 파란색일 가능성 ⇨ (　　　　)

11 주사위를 한 번 굴렸을 때, 주사위 눈의 수가 4 이상이 나올 가능성 ⇨ (　　　　)

○ 자료의 평균을 구해 보시오.

1

46	52	60	58

(　　　　　　　　)

2

63	70	68	71

(　　　　　　　　)

3

28	23	32	25	27

(　　　　　　　　)

4

65	80	78	61	76

(　　　　　　　　)

5

100	95	91	83	96

(　　　　　　　　)

○ 표를 보고 자료의 평균을 구해 보시오.

6

가족들의 나이

가족	아빠	엄마	은수	동생
나이(살)	47	43	12	10

(　　　　　　　　)

7

윗몸 말아 올리기 기록

이름	규현	경아	태민	보현	수지
기록(회)	34	45	56	42	48

(　　　　　　　　)

8

관람객 수

요일	월	화	수	목	금
관람객 수(명)	83	91	58	77	96

(　　　　　　　　)

9

초등학생 수

마을	가	나	다	라	마
초등학생 수(명)	120	145	154	160	116

(　　　　　　　　)

○ 일이 일어날 가능성을 알맞게 표현한 곳에 ○표 하시오.

10

2020년 다음은 2022년일 것입니다.

불가능 하다	~아닐 것 같다	반반 이다	~일 것 같다	확실 하다

11

3과 7을 곱하면 21이 될 것입니다.

불가능 하다	~아닐 것 같다	반반 이다	~일 것 같다	확실 하다

○ 화살이 빨간색에 멈출 가능성이 높은 회전판부터 차례대로 써 보시오.

12

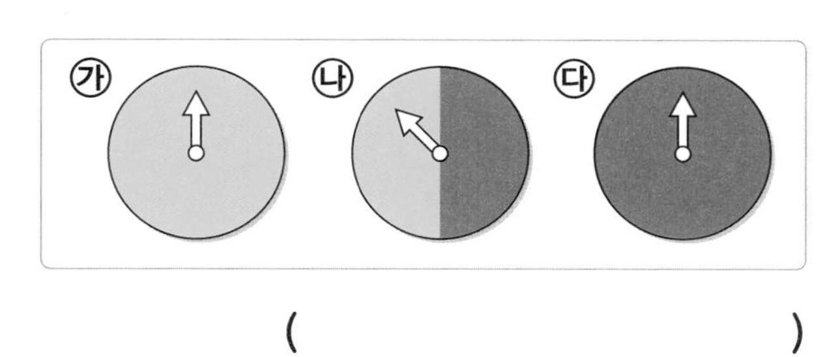

(　　　　　　　　)

13

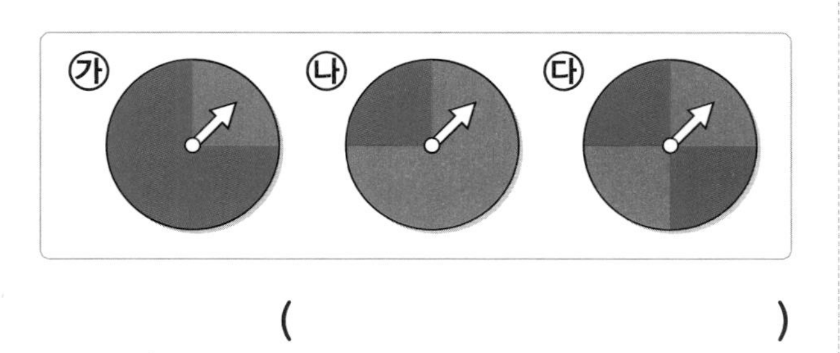

(　　　　　　　　)

○ 일이 일어날 가능성을 수로 표현해 보시오.

14

검은색 바둑돌만 들어 있는 통에서 바둑돌 1개를 꺼냈을 때, 꺼낸 바둑돌이 검은색일 가능성

(　　　　　　　　)

15

주사위를 한 번 굴렸을 때, 주사위 눈의 수가 0이 나올 가능성

(　　　　　　　　)

16

파란색 공 1개, 빨간색 공 1개가 들어 있는 상자에서 공 1개를 꺼냈을 때, 꺼낸 공이 빨간색일 가능성

(　　　　　　　　)

17

당첨 제비만 3개 들어 있는 제비뽑기 상자에서 제비 1개를 뽑았을 때, 뽑은 제비가 당첨 제비가 아닐 가능성

(　　　　　　　　)

18

4장의 카드 ★, ▲, ★, ▲ 중에서 카드 1장을 뽑았을 때, 뽑은 카드가 ★ 카드일 가능성

(　　　　　　　　)

6단원의 연산 실력을 보충하고 싶다면 **클리닉 북 33~35쪽**을 풀어 보세요.

memo

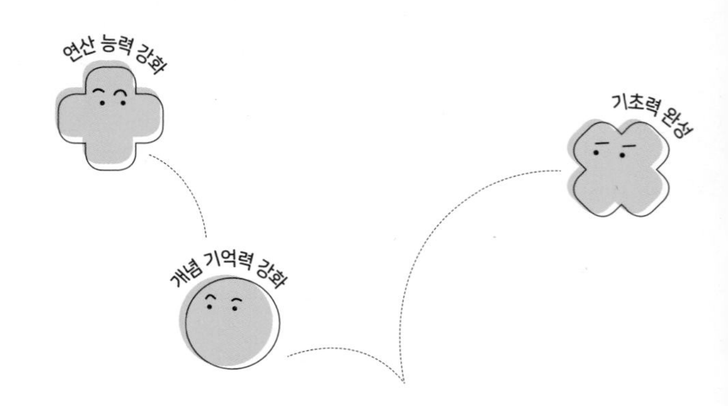

개념 PLUS 연산 라이트

클리닉 북

「메인 북」에서 단원별 평가 후 부족한 연산력은 「클리닉 북」에서 보완합니다.

차례 5-2

1 이상과 이하

정답 • 25쪽

○ 수의 범위에 포함되는 수에 모두 ○표 하시오.

❶ 9 이상인 수

10	7	5	9

❷ 14 이상인 수

15.2	13	11	19

❸ 31 이상인 수

30.8	31	37
29	30	33.6

❹ 57 이상인 수

60	55	58.3
56.9	59	54

❺ 12 이하인 수

11	15	12	13

❻ 28 이하인 수

32	27	30	24.6

❼ 43 이하인 수

46	41	43.2
40.8	48	39

❽ 69 이하인 수

58	69	69.1
70.7	68	75

❾ 17 이상 24 이하인 수

11	26	23.8
15.4	19	17

❿ 36 이상 45 이하인 수

45	45.9	35
31	38	40.1

⓫ 53 이상 62 이하인 수

57	61.3	72
49.7	53	62.5

⓬ 74 이상 81 이하인 수

73	80.7	88
72.6	78.3	79

2 초과와 미만

정답 • 25쪽

○ 수의 범위에 포함되는 수에 모두 ◯표 하시오.

❶ 5 초과인 수

3	8	2	7

❷ 22 초과인 수

24	20.8	27	21

❸ 38 초과인 수

39.4	40	33
37	38.5	38

❹ 51 초과인 수

51.3	60	47
48	50.7	53

❺ 13 미만인 수

10	16	12	14

❻ 46 미만인 수

46	45	40.6	47

❼ 54 미만인 수

48	63	53.7
59.3	52	54

❽ 77 미만인 수

72	78	74.3
80.4	82	75

❾ 29 초과 34 미만인 수

36	28.2	26
33	30	29.5

❿ 45 초과 53 미만인 수

45	43.9	50
49.7	53	51

⓫ 66 초과 75 미만인 수

66.8	80	74.2
73	61	78.3

⓬ 78 초과 86 미만인 수

78.1	83	91
68.3	77	85.6

3 올림

정답 • 25쪽

○ 올림하여 주어진 자리까지 나타내어 보시오.

❶ 154(십의 자리까지)

⇨ (　　　　　　)

❷ 305(백의 자리까지)

⇨ (　　　　　　)

❸ 4370(백의 자리까지)

⇨ (　　　　　　)

❹ 6493(십의 자리까지)

⇨ (　　　　　　)

❺ 8521(천의 자리까지)

⇨ (　　　　　　)

❻ 27319(만의 자리까지)

⇨ (　　　　　　)

❼ 56074(십의 자리까지)

⇨ (　　　　　　)

❽ 81492(백의 자리까지)

⇨ (　　　　　　)

❾ 92806(천의 자리까지)

⇨ (　　　　　　)

❿ 2.16(일의 자리까지)

⇨ (　　　　　　)

⓫ 5.57(소수 첫째 자리까지)

⇨ (　　　　　　)

⓬ 7.423(소수 둘째 자리까지)

⇨ (　　　　　　)

4 버림

정답 • 25쪽

○ 버림하여 주어진 자리까지 나타내어 보시오.

❶ 639(십의 자리까지)

⇨ (　　　　　　　　)

❷ 745(백의 자리까지)

⇨ (　　　　　　　　)

❸ 1483(천의 자리까지)

⇨ (　　　　　　　　)

❹ 2167(백의 자리까지)

⇨ (　　　　　　　　)

❺ 5891(십의 자리까지)

⇨ (　　　　　　　　)

❻ 18640(천의 자리까지)

⇨ (　　　　　　　　)

❼ 33806(만의 자리까지)

⇨ (　　　　　　　　)

❽ 52971(십의 자리까지)

⇨ (　　　　　　　　)

❾ 75670(백의 자리까지)

⇨ (　　　　　　　　)

❿ 4.159(소수 둘째 자리까지)

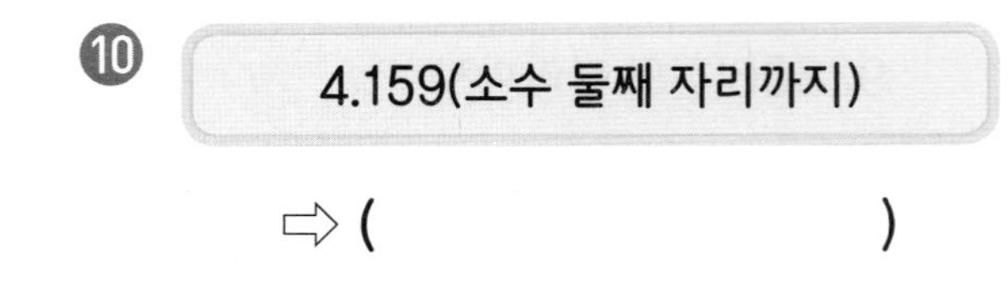

⇨ (　　　　　　　　)

⓫ 5.83(일의 자리까지)

⇨ (　　　　　　　　)

⓬ 9.858(소수 첫째 자리까지)

⇨ (　　　　　　　　)

5 반올림

정답 • 25쪽

○ 반올림하여 주어진 자리까지 나타내어 보시오.

❶ 249(백의 자리까지)

⇨ (   )

❷ 556(십의 자리까지)

⇨ (   )

❸ 1792(십의 자리까지)

⇨ (   )

❹ 3036(천의 자리까지)

⇨ (   )

❺ 7383(백의 자리까지)

⇨ (   )

❻ 29170(만의 자리까지)

⇨ (   )

❼ 42605(천의 자리까지)

⇨ (   )

❽ 58312(백의 자리까지)

⇨ (   )

❾ 80483(십의 자리까지)

⇨ (   )

❿ 4.7(일의 자리까지)

⇨ (   )

⓫ 6.524(소수 첫째 자리까지)

⇨ (   )

⓬ 7.085(소수 둘째 자리까지)

⇨ (   )

1 (진분수)×(자연수)

정답 • 25쪽

○ 계산을 하여 기약분수로 나타내어 보시오.

❶ $\frac{1}{3}\times 2=$

❷ $\frac{1}{4}\times 10=$

❸ $\frac{1}{5}\times 8=$

❹ $\frac{1}{8}\times 6=$

❺ $\frac{1}{12}\times 4=$

❻ $\frac{1}{15}\times 18=$

❼ $\frac{2}{3}\times 9=$

❽ $\frac{3}{4}\times 6=$

❾ $\frac{2}{5}\times 7=$

❿ $\frac{4}{7}\times 4=$

⓫ $\frac{5}{8}\times 14=$

⓬ $\frac{2}{9}\times 3=$

⓭ $\frac{7}{10}\times 8=$

⓮ $\frac{4}{11}\times 3=$

⓯ $\frac{5}{12}\times 2=$

⓰ $\frac{5}{14}\times 10=$

⓱ $\frac{2}{15}\times 12=$

⓲ $\frac{13}{16}\times 32=$

⓳ $\frac{4}{21}\times 9=$

⓴ $\frac{9}{22}\times 11=$

㉑ $\frac{7}{30}\times 5=$

2 (대분수) × (자연수)

정답 • 26쪽

○ 계산을 하여 기약분수로 나타내어 보시오.

❶ $1\frac{1}{2} \times 2 =$

❷ $1\frac{1}{3} \times 9 =$

❸ $1\frac{1}{4} \times 8 =$

❹ $1\frac{1}{6} \times 4 =$

❺ $1\frac{1}{10} \times 5 =$

❻ $1\frac{1}{15} \times 9 =$

❼ $1\frac{2}{3} \times 6 =$

❽ $2\frac{3}{4} \times 8 =$

❾ $2\frac{2}{5} \times 3 =$

❿ $2\frac{5}{6} \times 9 =$

⓫ $1\frac{4}{7} \times 3 =$

⓬ $1\frac{3}{8} \times 4 =$

⓭ $1\frac{3}{10} \times 5 =$

⓮ $1\frac{7}{10} \times 20 =$

⓯ $1\frac{2}{13} \times 2 =$

⓰ $2\frac{3}{14} \times 7 =$

⓱ $2\frac{2}{15} \times 6 =$

⓲ $1\frac{3}{16} \times 4 =$

⓳ $1\frac{4}{17} \times 2 =$

⓴ $1\frac{5}{21} \times 14 =$

㉑ $1\frac{2}{35} \times 10 =$

3 (자연수) × (진분수)

정답 • 26쪽

○ 계산을 하여 기약분수로 나타내어 보시오.

❶ $5 \times \frac{1}{3} =$

❷ $3 \times \frac{1}{4} =$

❸ $2 \times \frac{1}{6} =$

❹ $4 \times \frac{1}{8} =$

❺ $15 \times \frac{1}{12} =$

❻ $6 \times \frac{1}{14} =$

❼ $7 \times \frac{2}{3} =$

❽ $8 \times \frac{3}{4} =$

❾ $6 \times \frac{4}{5} =$

❿ $4 \times \frac{5}{6} =$

⓫ $35 \times \frac{2}{7} =$

⓬ $2 \times \frac{3}{8} =$

⓭ $12 \times \frac{7}{8} =$

⓮ $3 \times \frac{7}{9} =$

⓯ $21 \times \frac{8}{9} =$

⓰ $20 \times \frac{3}{10} =$

⓱ $24 \times \frac{4}{15} =$

⓲ $16 \times \frac{5}{18} =$

⓳ $10 \times \frac{2}{25} =$

⓴ $36 \times \frac{7}{27} =$

㉑ $20 \times \frac{5}{36} =$

잘라서 사용할 수 있습니다.

4 (자연수)×(대분수)

정답 • 26쪽

○ 계산을 하여 기약분수로 나타내어 보시오.

❶ $5\times1\frac{1}{5}=$

❷ $8\times1\frac{1}{6}=$

❸ $4\times1\frac{1}{8}=$

❹ $2\times1\frac{1}{9}=$

❺ $15\times1\frac{1}{10}=$

❻ $9\times1\frac{1}{12}=$

❼ $7\times1\frac{2}{3}=$

❽ $6\times2\frac{1}{4}=$

❾ $14\times1\frac{3}{4}=$

❿ $8\times2\frac{2}{5}=$

⓫ $25\times2\frac{3}{5}=$

⓬ $12\times1\frac{5}{6}=$

⓭ $28\times2\frac{3}{7}=$

⓮ $16\times1\frac{5}{8}=$

⓯ $10\times2\frac{7}{8}=$

⓰ $12\times1\frac{2}{9}=$

⓱ $22\times1\frac{5}{11}=$

⓲ $21\times1\frac{5}{14}=$

⓳ $6\times1\frac{7}{15}=$

⓴ $8\times1\frac{11}{18}=$

㉑ $12\times1\frac{7}{30}=$

5 (진분수)×(진분수)

정답 • 26쪽

○ 계산을 하여 기약분수로 나타내어 보시오.

❶ $\frac{1}{2} \times \frac{1}{5} =$

❷ $\frac{1}{3} \times \frac{1}{4} =$

❸ $\frac{1}{5} \times \frac{1}{7} =$

❹ $\frac{1}{6} \times \frac{1}{3} =$

❺ $\frac{1}{7} \times \frac{1}{6} =$

❻ $\frac{1}{8} \times \frac{1}{11} =$

❼ $\frac{2}{3} \times \frac{4}{5} =$

❽ $\frac{3}{4} \times \frac{5}{6} =$

❾ $\frac{2}{5} \times \frac{10}{13} =$

❿ $\frac{4}{7} \times \frac{5}{8} =$

⓫ $\frac{6}{7} \times \frac{5}{9} =$

⓬ $\frac{7}{8} \times \frac{4}{5} =$

⓭ $\frac{7}{9} \times \frac{6}{11} =$

⓮ $\frac{8}{9} \times \frac{1}{6} =$

⓯ $\frac{9}{10} \times \frac{5}{12} =$

⓰ $\frac{9}{11} \times \frac{22}{27} =$

⓱ $\frac{3}{14} \times \frac{7}{12} =$

⓲ $\frac{2}{15} \times \frac{5}{8} =$

⓳ $\frac{12}{17} \times \frac{1}{3} =$

⓴ $\frac{10}{21} \times \frac{3}{4} =$

㉑ $\frac{16}{25} \times \frac{5}{14} =$

6 (대분수)×(대분수)

정답 • 26쪽

○ 계산을 하여 기약분수로 나타내어 보시오.

❶ $1\frac{1}{2}\times1\frac{1}{3}=$

❷ $1\frac{1}{3}\times1\frac{1}{5}=$

❸ $1\frac{1}{4}\times1\frac{1}{6}=$

❹ $1\frac{1}{5}\times1\frac{1}{7}=$

❺ $1\frac{1}{6}\times1\frac{1}{9}=$

❻ $1\frac{1}{9}\times1\frac{1}{8}=$

❼ $2\frac{1}{2}\times3\frac{2}{5}=$

❽ $2\frac{2}{3}\times2\frac{1}{8}=$

❾ $1\frac{3}{4}\times1\frac{5}{7}=$

❿ $1\frac{4}{5}\times2\frac{2}{9}=$

⓫ $2\frac{5}{6}\times2\frac{2}{5}=$

⓬ $3\frac{1}{7}\times1\frac{8}{13}=$

⓭ $3\frac{3}{8}\times2\frac{2}{7}=$

⓮ $1\frac{1}{9}\times1\frac{9}{20}=$

⓯ $1\frac{7}{10}\times1\frac{2}{13}=$

⓰ $1\frac{4}{11}\times1\frac{3}{5}=$

⓱ $1\frac{7}{12}\times2\frac{4}{7}=$

⓲ $1\frac{11}{13}\times1\frac{5}{6}=$

⓳ $2\frac{1}{14}\times1\frac{3}{11}=$

⓴ $2\frac{2}{15}\times3\frac{3}{8}=$

㉑ $1\frac{3}{17}\times2\frac{4}{15}=$

7 세 분수의 곱셈

정답 • 26쪽

○ 계산을 하여 기약분수로 나타내어 보시오.

❶ $\frac{1}{2}\times\frac{3}{4}\times\frac{1}{9}=$

❷ $\frac{1}{8}\times\frac{1}{5}\times\frac{5}{6}=$

❸ $\frac{7}{8}\times\frac{5}{7}\times\frac{1}{3}=$

❹ $\frac{3}{8}\times\frac{1}{6}\times\frac{2}{9}=$

❺ $\frac{2}{7}\times\frac{7}{9}\times\frac{9}{14}=$

❻ $\frac{2}{11}\times\frac{7}{8}\times\frac{4}{7}=$

❼ $15\times\frac{3}{8}\times\frac{4}{9}=$

❽ $\frac{4}{7}\times1\frac{3}{4}\times8=$

❾ $\frac{3}{5}\times21\times1\frac{3}{7}=$

❿ $14\times1\frac{2}{7}\times2\frac{2}{3}=$

⓫ $2\frac{1}{3}\times\frac{5}{14}\times\frac{3}{10}=$

⓬ $\frac{1}{4}\times3\frac{1}{8}\times\frac{2}{5}=$

⓭ $\frac{6}{7}\times1\frac{2}{5}\times2\frac{3}{4}=$

⓮ $2\frac{2}{5}\times3\frac{1}{3}\times2\frac{1}{6}=$

1 도형의 합동

정답 • 27쪽

○ 왼쪽 도형과 서로 합동인 도형을 찾아 ○표 하시오.

❶

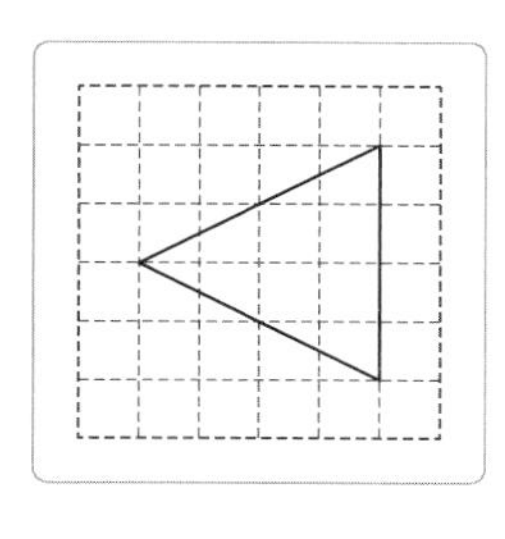

( ) ( ) ( )

❷

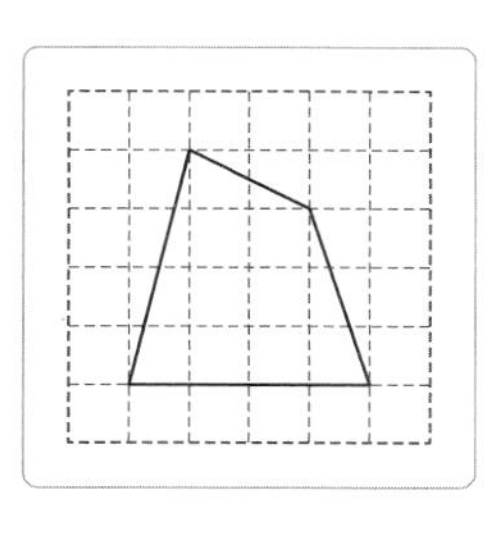

( ) ( ) ( )

○ 두 도형은 서로 합동입니다. □ 안에 알맞은 수를 써넣으시오.

❸

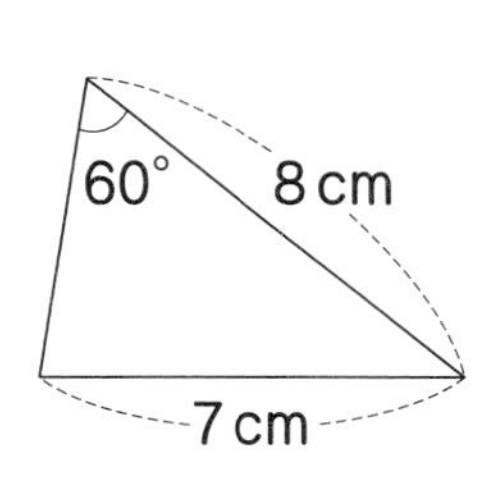

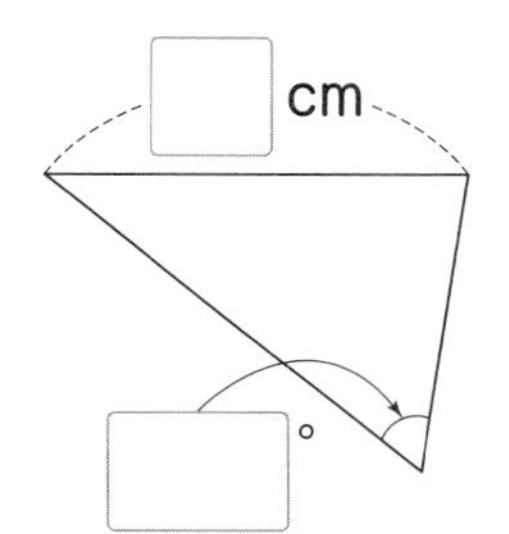

❹

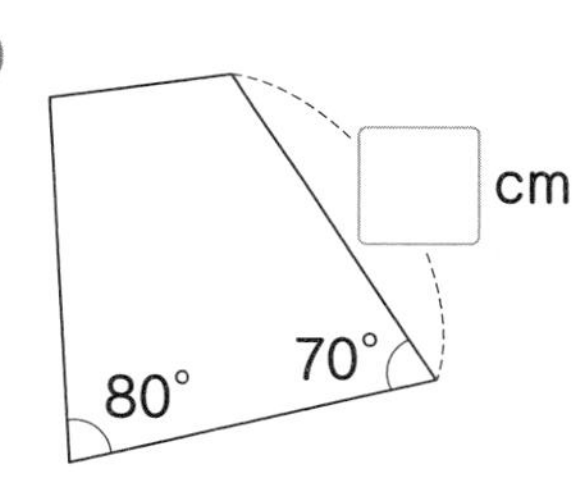

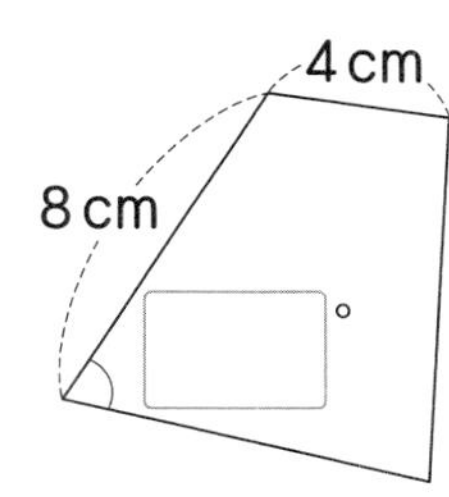

❺

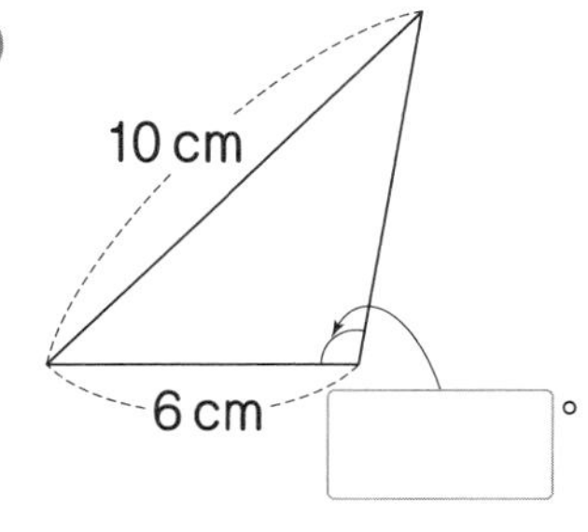

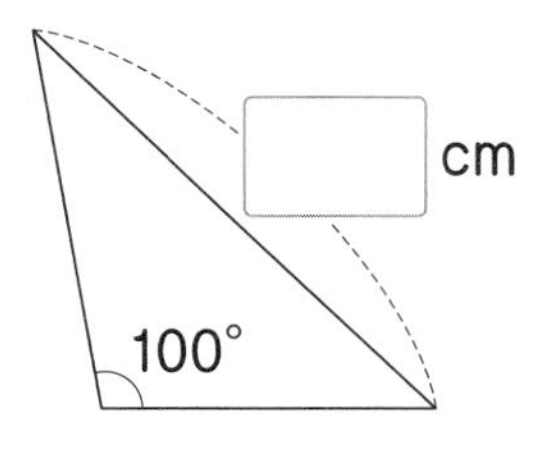

❻

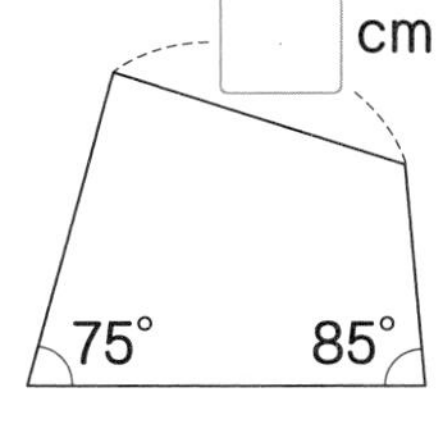

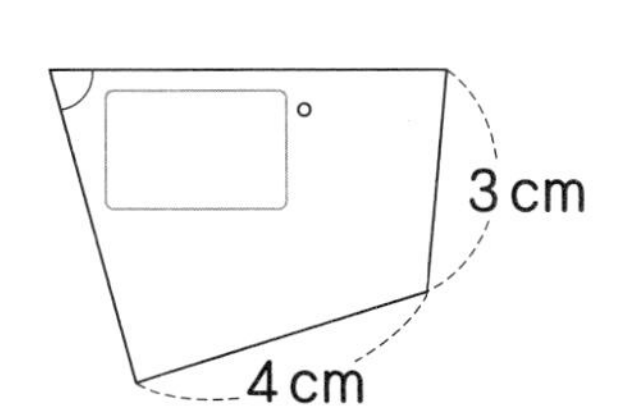

2 선대칭도형

정답 • 27쪽

○ 선대칭도형이면 ○표, 선대칭도형이 아니면 ×표 하시오.

❶ 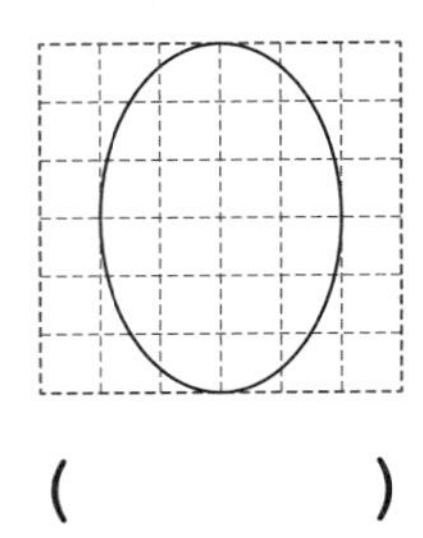

( )

❷ 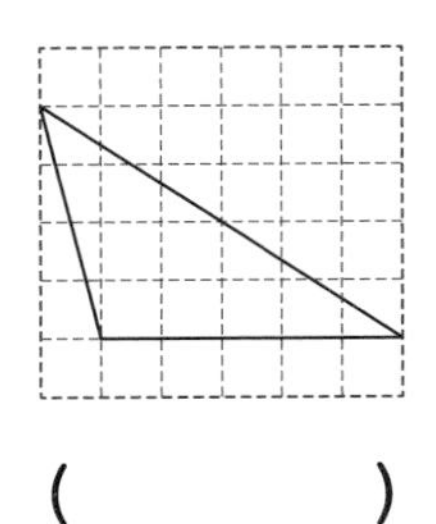

( )

❸ 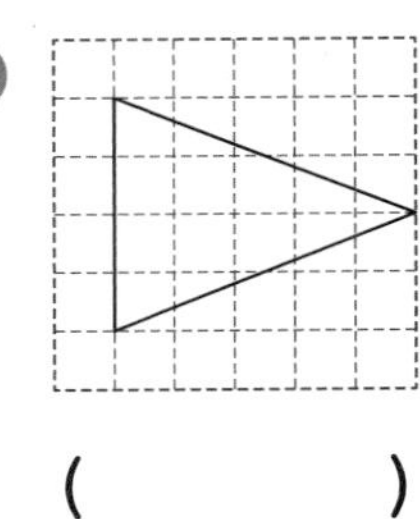

( )

❹ 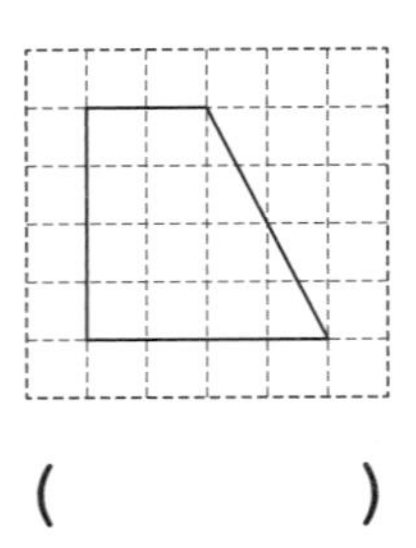

( )

❺ 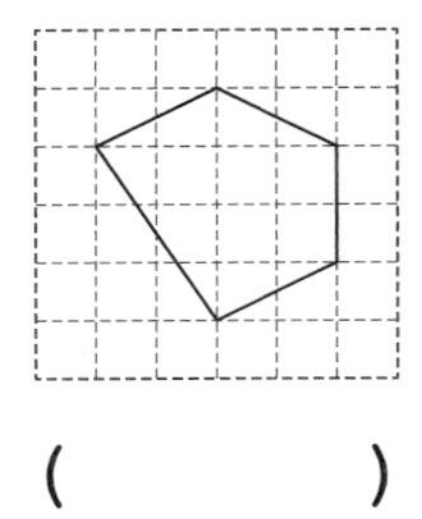

( )

❻ 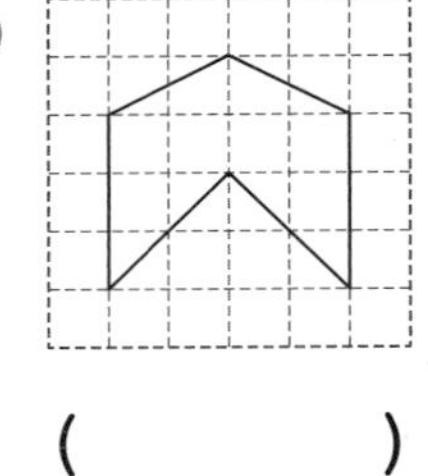

( )

○ 직선 ㄱㄴ을 대칭축으로 하는 선대칭도형입니다. □ 안에 알맞은 수를 써넣으시오.

❼ 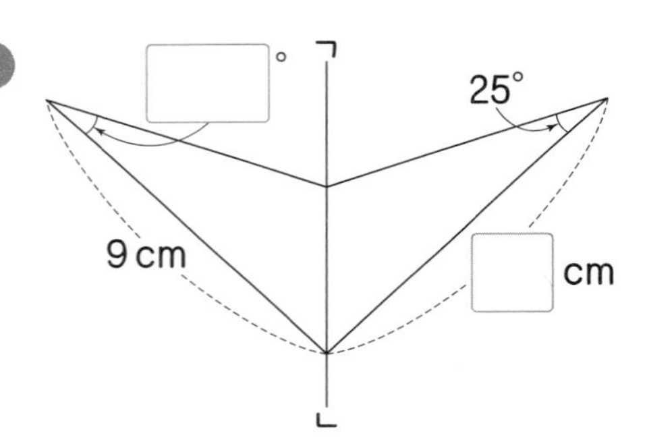

❽ 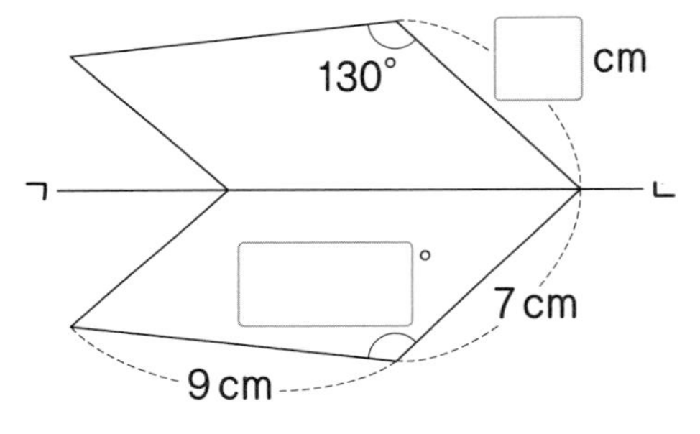

❾ 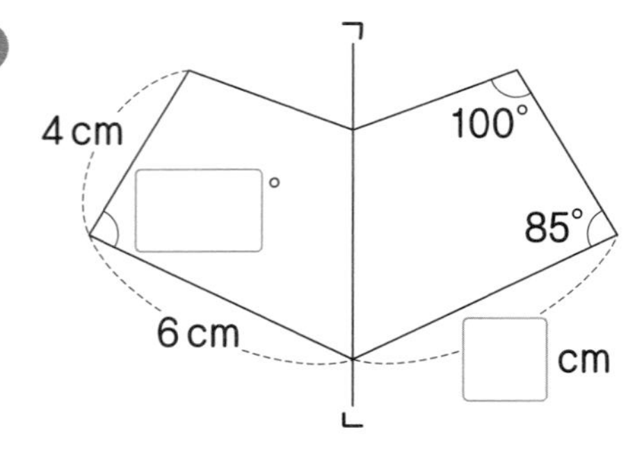

❿ 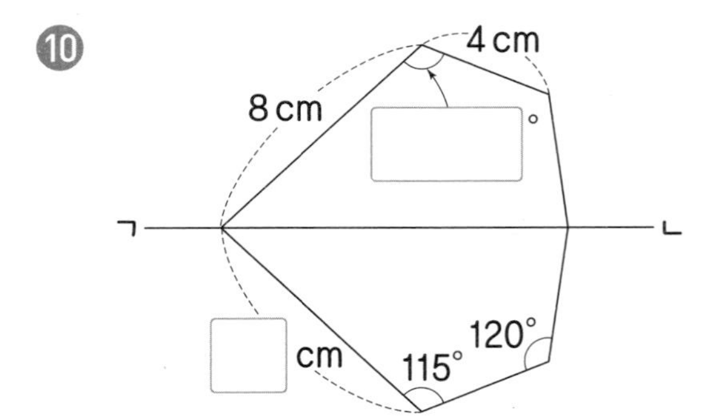

3 점대칭도형

정답 • 27쪽

○ 점대칭도형이면 ◯표, 점대칭도형이 아니면 ×표 하시오.

❶ 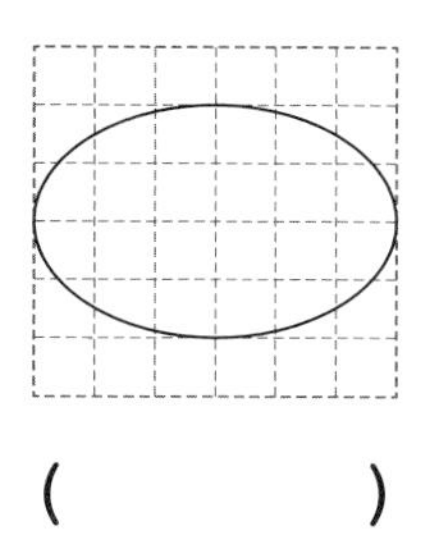

(　　　　)

❷ 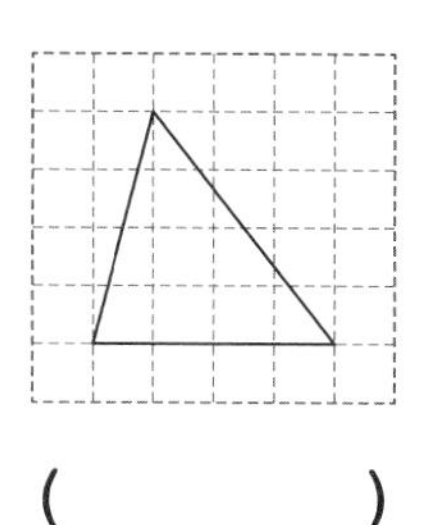

(　　　　)

❸ 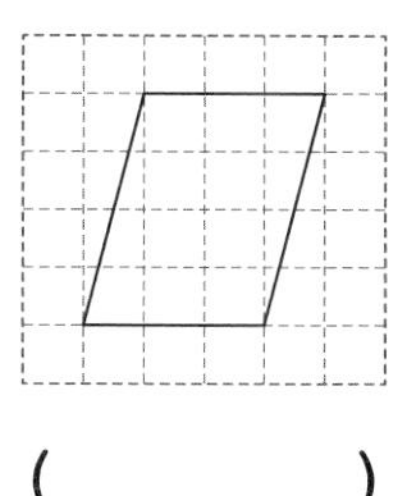

(　　　　)

❹ 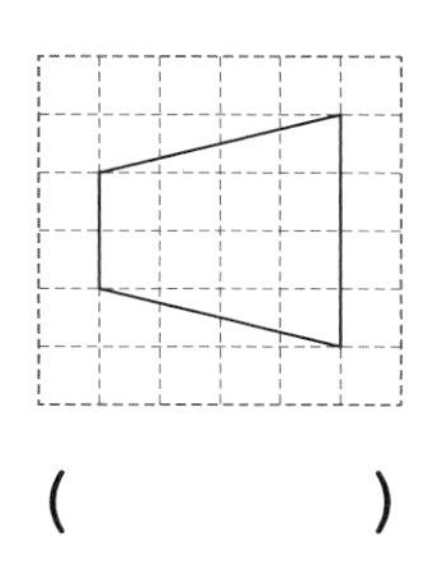

(　　　　)

❺ 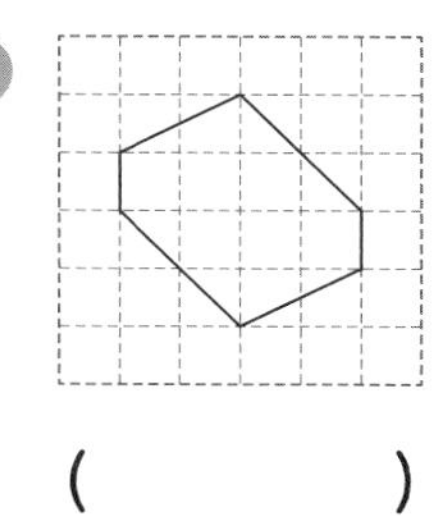

(　　　　)

❻ 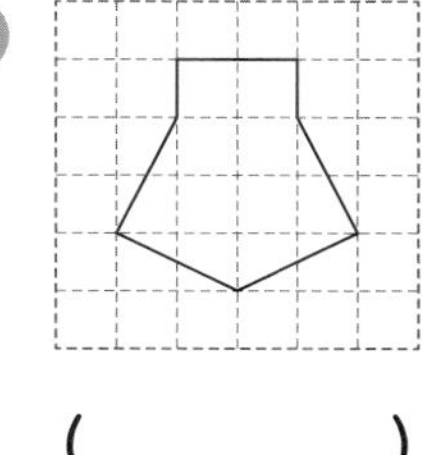

(　　　　)

○ 점 ㅇ을 대칭의 중심으로 하는 점대칭도형입니다. □ 안에 알맞은 수를 써넣으시오.

❼ 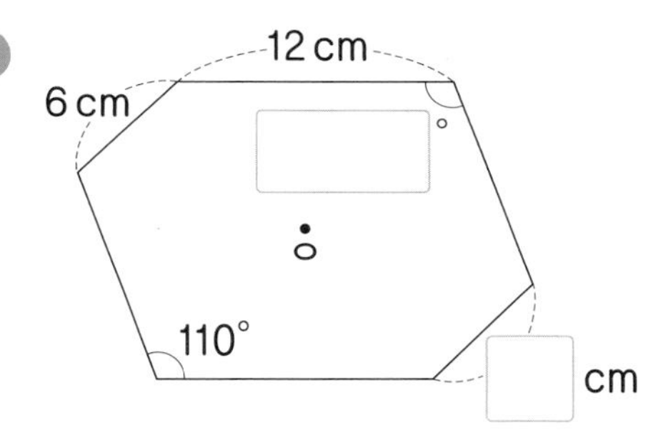

❽ 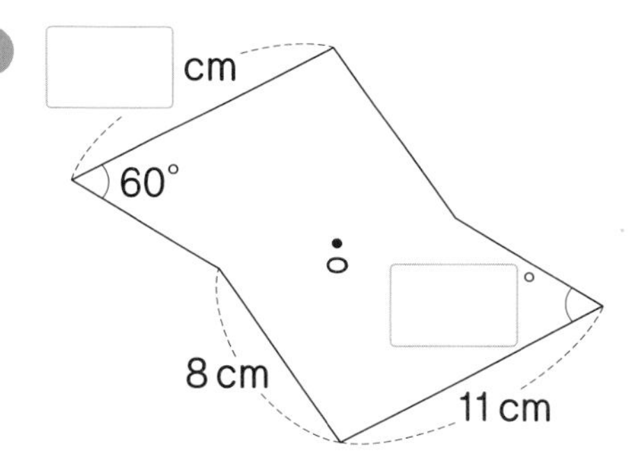

❾ 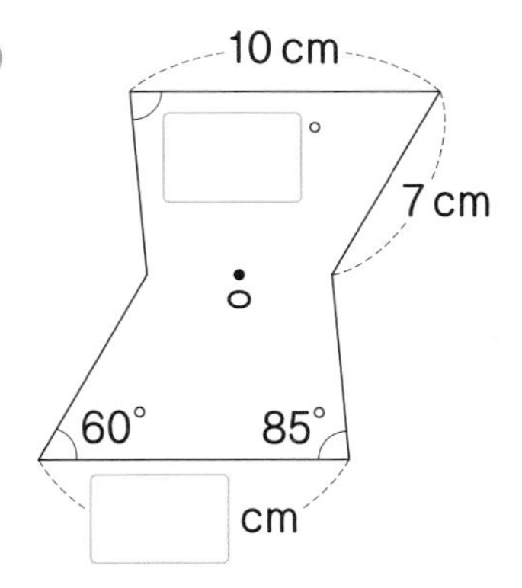

❿ 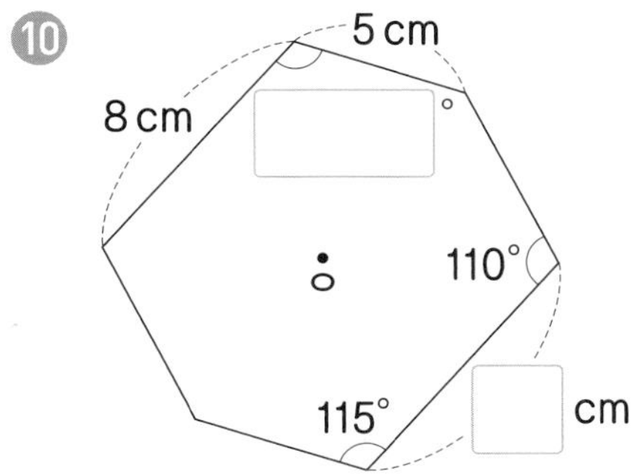

(1보다 작은 소수) × (자연수)

정답 • 27쪽

○ 계산해 보시오.

❶ $\begin{array}{r} 0.2 \\ \times \quad 6 \\ \hline \end{array}$

❷ $\begin{array}{r} 0.5 \\ \times \quad 5 \\ \hline \end{array}$

❸ $\begin{array}{r} 0.7 \\ \times \quad 8 \\ \hline \end{array}$

❹ $\begin{array}{r} 0.3 \\ \times \ 16 \\ \hline \end{array}$

❺ $\begin{array}{r} 0.6 \\ \times \ 12 \\ \hline \end{array}$

❻ $\begin{array}{r} 0.04 \\ \times \quad 6 \\ \hline \end{array}$

❼ $\begin{array}{r} 0.25 \\ \times \quad 4 \\ \hline \end{array}$

❽ $\begin{array}{r} 0.81 \\ \times \quad 3 \\ \hline \end{array}$

❾ $\begin{array}{r} 0.56 \\ \times \ 23 \\ \hline \end{array}$

⑩ $0.4 \times 7 =$

⑪ $0.8 \times 6 =$

⑫ $0.9 \times 4 =$

⑬ $0.2 \times 18 =$

⑭ $0.5 \times 31 =$

⑮ $0.07 \times 9 =$

⑯ $0.36 \times 4 =$

⑰ $0.67 \times 8 =$

⑱ $0.43 \times 11 =$

2 (1보다 큰 소수) × (자연수)

정답 • 27쪽

○ 계산해 보시오.

❶ $\begin{array}{r} 1.9 \\ \times\ \ 7 \\ \hline \end{array}$

❷ $\begin{array}{r} 4.3 \\ \times\ \ 6 \\ \hline \end{array}$

❸ $\begin{array}{r} 6.6 \\ \times\ \ 8 \\ \hline \end{array}$

❹ $\begin{array}{r} 2.8 \\ \times\ 12 \\ \hline \end{array}$

❺ $\begin{array}{r} 7.1 \\ \times\ 15 \\ \hline \end{array}$

❻ $\begin{array}{r} 5.03 \\ \times\ \ \ 4 \\ \hline \end{array}$

❼ $\begin{array}{r} 8.17 \\ \times\ \ \ 3 \\ \hline \end{array}$

❽ $\begin{array}{r} 9.34 \\ \times\ \ \ 5 \\ \hline \end{array}$

❾ $\begin{array}{r} 2.63 \\ \times\ \ 29 \\ \hline \end{array}$

⑩ $3.4 \times 8 =$

⑪ $5.8 \times 9 =$

⑫ $8.2 \times 3 =$

⑬ $6.1 \times 21 =$

⑭ $9.5 \times 17 =$

⑮ $1.08 \times 6 =$

⑯ $3.37 \times 9 =$

⑰ $6.42 \times 3 =$

⑱ $4.73 \times 13 =$

3 (자연수)×(1보다 작은 소수)

정답 • 27쪽

○ 계산해 보시오.

❶ 3×0.4

❷ 8×0.5

❸ 9×0.6

❹ 11×0.3

❺ 13×0.9

❻ 2×0.09

❼ 4×0.34

❽ 7×0.62

❾ 14×0.28

⑩ $5 \times 0.3 =$

⑪ $7 \times 0.7 =$

⑫ $9 \times 0.8 =$

⑬ $26 \times 0.2 =$

⑭ $15 \times 0.4 =$

⑮ $3 \times 0.42 =$

⑯ $6 \times 0.54 =$

⑰ $5 \times 0.73 =$

⑱ $31 \times 0.38 =$

4 (자연수)×(1보다 큰 소수)

정답 • 27쪽

○ 계산해 보시오.

❶ 5×1.6

❷ 3×3.5

❸ 8×6.7

❹ 23×4.2

❺ 17×5.8

❻ 4×3.08

❼ 3×5.32

❽ 7×7.19

❾ 31×4.73

⑩ $6 \times 2.9 =$

⑪ $4 \times 7.3 =$

⑫ $7 \times 8.9 =$

⑬ $20 \times 5.6 =$

⑭ $13 \times 9.4 =$

⑮ $5 \times 2.92 =$

⑯ $8 \times 6.18 =$

⑰ $6 \times 8.95 =$

⑱ $24 \times 1.39 =$

5 1보다 작은 소수끼리의 곱셈

정답 • 28쪽

○ 계산해 보시오.

❶ 0.3×0.6

❷ 0.5×0.9

❸ 0.8×0.2

❹ 0.6×0.39

❺ 0.9×0.15

❻ 0.26×0.4

❼ 0.47×0.3

❽ 0.08×0.56

❾ 0.64×0.75

❿ $0.2 \times 0.5 =$

⓫ $0.4 \times 0.4 =$

⓬ $0.8 \times 0.9 =$

⓭ $0.7 \times 0.89 =$

⓮ $0.8 \times 0.31 =$

⓯ $0.57 \times 0.4 =$

⓰ $0.76 \times 0.3 =$

⓱ $0.26 \times 0.05 =$

⓲ $0.53 \times 0.78 =$

6 1보다 큰 소수끼리의 곱셈

정답 • 28쪽

○ 계산해 보시오.

❶ $\begin{array}{r} 1.5 \\ \times\ 1.3 \\ \hline \end{array}$

❷ $\begin{array}{r} 3.4 \\ \times\ 5.6 \\ \hline \end{array}$

❸ $\begin{array}{r} 7.6 \\ \times\ 2.8 \\ \hline \end{array}$

❹ $\begin{array}{r} 4.7 \\ \times\ 1.63 \\ \hline \end{array}$

❺ $\begin{array}{r} 5.8 \\ \times\ 9.21 \\ \hline \end{array}$

❻ $\begin{array}{r} 2.07 \\ \times\ 3.6 \\ \hline \end{array}$

❼ $\begin{array}{r} 6.81 \\ \times\ 4.2 \\ \hline \end{array}$

❽ $\begin{array}{r} 3.04 \\ \times\ 1.17 \\ \hline \end{array}$

❾ $\begin{array}{r} 7.22 \\ \times\ 2.84 \\ \hline \end{array}$

❿ $2.8 \times 3.6 =$

⓫ $6.3 \times 2.9 =$

⓬ $9.2 \times 4.5 =$

⓭ $3.7 \times 2.94 =$

⓮ $6.8 \times 5.12 =$

⓯ $3.76 \times 2.7 =$

⓰ $9.08 \times 1.5 =$

⓱ $5.03 \times 1.16 =$

⓲ $8.32 \times 3.25 =$

7 자연수와 소수의 곱셈에서 곱의 소수점 위치

정답 • 28쪽

○ 계산해 보시오.

❶ $0.6 \times 10 =$
$0.6 \times 100 =$
$0.6 \times 1000 =$

❷ $0.41 \times 10 =$
$0.41 \times 100 =$
$0.41 \times 1000 =$

❸ $0.129 \times 10 =$
$0.129 \times 100 =$
$0.129 \times 1000 =$

❹ $4.9 \times 10 =$
$4.9 \times 100 =$
$4.9 \times 1000 =$

❺ $3.56 \times 10 =$
$3.56 \times 100 =$
$3.56 \times 1000 =$

❻ $7.284 \times 10 =$
$7.284 \times 100 =$
$7.284 \times 1000 =$

❼ $26 \times 0.1 =$
$26 \times 0.01 =$
$26 \times 0.001 =$

❽ $74 \times 0.1 =$
$74 \times 0.01 =$
$74 \times 0.001 =$

❾ $80 \times 0.1 =$
$80 \times 0.01 =$
$80 \times 0.001 =$

❿ $130 \times 0.1 =$
$130 \times 0.01 =$
$130 \times 0.001 =$

⓫ $502 \times 0.1 =$
$502 \times 0.01 =$
$502 \times 0.001 =$

⓬ $617 \times 0.1 =$
$617 \times 0.01 =$
$617 \times 0.001 =$

⓭ $4721 \times 0.1 =$
$4721 \times 0.01 =$
$4721 \times 0.001 =$

⓮ $8340 \times 0.1 =$
$8340 \times 0.01 =$
$8340 \times 0.001 =$

⓯ $9635 \times 0.1 =$
$9635 \times 0.01 =$
$9635 \times 0.001 =$

8 소수끼리의 곱셈에서 곱의 소수점 위치

정답 • 28쪽

○ 주어진 식을 보고 계산해 보시오.

❶ $4\times7=28$

$0.4\times0.7=$
$0.04\times0.7=$
$0.04\times0.07=$

❷ $6\times9=54$

$0.6\times0.9=$
$0.6\times0.09=$
$0.06\times0.09=$

❸ $5\times17=85$

$0.5\times1.7=$
$0.05\times1.7=$
$0.05\times0.17=$

❹ $25\times6=150$

$2.5\times0.6=$
$0.25\times0.6=$
$0.25\times0.06=$

❺ $8\times33=264$

$0.8\times3.3=$
$0.8\times0.33=$
$0.08\times0.33=$

❻ $81\times7=567$

$8.1\times0.7=$
$8.1\times0.07=$
$0.81\times0.07=$

❼ $22\times59=1298$

$2.2\times5.9=$
$0.22\times5.9=$
$0.22\times0.59=$

❽ $37\times48=1776$

$3.7\times4.8=$
$3.7\times0.48=$
$0.37\times0.48=$

❾ $42\times56=2352$

$4.2\times5.6=$
$0.42\times5.6=$
$0.42\times0.56=$

❿ $3.4\times23=78.2$

$3.4\times2.3=$
$0.34\times2.3=$
$0.34\times0.23=$

⓫ $19\times7.3=138.7$

$1.9\times7.3=$
$0.19\times7.3=$
$0.19\times0.73=$

⓬ $6.2\times4.8=29.76$

$6.2\times0.48=$
$0.62\times4.8=$
$0.62\times0.48=$

직육면체와 정육면체

정답 • 28쪽

○ 직육면체를 찾아 ◯표 하시오.

❶

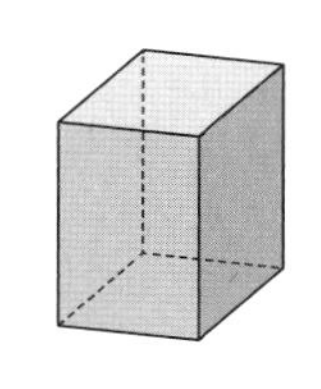
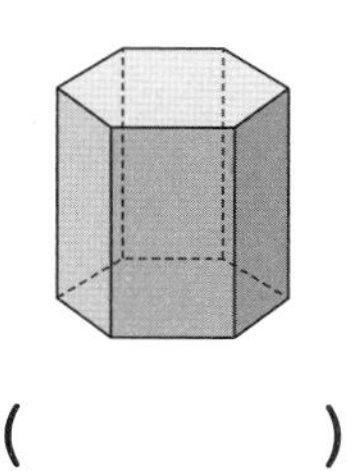

(　　　) (　　　) (　　　)

❷

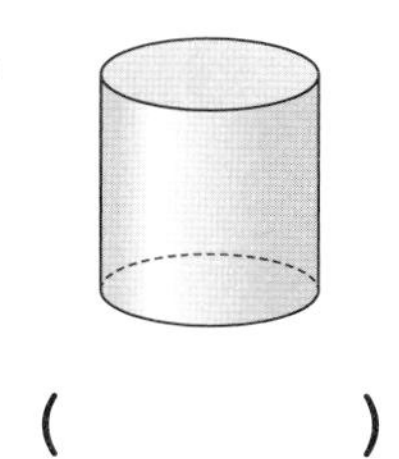
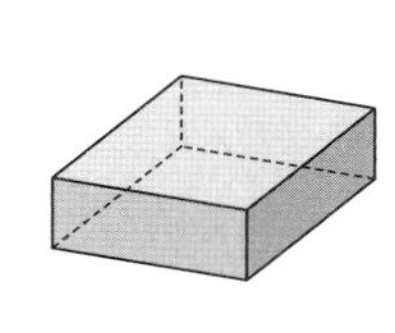
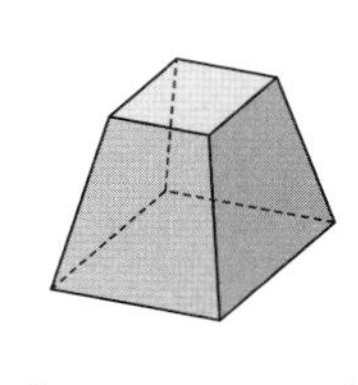

(　　　) (　　　) (　　　)

❸

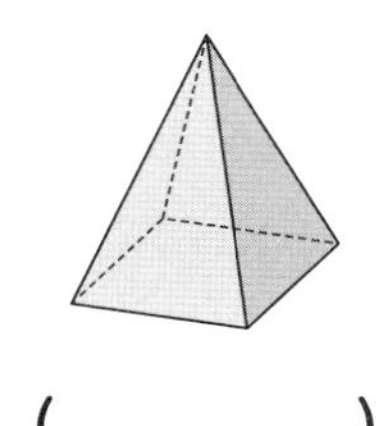
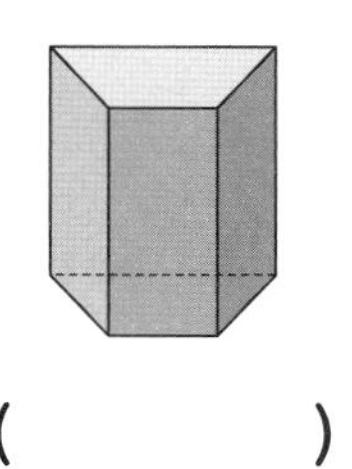

(　　　) (　　　) (　　　)

❹

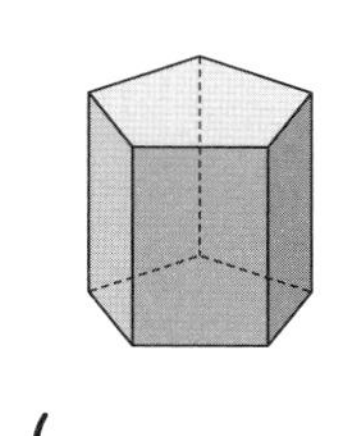
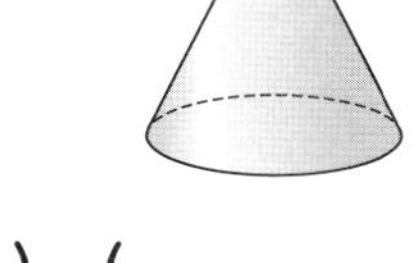
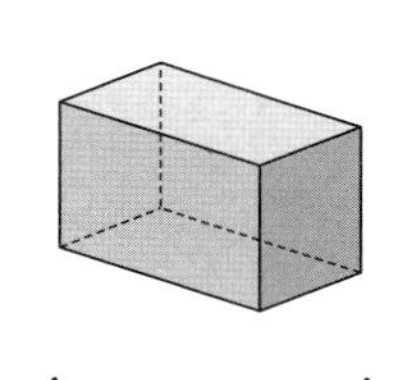

(　　　) (　　　) (　　　)

○ 정육면체를 찾아 ◯표 하시오.

❺

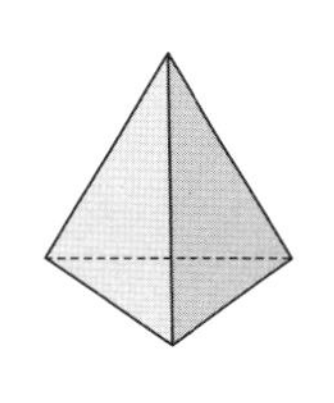
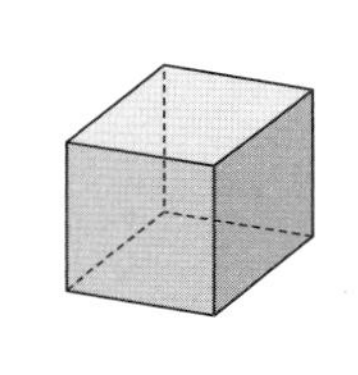
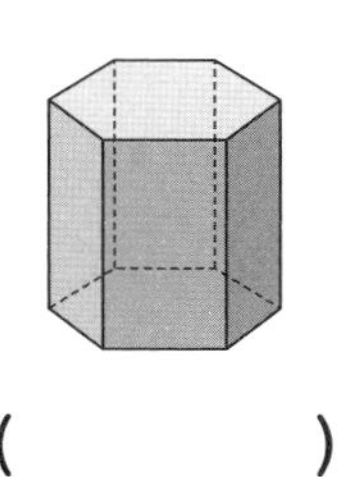

(　　　) (　　　) (　　　)

❻

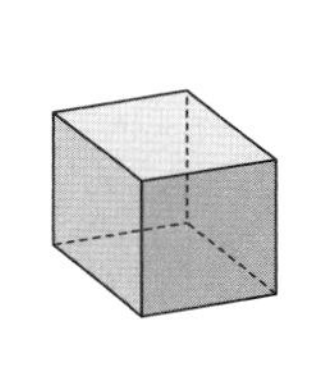
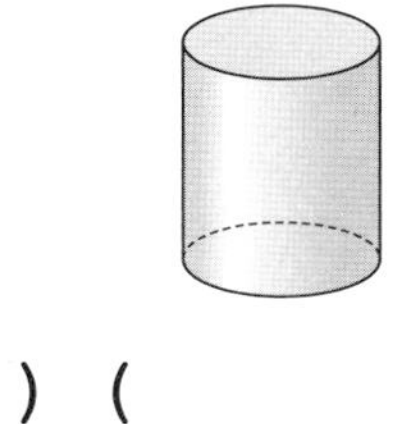
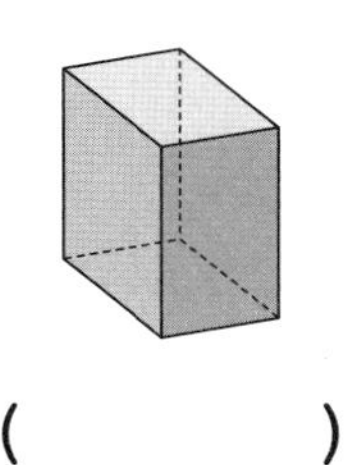

(　　　) (　　　) (　　　)

❼

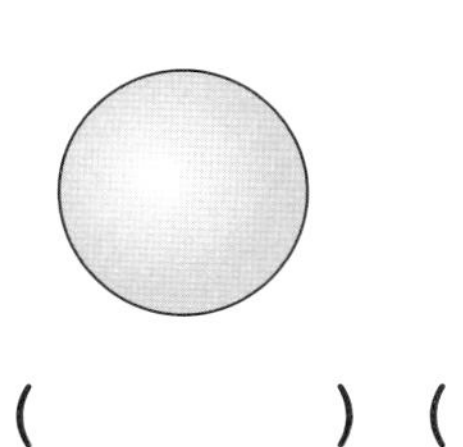
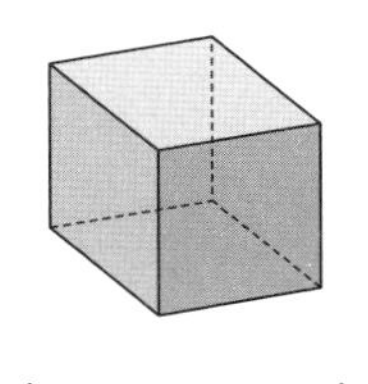

(　　　) (　　　) (　　　)

❽

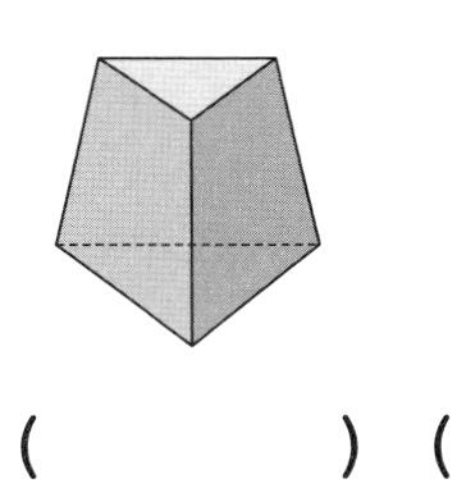
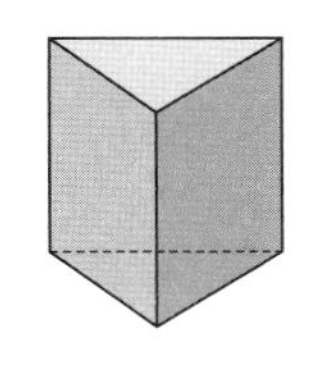
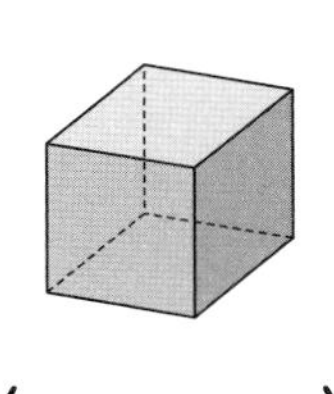

(　　　) (　　　) (　　　)

○ ☐ 안에 도형 각 부분의 이름을 알맞게 써넣으시오.

❾

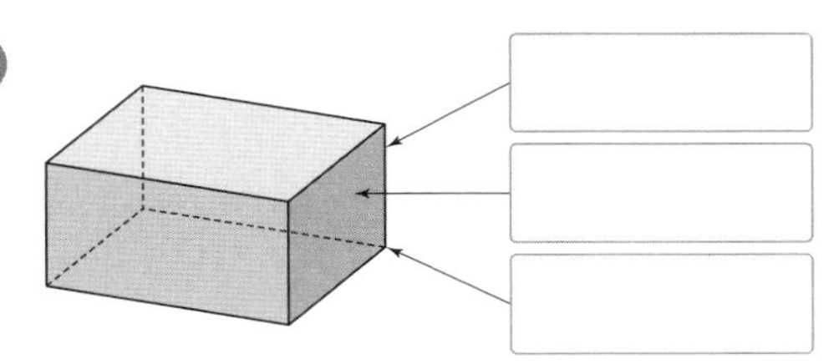

❿

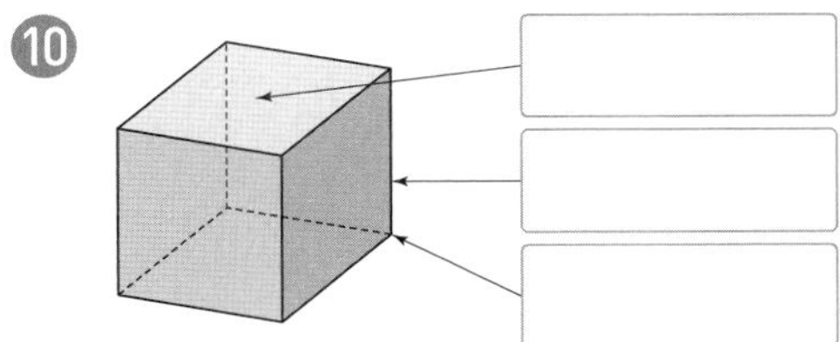

직육면체의 성질

정답 • 28쪽

○ 직육면체에서 색칠한 면과 평행한 면을 찾아 색칠해 보시오.

❶ 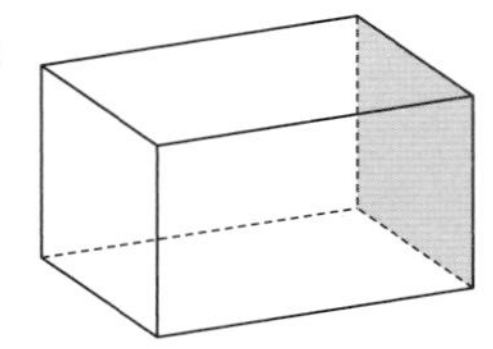

❷ 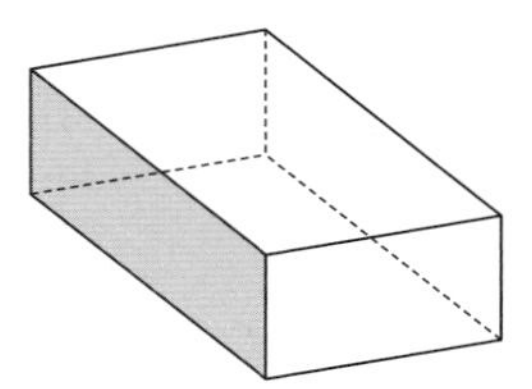

❸ 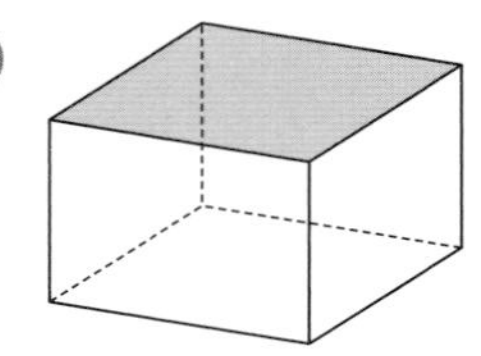

❹ 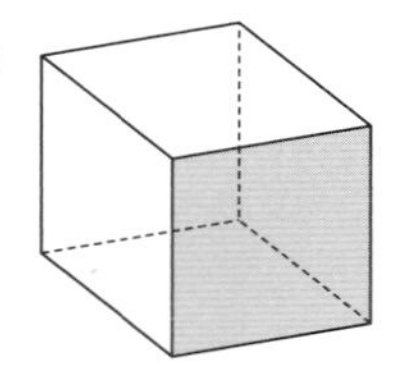

❺ 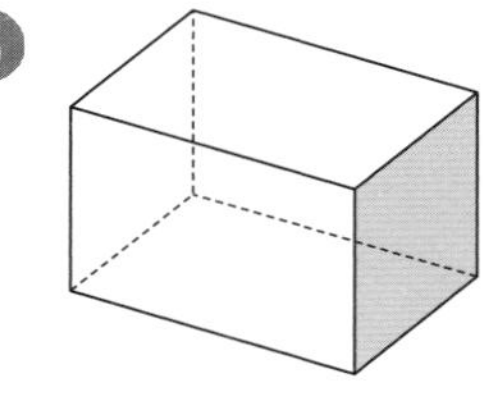

❻ 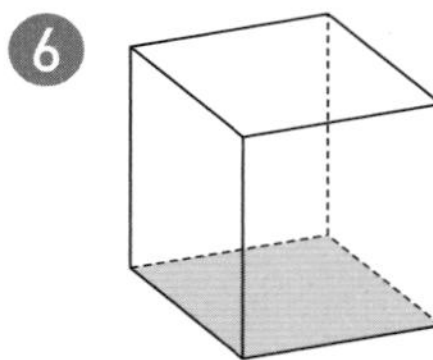

○ 직육면체에서 색칠한 면과 수직인 면을 모두 찾아 써 보시오.

❼ 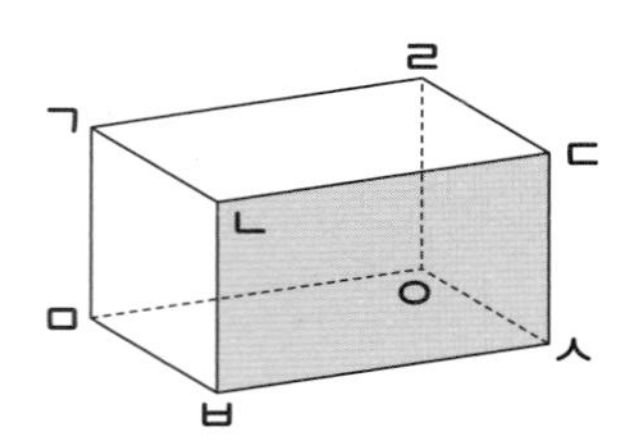

❽ 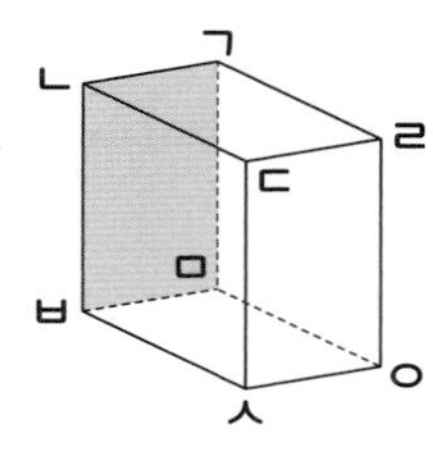

❾ 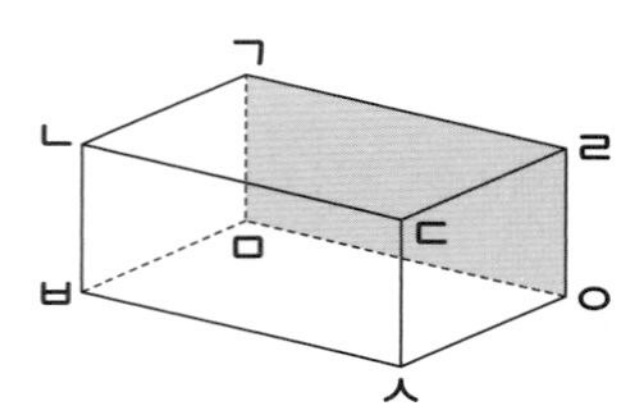

❿ 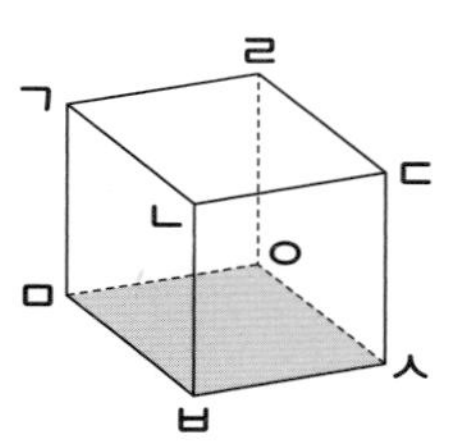

⓫ 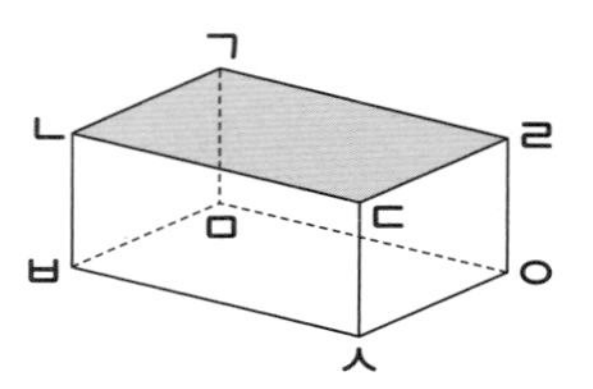

⓬ 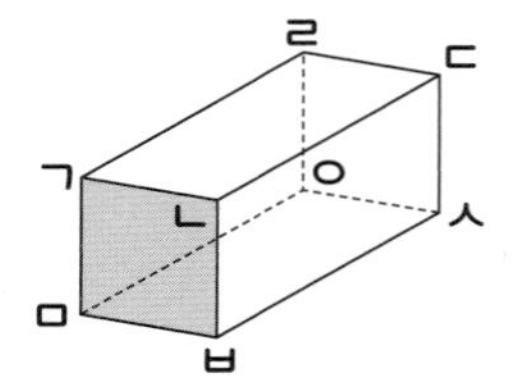

3 직육면체의 겨냥도

정답 • 29쪽

○ 직육면체의 겨냥도를 바르게 그린 것을 찾아 ○표 하시오.

❶

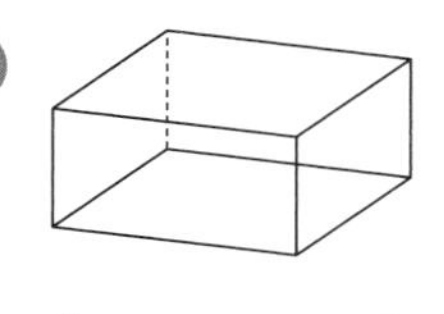

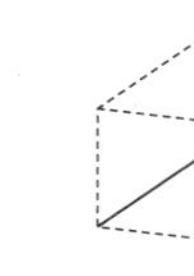

( ) ( ) ( )

❷

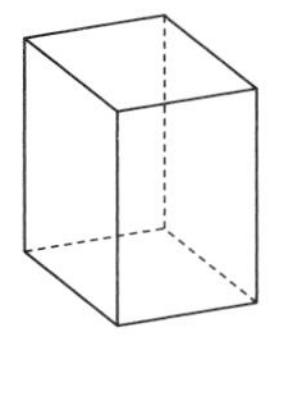

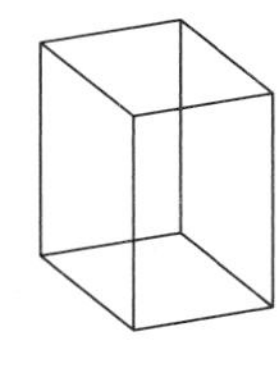

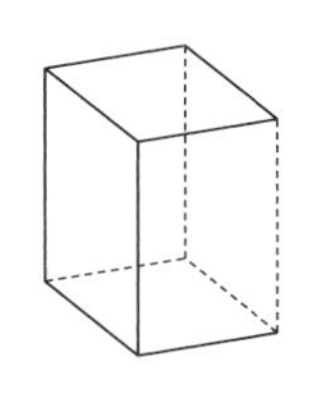

( ) ( ) ( )

❸

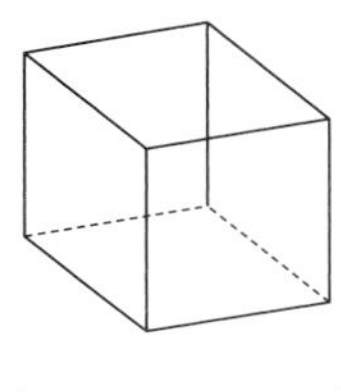

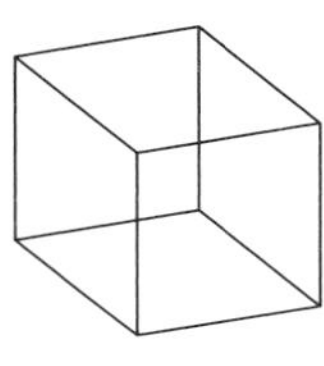

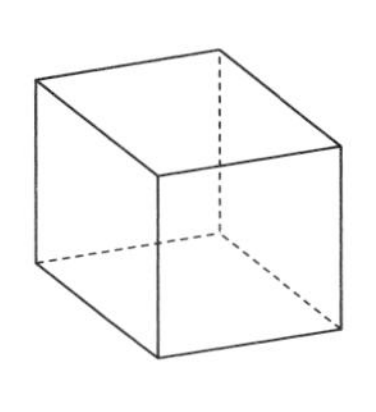

( ) ( ) ( )

○ 그림에서 빠진 부분을 그려 넣어 직육면체의 겨냥도를 완성해 보시오.

❹

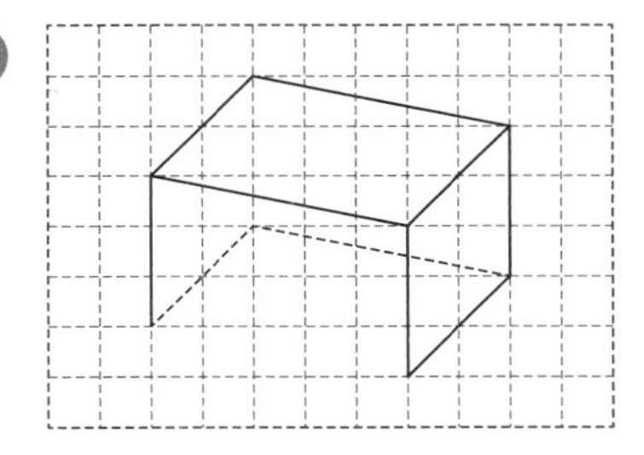

❺

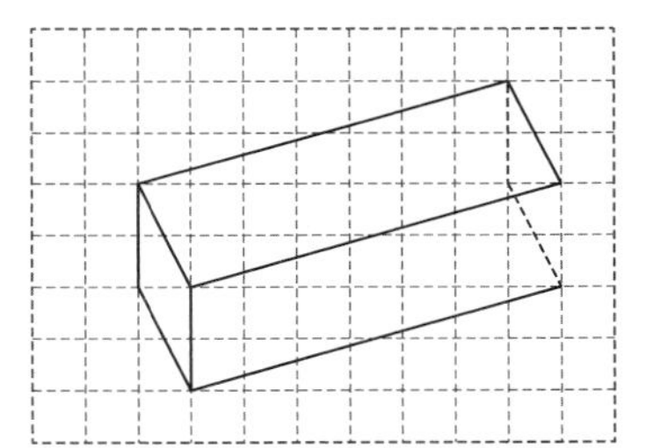

❻

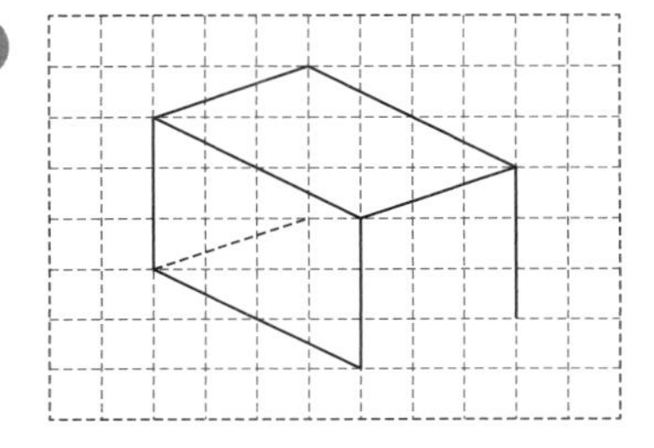

❼

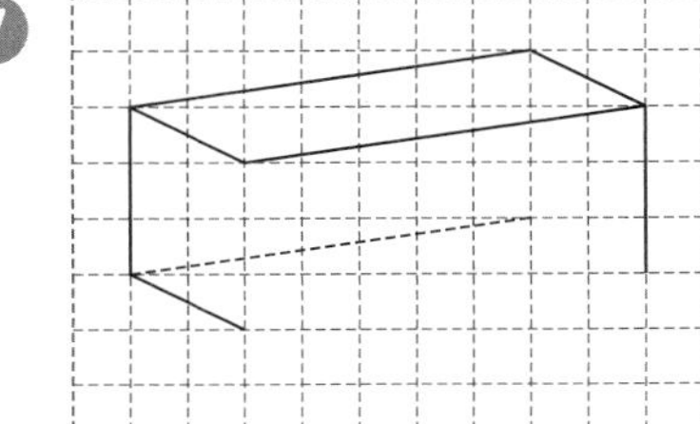

4 정육면체의 전개도

정답 • 29쪽

○ 정육면체의 전개도에 ◯표 하시오.

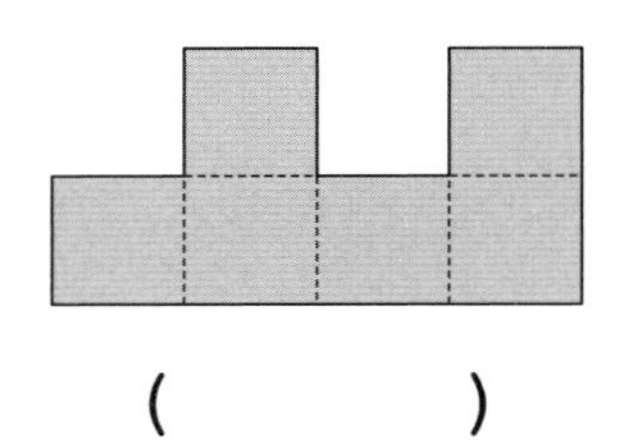

(　　　　)

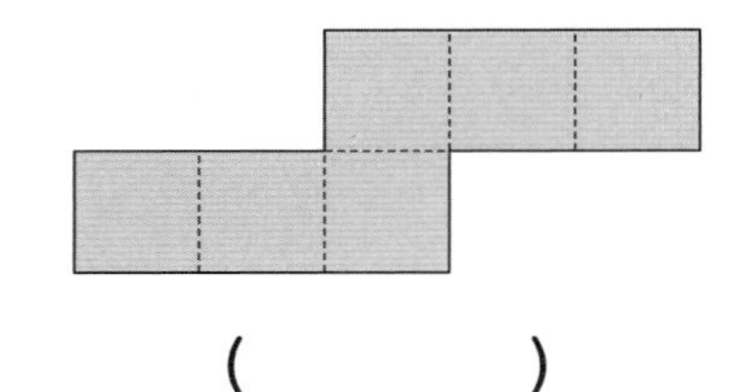

(　　　　)

❷

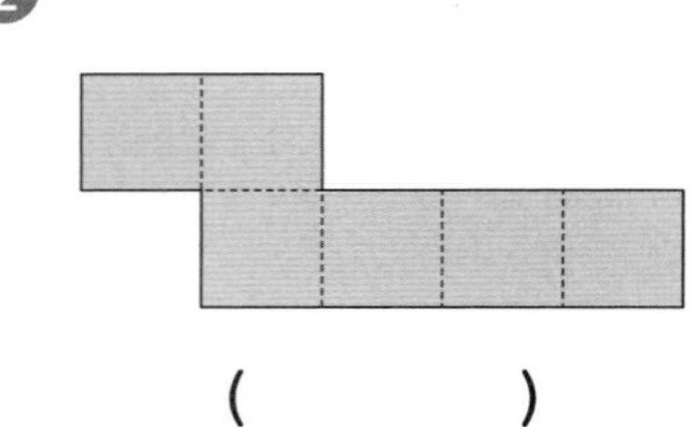

(　　　　)

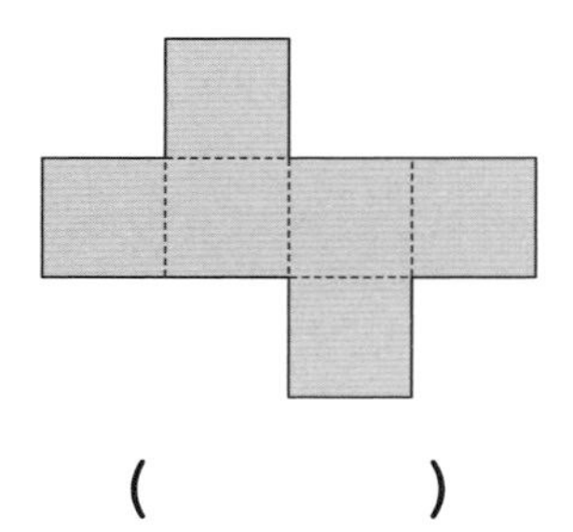

(　　　　)

○ 전개도를 접어서 정육면체를 만들었습니다. 색칠한 면과 평행한 면에 색칠해 보시오.

❸

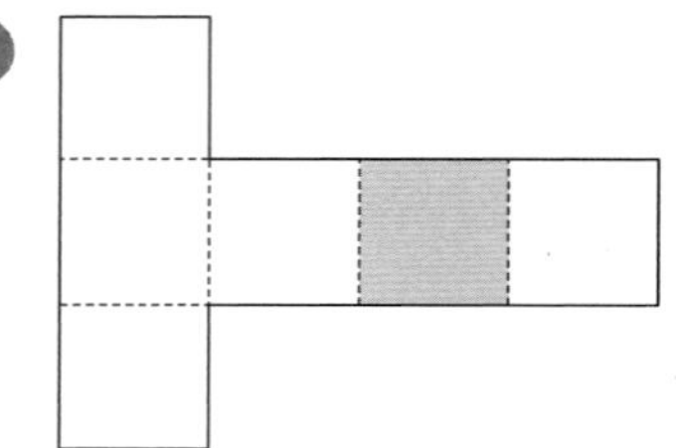

❹

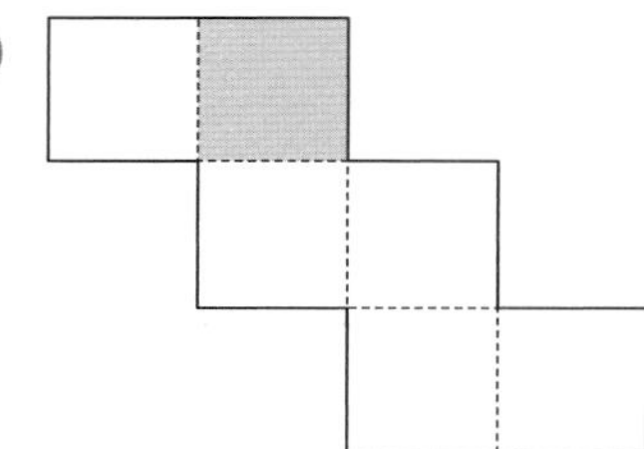

○ 전개도를 접어서 정육면체를 만들었습니다. 색칠한 면과 수직인 면에 모두 색칠해 보시오.

❺

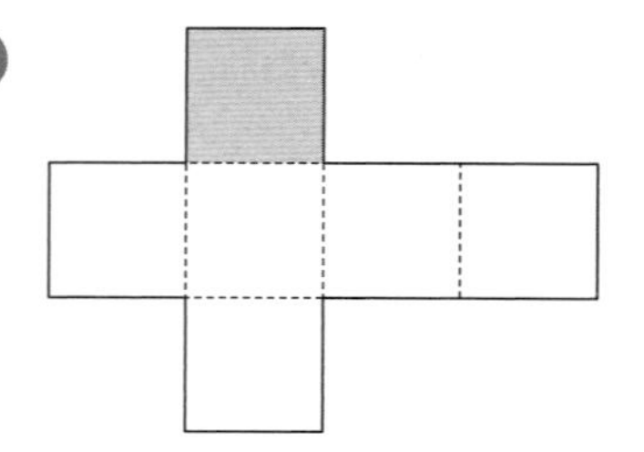

❻

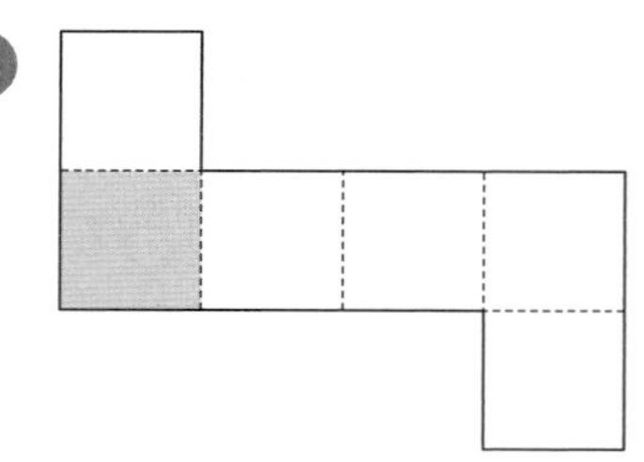

직육면체의 전개도

정답 • 29쪽

○ 직육면체의 전개도에 ◯표 하시오.

❶

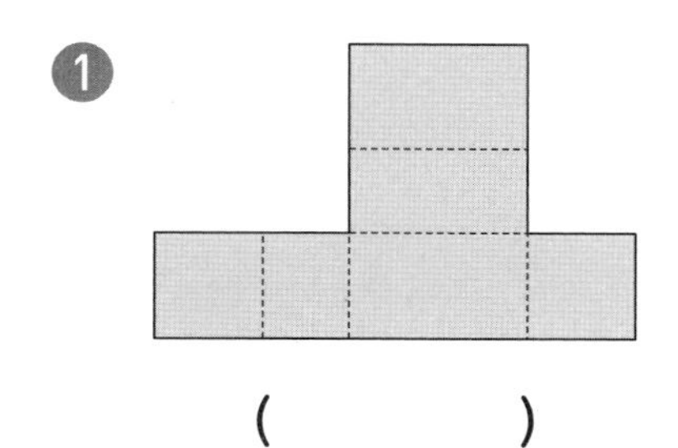

(　　　　)

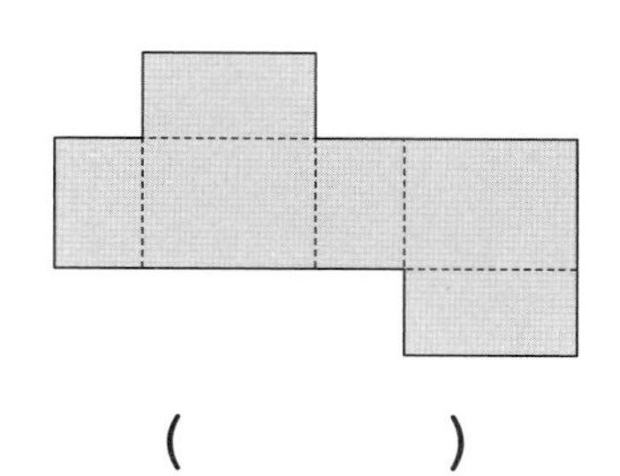

(　　　　)

❷

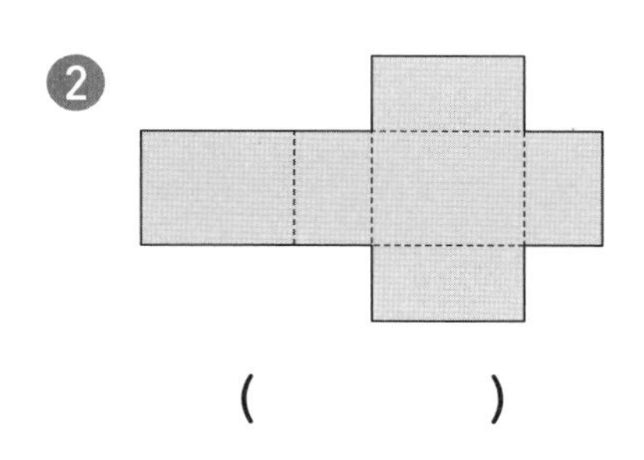

(　　　　)

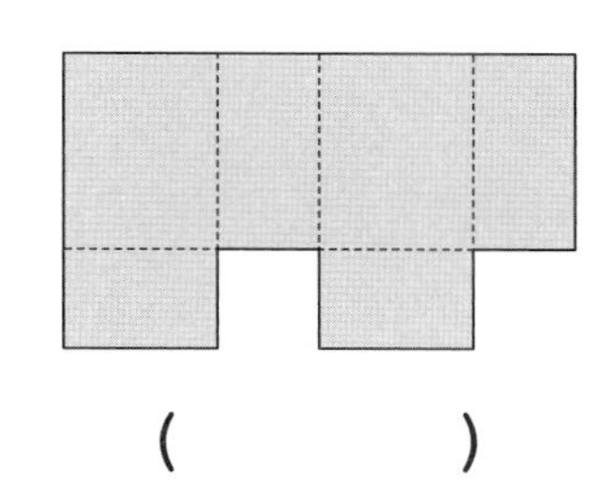

(　　　　)

○ 전개도를 접어서 직육면체를 만들었습니다. 색칠한 면과 평행한 면에 색칠해 보시오.

❸

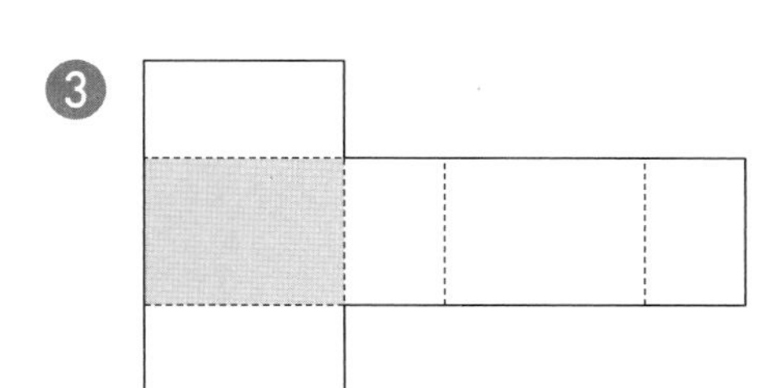

❹

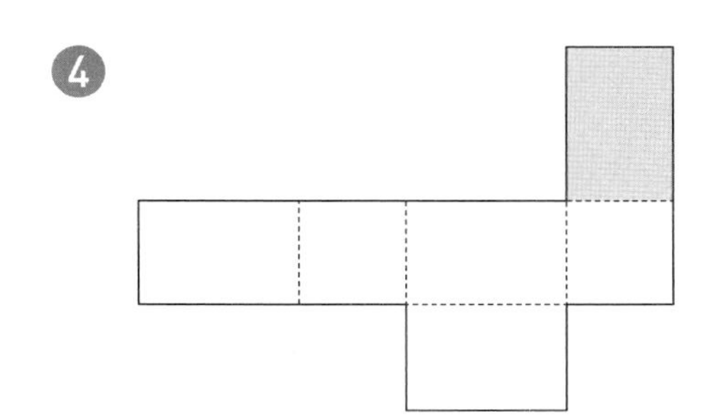

○ 전개도를 접어서 직육면체를 만들었습니다. 색칠한 면과 수직인 면에 모두 색칠해 보시오.

❺

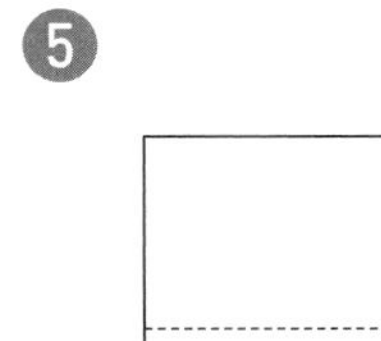

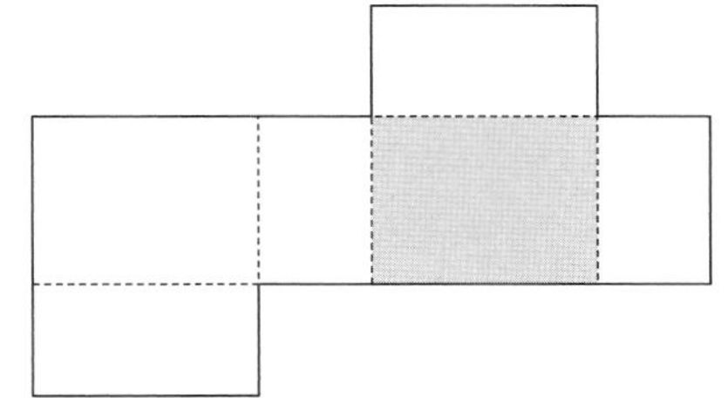

❻

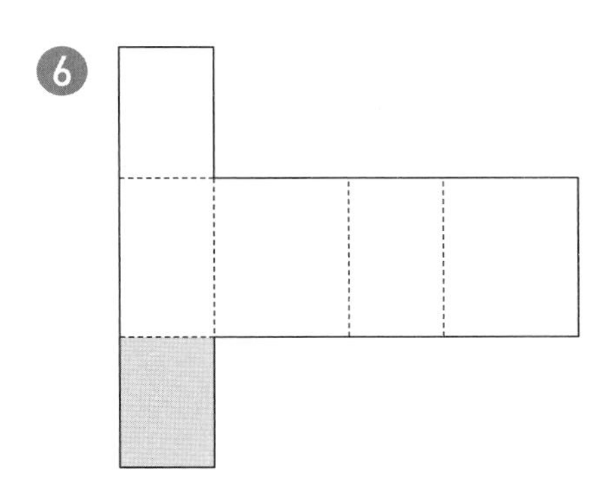

1 평균

정답 • 29쪽

○ 자료의 평균을 구해 보시오.

❶ 6 8 5 9

( )

❷ 9 11 8 12

( )

❸ 24 27 32 33 29

( )

❹ 47 44 38 45 36

( )

❺ 71 62 60 75 67

( )

❻ 98 101 97 103 96

( )

○ 표를 보고 자료의 평균을 구해 보시오.

❼ 넣은 고리 수

이름	민정	진욱	서희	사랑
고리 수(개)	9	1	7	3

( )

❽ 공 던지기 기록

회	1회	2회	3회	4회
기록(m)	17	29	25	21

( )

❾ 과목별 점수

과목	국어	수학	사회	과학	영어
점수(점)	70	80	85	90	90

( )

❿ 키

이름	수진	혜연	은희	설현	지수
키(cm)	145	152	150	137	136

( )

2 일이 일어날 가능성을 말로 표현하고 비교하기

정답 • 29쪽

○ 일이 일어날 가능성을 알맞게 표현한 곳에 ○표 하시오.

1

일 \ 가능성	불가능하다	~아닐 것 같다	반반이다	~일 것 같다	확실하다
공원에 가면 유니콘이 있을 것입니다.					
내일은 전학생이 올 것입니다.					
우체국에서 뽑은 대기 번호표의 번호가 홀수일 것입니다.					
9월이 지나면 10월이 올 것입니다.					
주사위 한 개를 굴리면 주사위 눈의 수가 2 이상으로 나올 것입니다.					

○ 흰색과 검은색을 사용하여 만든 회전판을 보고 물음에 답하시오.

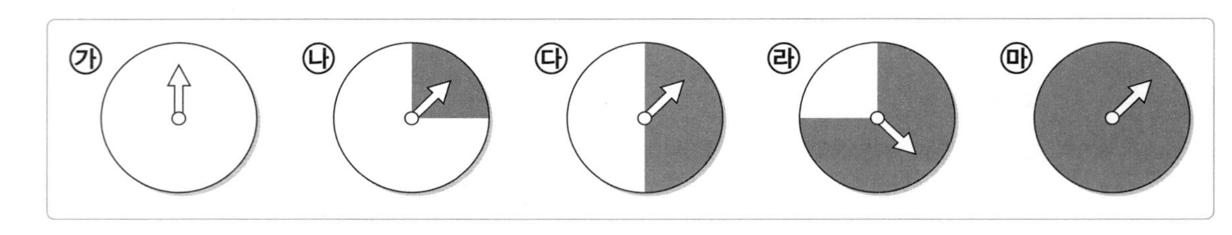

2 화살이 검은색에 멈추는 것이 확실한 회전판을 찾아 써 보시오.

( )

3 회전판 ㉯와 회전판 ㉱ 중에서 화살이 흰색에 멈출 가능성이 더 높은 회전판을 찾아 써 보시오.

( )

4 화살이 검은색에 멈출 가능성이 높은 회전판부터 차례대로 써 보시오.

( )

3 일이 일어날 가능성을 수로 표현하기

정답 • 29쪽

○ 흰색과 검은색을 사용하여 만든 회전판을 보고 알맞은 말과 수에 ○표 하시오.

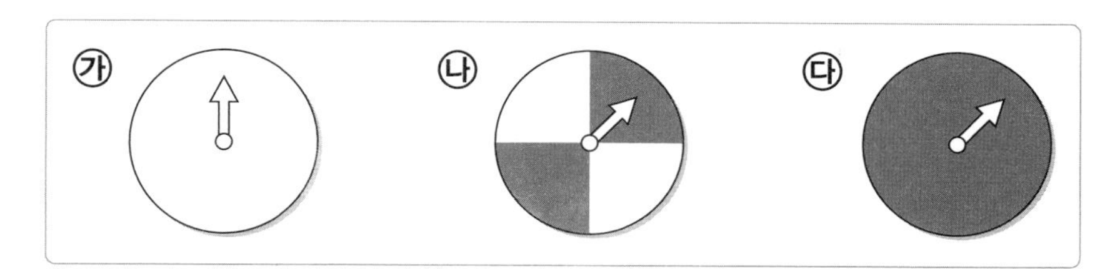

1 회전판 ㉮에서 화살이 검은색에 멈출 가능성

- 말로 표현하기 ⇨ (불가능하다 , 반반이다 , 확실하다)
- 수로 표현하기 ⇨ (0 , $\frac{1}{2}$, 1)

2 회전판 ㉯에서 화살이 검은색에 멈출 가능성

- 말로 표현하기 ⇨ (불가능하다 , 반반이다 , 확실하다)
- 수로 표현하기 ⇨ (0 , $\frac{1}{2}$, 1)

3 회전판 ㉰에서 화살이 검은색에 멈출 가능성

- 말로 표현하기 ⇨ (불가능하다 , 반반이다 , 확실하다)
- 수로 표현하기 ⇨ (0 , $\frac{1}{2}$, 1)

○ 일이 일어날 가능성을 수로 표현해 보시오.

4 주사위를 한 번 굴렸을 때, 주사위 눈의 수가 7이 나올 가능성 ⇨ (   )

5 흰색 구슬 1개, 주황색 구슬 1개가 들어 있는 주머니에서 구슬 1개를 꺼냈을 때, 꺼낸 구슬이 주황색일 가능성 ⇨ (   )

초등수학

5·2

개념+연산 라이트

PLUS

정답

×

정답 QR 코드

책 속의 가접 별책 (특허 제 0557442호)

'정답'은 본책에서 쉽게 분리할 수 있도록 제작되었으므로
유통 과정에서 분리될 수 있으나 파본이 아닌 정상제품입니다.

ABOVE IMAGINATION

우리는 남다른 상상과 혁신으로
교육 문화의 새로운 전형을 만들어
모든 이의 행복한 경험과 성장에 기여한다

개념+연산

정답

초등수학

10단계 5·2

1. 수의 범위와 어림하기

① 이상과 이하

1일 차

8쪽

❶ 19, 11
❷ 13, 20
❸ 17, 31
❹ 40, 39
❺ 26, 31
❻ 70, 35
❼ 56, 41
❽ 66, 72
❾ 53, 60
❿ 61, 54
⓫ 80, 69.5
⓬ 91, 93

9쪽

⓭ 5, 2
⓮ 11, 7
⓯ 16, 17
⓰ 25, 19
⓱ 18, 10
⓲ 31, 27
⓳ 49, 17
⓴ 51, 48
㉑ 65, 63
㉒ 70, 68
㉓ 85, 70
㉔ 90.9, 91

2일 차

10쪽

❶ 6, 8, 6.3
❷ 20.5, 48, 31
❸ 56, 43.2, 45
❹ 80, 72.8, 94
❺ 91, 89, 93.2
❻ 7.4, 9, 8
❼ 13, 27, 24
❽ 40, 38.7, 54
❾ 68, 62, 67.8
❿ 59, 49.9, 95

11쪽

⓫ 5, 9.8, 7
⓬ 23, 20.6, 17
⓭ 29, 27.5, 24
⓮ 37.1, 35.2, 39
⓯ 48, 52, 49.6
⓰ 49.7, 52, 50.4
⓱ 57.9, 54, 56
⓲ 62, 58, 65
⓳ 61, 70.9, 69.7
⓴ 90, 87.3, 85

② 초과와 미만

3일 차

12쪽

❶ 8, 10
❷ 15, 17
❸ 22, 20
❹ 25, 27
❺ 30, 34
❻ 35, 41
❼ 40, 38
❽ 48, 53
❾ 56, 60
❿ 72, 65
⓫ 79.1, 80
⓬ 85, 86

13쪽

⓭ 8, 7
⓮ 13, 11
⓯ 13, 9
⓰ 17, 20
⓱ 26, 22
⓲ 35, 20
⓳ 40, 36
⓴ 43, 40
㉑ 65, 61
㉒ 72, 70
㉓ 87.5, 86
㉔ 91, 87

4일 차

14쪽

❶ 9, 7.8, 8
❷ 49, 48.6, 43
❸ 61, 56.4, 57.9
❹ 71, 72.4, 75
❺ 88, 89.6, 88.2
❻ 6, 5, 7.9
❼ 25, 28.7, 29
❽ 60.8, 58, 57
❾ 73.9, 70, 71
❿ 92, 90, 92.5

15쪽

⓫ 15.2, 14, 13.8
⓬ 19, 18.3, 23
⓭ 28.3, 30, 34.6
⓮ 41, 36, 37.9
⓯ 52.3, 50.8, 54
⓰ 52, 65, 53.9
⓱ 65.9, 69, 64
⓲ 75.4, 70, 73.2
⓳ 74.7, 80, 80.2
⓴ 89.3, 83.4, 86.5

①~② 다르게 풀기

5일 차

16쪽

❶ 7.5, 10
❷ 26, 26.8
❸ 41, 37, 40.3
❹ 55, 57.6, 58.4
❺ 17.9, 21
❻ 51, 49.3
❼ 67, 65.1, 68.2
❽ 84.5, 90.7, 89.9

17쪽

❾ 17, 18, 19
❿ 32, 33, 34
⓫ 50, 51
⓬ 64, 65, 66, 67
⓭ 78, 79, 80
⓮ 25, 26, 27
⓯ 41, 42, 43
⓰ 58, 59, 60, 61
⓱ 86, 87, 88, 89
⓲ 93, 94, 95, 96, 97

③ 올림

6일 차

18쪽

❶ 130
❷ 400
❸ 500
❹ 700
❺ 2500
❻ 3810

19쪽

❼ 4200
❽ 9000
❾ 20320
❿ 58100
⓫ 65000
⓬ 80000
⓭ 3
⓮ 4
⓯ 5.3
⓰ 6.8
⓱ 7.15
⓲ 8.08

7일 차

20쪽

❶ 240
❷ 500
❸ 600
❹ 760
❺ 900
❻ 910
❼ 1410
❽ 3000
❾ 3900
❿ 5000
⓫ 5600
⓬ 9740

21쪽

⓭ 20000
⓮ 37000
⓯ 42820
⓰ 68100
⓱ 75690
⓲ 84000
⓳ 1
⓴ 2.8
㉑ 3.01
㉒ 4.4
㉓ 7
㉔ 7.41

④ 버림

8일 차

22쪽

❶ 150
❷ 200
❸ 370
❹ 400
❺ 2430
❻ 3200

23쪽

❼ 5700
❽ 8000
❾ 12730
❿ 28400
⓫ 64000
⓬ 70000
⓭ 3
⓮ 4
⓯ 5.2
⓰ 6.9
⓱ 8.54
⓲ 9.6 또는 9.60

9일 차

24쪽

❶ 100
❷ 300
❸ 400
❹ 510
❺ 600
❻ 890
❼ 2000
❽ 3410
❾ 4300
❿ 6200
⓫ 7560
⓬ 9000

25쪽

⓭ 27390
⓮ 31000
⓯ 53620
⓰ 70000
⓱ 82400
⓲ 90000
⓳ 1
⓴ 2.1
㉑ 4.3 또는 4.30
㉒ 5
㉓ 7.25
㉔ 8.9

⑤ 반올림

10일 차

26쪽

❶ 210
❷ 400
❸ 580
❹ 800
❺ 1260
❻ 3000

27쪽

❼ 4000
❽ 8590
❾ 12080
❿ 47300
⓫ 77000
⓬ 80000
⓭ 2
⓮ 3
⓯ 5.3
⓰ 6.7
⓱ 7.83
⓲ 9.06

11일 차

28쪽

❶ 160
❷ 500
❸ 600
❹ 640
❺ 790
❻ 800
❼ 2560
❽ 3200
❾ 4290
❿ 5100
⓫ 8000
⓬ 9000

29쪽

⓭ 22000
⓮ 35500
⓯ 70000
⓰ 73300
⓱ 84000
⓲ 90620
⓳ 3
⓴ 3.7
㉑ 4.27
㉒ 5
㉓ 8.02
㉔ 9.4

③~⑤ 다르게 풀기

12일 차

30쪽

❶ 180, 170, 170
❷ 700, 600, 700
❸ 850, 840, 850
❹ 4.1, 4 또는 4.0, 4.1
❺ 3, 2, 3
❻ 600, 500, 500
❼ 2740, 2730, 2740
❽ 60000, 50000, 60000
❾ 3800, 3700, 3800
❿ 71000, 70000, 71000

31쪽

⓫ 3.2, 3.1, 3.2
⓬ 90000, 80000, 80000
⓭ 43000, 42000, 42000
⓮ 7900, 7800, 7800
⓯ 6540, 6530, 6540
⓰ 6.04, 6.03, 6.04
⓱ 8, 7, 7
⓲ 9500, 9400, 9500
⓳ 52000, 51000, 51000
⓴ 2.36, 2.35, 2.35

평가 **1. 수의 범위와 어림하기**

13일 차

32쪽

1 33.2, 54
2 26, 24.6
3 41, 39.3
4 61, 63.2
5 76.4, 80
6 80, 56
7 2970
8 8300
9 3250
10 9400
11 1650
12 7000

33쪽

13 60.2, 56
14 40.3, 40
15 80.3, 81, 74.8
16 38.9, 27.7, 32
17 54.6, 55, 54
18 11, 12, 13
19 34, 35, 36
20 54400, 54300, 54400
21 79000, 78000, 78000
22 6.81, 6.8 또는 6.80, 6.81

틀린 문제는 클리닉 북에서 보충할 수 있습니다.

1 1쪽
2 1쪽
3 1쪽
4 2쪽
5 2쪽
6 2쪽
7 3쪽
8 3쪽
9 4쪽
10 4쪽
11 5쪽
12 5쪽
13 1쪽
14 2쪽
15 1쪽, 2쪽
16 1쪽, 2쪽
17 2쪽
18 1쪽, 2쪽
19 1쪽, 2쪽
20 3쪽, 4쪽, 5쪽
21 3쪽, 4쪽, 5쪽
22 3쪽, 4쪽, 5쪽

2. 분수의 곱셈

① (진분수) × (자연수)

1일 차

36쪽

❶ $1\frac{1}{3}$
❷ $\frac{1}{2}$
❸ $1\frac{2}{5}$
❹ $1\frac{2}{7}$
❺ $\frac{1}{2}$
❻ $\frac{8}{11}$
❼ $\frac{2}{5}$
❽ 4
❾ $3\frac{3}{4}$
❿ $1\frac{2}{3}$
⓫ $3\frac{3}{7}$
⓬ $1\frac{1}{2}$
⓭ 10
⓮ $1\frac{1}{3}$

37쪽

⓯ $1\frac{1}{2}$
⓰ $1\frac{2}{5}$
⓱ 12
⓲ $2\frac{1}{2}$
⓳ $2\frac{1}{3}$
⓴ $7\frac{1}{3}$
㉑ $4\frac{2}{13}$
㉒ $1\frac{1}{2}$
㉓ $2\frac{1}{7}$
㉔ $1\frac{1}{5}$
㉕ 8
㉖ $2\frac{1}{2}$
㉗ $6\frac{3}{4}$
㉘ $\frac{5}{9}$
㉙ $4\frac{5}{18}$
㉚ $3\frac{3}{20}$
㉛ $2\frac{1}{4}$
㉜ $2\frac{2}{3}$
㉝ $2\frac{2}{5}$
㉞ $5\frac{5}{6}$
㉟ $3\frac{2}{3}$

2일 차

38쪽

① $5\frac{1}{2}$	⑧ $5\frac{1}{3}$	⑮ $6\frac{1}{8}$
② $1\frac{1}{2}$	⑨ $5\frac{2}{5}$	⑯ $6\frac{1}{4}$
③ 2	⑩ $1\frac{3}{5}$	⑰ $3\frac{5}{9}$
④ $1\frac{4}{9}$	⑪ $3\frac{1}{3}$	⑱ $3\frac{1}{3}$
⑤ $\frac{1}{4}$	⑫ $4\frac{2}{7}$	⑲ $2\frac{2}{3}$
⑥ $\frac{1}{7}$	⑬ 6	⑳ $2\frac{7}{10}$
⑦ $\frac{1}{2}$	⑭ $2\frac{1}{4}$	㉑ $2\frac{4}{5}$

39쪽

㉒ $2\frac{5}{11}$	㉙ $1\frac{1}{6}$	㊱ $4\frac{4}{9}$
㉓ $2\frac{11}{12}$	㉚ $1\frac{5}{19}$	㊲ $1\frac{5}{7}$
㉔ $6\frac{2}{3}$	㉛ $2\frac{3}{4}$	㊳ $4\frac{1}{5}$
㉕ $5\frac{1}{7}$	㉜ $2\frac{8}{21}$	㊴ $1\frac{7}{8}$
㉖ 6	㉝ $2\frac{5}{8}$	㊵ $3\frac{3}{5}$
㉗ $1\frac{1}{3}$	㉞ $\frac{12}{13}$	㊶ $3\frac{8}{9}$
㉘ $6\frac{2}{3}$	㉟ $2\frac{1}{2}$	㊷ $3\frac{1}{7}$

② (대분수)×(자연수)

3일 차

40쪽

① $7\frac{1}{2}$	⑧ $6\frac{2}{3}$
② $2\frac{1}{2}$	⑨ $12\frac{1}{4}$
③ $3\frac{1}{2}$	⑩ $14\frac{2}{5}$
④ $6\frac{6}{7}$	⑪ $5\frac{2}{3}$
⑤ $4\frac{1}{2}$	⑫ $6\frac{3}{7}$
⑥ $7\frac{7}{9}$	⑬ $4\frac{1}{8}$
⑦ $8\frac{8}{11}$	⑭ $10\frac{2}{3}$

41쪽

⑮ 28	㉒ $11\frac{1}{2}$	㉙ $4\frac{6}{17}$
⑯ $2\frac{3}{5}$	㉓ $6\frac{9}{14}$	㉚ $9\frac{2}{3}$
⑰ $8\frac{1}{10}$	㉔ $5\frac{2}{3}$	㉛ $6\frac{5}{6}$
⑱ $4\frac{8}{11}$	㉕ $12\frac{2}{5}$	㉜ $7\frac{14}{19}$
⑲ 30	㉖ $15\frac{1}{3}$	㉝ $6\frac{3}{4}$
⑳ $5\frac{2}{3}$	㉗ $9\frac{1}{2}$	㉞ $10\frac{3}{5}$
㉑ $4\frac{11}{13}$	㉘ $5\frac{3}{4}$	㉟ $15\frac{1}{3}$

4일 차

42쪽

① $6\frac{2}{3}$	⑧ $5\frac{1}{3}$	⑮ 30
② $4\frac{4}{5}$	⑨ $8\frac{1}{4}$	⑯ $4\frac{3}{4}$
③ $3\frac{3}{8}$	⑩ $10\frac{4}{5}$	⑰ $10\frac{1}{2}$
④ $6\frac{2}{3}$	⑪ $16\frac{4}{5}$	⑱ $18\frac{3}{4}$
⑤ $2\frac{1}{6}$	⑫ $17\frac{1}{3}$	⑲ $12\frac{2}{9}$
⑥ $3\frac{1}{5}$	⑬ $15\frac{1}{3}$	⑳ $10\frac{2}{3}$
⑦ $10\frac{5}{8}$	⑭ $9\frac{2}{7}$	㉑ $14\frac{2}{3}$

43쪽

㉒ $11\frac{9}{10}$	㉙ $22\frac{1}{2}$	㊱ $13\frac{4}{5}$
㉓ $11\frac{3}{5}$	㉚ $13\frac{1}{5}$	㊲ $16\frac{2}{3}$
㉔ $10\frac{10}{11}$	㉛ $12\frac{8}{15}$	㊳ $15\frac{1}{2}$
㉕ $14\frac{1}{4}$	㉜ $7\frac{7}{8}$	㊴ $10\frac{1}{3}$
㉖ $20\frac{1}{2}$	㉝ $10\frac{2}{9}$	㊵ $13\frac{1}{4}$
㉗ $2\frac{8}{13}$	㉞ $16\frac{2}{3}$	㊶ $15\frac{3}{5}$
㉘ 64	㉟ $4\frac{7}{20}$	㊷ $9\frac{2}{3}$

①~② 다르게 풀기

5일 차

44쪽

❶ 6

❷ $19\frac{3}{5}$

❸ $2\frac{6}{7}$

❹ $17\frac{1}{3}$

❺ $7\frac{3}{4}$

❻ $3\frac{15}{16}$

❼ $15\frac{5}{6}$

❽ $2\frac{4}{7}$

45쪽

❾ $2\frac{2}{5}$

❿ $7\frac{1}{3}$

⓫ $9\frac{5}{8}$

⓬ $1\frac{1}{3}$

⓭ $3\frac{4}{7}$

⓮ $2\frac{2}{3}$

⓯ $5\frac{1}{4}$

⓰ $28\frac{1}{2}$

⓱ $\frac{7}{20}$, 5, $1\frac{3}{4}$

③ (자연수) × (진분수)

6일 차

46쪽

❶ $2\frac{1}{2}$

❷ $2\frac{2}{3}$

❸ $1\frac{1}{6}$

❹ $1\frac{1}{3}$

❺ $1\frac{3}{11}$

❻ $\frac{5}{6}$

❼ $\frac{3}{5}$

❽ 6

❾ $4\frac{1}{2}$

❿ $3\frac{1}{5}$

⓫ $5\frac{5}{7}$

⓬ $4\frac{7}{8}$

⓭ $9\frac{1}{3}$

⓮ $3\frac{3}{5}$

47쪽

⓯ 22

⓰ $3\frac{3}{7}$

⓱ $13\frac{1}{2}$

⓲ $6\frac{1}{15}$

⓳ $5\frac{1}{4}$

⓴ $4\frac{1}{3}$

㉑ $4\frac{1}{6}$

㉒ $3\frac{3}{4}$

㉓ $3\frac{3}{7}$

㉔ $4\frac{2}{3}$

㉕ $3\frac{21}{25}$

㉖ $3\frac{3}{5}$

㉗ $1\frac{17}{27}$

㉘ $2\frac{1}{4}$

㉙ $7\frac{1}{2}$

㉚ $2\frac{5}{8}$

㉛ $1\frac{5}{6}$

㉜ $\frac{3}{4}$

㉝ $\frac{5}{6}$

㉞ $4\frac{4}{9}$

㉟ $2\frac{2}{7}$

7일 차

48쪽

❶ 4

❷ 3

❸ $1\frac{1}{3}$

❹ $1\frac{3}{8}$

❺ $2\frac{1}{9}$

❻ $\frac{3}{4}$

❼ $1\frac{1}{5}$

❽ $7\frac{1}{2}$

❾ $5\frac{3}{5}$

❿ $7\frac{1}{2}$

⓫ $5\frac{1}{7}$

⓬ 25

⓭ $9\frac{3}{7}$

⓮ $7\frac{7}{8}$

⓯ $11\frac{1}{4}$

⓰ $5\frac{7}{9}$

⓱ $8\frac{1}{3}$

⓲ $5\frac{3}{5}$

⓳ $10\frac{4}{5}$

⓴ $6\frac{6}{11}$

㉑ $9\frac{1}{6}$

49쪽

㉒ 6

㉓ $11\frac{1}{5}$

㉔ $4\frac{1}{16}$

㉕ $11\frac{2}{3}$

㉖ $8\frac{4}{5}$

㉗ 18

㉘ $4\frac{1}{6}$

㉙ $2\frac{22}{25}$

㉚ $2\frac{2}{13}$

㉛ $6\frac{2}{9}$

㉜ $2\frac{11}{14}$

㉝ $3\frac{1}{2}$

㉞ $5\frac{5}{8}$

㉟ $1\frac{31}{33}$

㊱ $2\frac{9}{34}$

㊲ $1\frac{5}{7}$

㊳ $1\frac{5}{9}$

㊴ $3\frac{3}{8}$

㊵ $2\frac{5}{14}$

㊶ $4\frac{4}{15}$

㊷ $2\frac{5}{8}$

④ (자연수) × (대분수)

8일 차

50쪽

❶ 10
❷ $7\frac{1}{5}$
❸ $2\frac{1}{3}$
❹ $13\frac{1}{2}$
❺ $4\frac{2}{5}$
❻ 12
❼ $3\frac{1}{4}$
❽ $24\frac{1}{2}$
❾ $8\frac{1}{3}$
❿ $16\frac{1}{2}$
⓫ $9\frac{3}{5}$
⓬ $11\frac{1}{2}$
⓭ $14\frac{4}{7}$
⓮ $11\frac{1}{2}$

51쪽

⓯ $10\frac{1}{8}$
⓰ $16\frac{1}{4}$
⓱ $3\frac{5}{9}$
⓲ $20\frac{2}{3}$
⓳ $21\frac{3}{5}$
⓴ 26
㉑ $8\frac{7}{11}$
㉒ $4\frac{5}{6}$
㉓ $4\frac{12}{13}$
㉔ $10\frac{13}{14}$
㉕ $8\frac{3}{5}$
㉖ $12\frac{2}{3}$
㉗ $6\frac{9}{16}$
㉘ 76
㉙ $11\frac{1}{9}$
㉚ $6\frac{5}{9}$
㉛ $6\frac{9}{10}$
㉜ $25\frac{1}{2}$
㉝ $10\frac{7}{8}$
㉞ $17\frac{1}{2}$
㉟ $13\frac{2}{7}$

9일 차

52쪽

❶ 6
❷ 12
❸ $11\frac{3}{7}$
❹ $5\frac{5}{9}$
❺ 24
❻ $6\frac{6}{13}$
❼ $12\frac{4}{5}$
❽ $16\frac{1}{3}$
❾ $13\frac{1}{3}$
❿ $18\frac{3}{4}$
⓫ $11\frac{2}{5}$
⓬ $16\frac{1}{2}$
⓭ $25\frac{1}{3}$
⓮ $10\frac{6}{7}$
⓯ 27
⓰ $11\frac{1}{4}$
⓱ $18\frac{3}{8}$
⓲ 34
⓳ $14\frac{2}{9}$
⓴ $12\frac{2}{3}$
㉑ 39

53쪽

㉒ $11\frac{2}{5}$
㉓ $11\frac{1}{2}$
㉔ $13\frac{1}{5}$
㉕ $6\frac{7}{13}$
㉖ $12\frac{3}{7}$
㉗ $16\frac{1}{2}$
㉘ $6\frac{2}{15}$
㉙ $12\frac{1}{3}$
㉚ $14\frac{1}{4}$
㉛ $14\frac{1}{3}$
㉜ $20\frac{5}{7}$
㉝ $17\frac{2}{3}$
㉞ $8\frac{6}{13}$
㉟ $10\frac{1}{3}$
㊱ $13\frac{7}{9}$
㊲ $24\frac{3}{4}$
㊳ $33\frac{1}{2}$
㊴ $16\frac{3}{4}$
㊵ $14\frac{4}{5}$
㊶ $13\frac{2}{3}$
㊷ $20\frac{8}{9}$

③~④ 다르게 풀기

10일 차

54쪽

❶ $6\frac{2}{3}$
❷ $2\frac{1}{4}$
❸ 7
❹ $6\frac{2}{3}$
❺ $8\frac{1}{4}$
❻ $18\frac{1}{3}$
❼ $6\frac{2}{5}$
❽ $12\frac{5}{6}$

55쪽

❾ 14
❿ $18\frac{1}{3}$
⓫ $2\frac{6}{7}$
⓬ $5\frac{1}{4}$
⓭ $5\frac{3}{4}$
⓮ 57
⓯ $2\frac{5}{8}$
⓰ $4\frac{1}{5}$
⓱ 5, $\frac{4}{15}$, $1\frac{1}{3}$

5 (진분수) × (진분수)

11일 차

56쪽

❶ $\frac{1}{6}$
❷ $\frac{1}{20}$
❸ $\frac{1}{30}$
❹ $\frac{1}{12}$
❺ $\frac{1}{28}$
❻ $\frac{1}{24}$
❼ $\frac{1}{45}$
❽ $\frac{3}{7}$
❾ $\frac{5}{12}$
❿ $\frac{3}{10}$
⓫ $\frac{12}{35}$
⓬ $\frac{3}{10}$
⓭ $\frac{5}{27}$
⓮ $\frac{5}{7}$

57쪽

⓯ $\frac{1}{16}$
⓰ $\frac{5}{18}$
⓱ $\frac{21}{40}$
⓲ $\frac{1}{6}$
⓳ $\frac{2}{27}$
⓴ $\frac{3}{14}$
㉑ $\frac{3}{5}$
㉒ $\frac{5}{22}$
㉓ $\frac{1}{15}$
㉔ $\frac{1}{8}$
㉕ $\frac{6}{13}$
㉖ $\frac{3}{49}$
㉗ $\frac{5}{18}$
㉘ $\frac{1}{10}$
㉙ $\frac{5}{24}$
㉚ $\frac{1}{8}$
㉛ $\frac{2}{9}$
㉜ $\frac{1}{16}$
㉝ $\frac{3}{20}$
㉞ $\frac{5}{18}$
㉟ $\frac{3}{49}$

12일 차

58쪽

❶ $\frac{1}{16}$
❷ $\frac{1}{15}$
❸ $\frac{1}{36}$
❹ $\frac{1}{24}$
❺ $\frac{1}{21}$
❻ $\frac{1}{54}$
❼ $\frac{1}{20}$
❽ $\frac{1}{2}$
❾ $\frac{7}{20}$
❿ $\frac{4}{11}$
⓫ $\frac{5}{14}$
⓬ $\frac{1}{5}$
⓭ $\frac{8}{21}$
⓮ $\frac{5}{32}$
⓯ $\frac{15}{26}$
⓰ $\frac{3}{20}$
⓱ $\frac{1}{15}$
⓲ $\frac{4}{27}$
⓳ $\frac{40}{63}$
⓴ $\frac{21}{50}$
㉑ $\frac{3}{20}$

59쪽

㉒ $\frac{7}{22}$
㉓ $\frac{14}{45}$
㉔ $\frac{11}{14}$
㉕ $\frac{6}{35}$
㉖ $\frac{3}{8}$
㉗ $\frac{1}{6}$
㉘ $\frac{2}{5}$
㉙ $\frac{3}{10}$
㉚ $\frac{3}{4}$
㉛ $\frac{10}{51}$
㉜ $\frac{1}{4}$
㉝ $\frac{7}{24}$
㉞ $\frac{14}{45}$
㉟ $\frac{3}{40}$
㊱ $\frac{4}{49}$
㊲ $\frac{3}{55}$
㊳ $\frac{3}{32}$
㊴ $\frac{2}{15}$
㊵ $\frac{14}{39}$
㊶ $\frac{7}{24}$
㊷ $\frac{5}{18}$

6 (대분수) × (대분수)

13일 차

60쪽

① $1\frac{4}{5}$ ② $1\frac{2}{3}$ ③ $1\frac{7}{8}$ ④ $1\frac{2}{5}$ ⑤ $1\frac{5}{7}$ ⑥ $1\frac{1}{2}$ ⑦ $1\frac{3}{8}$

⑧ $3\frac{1}{2}$ ⑨ $4\frac{1}{5}$ ⑩ $2\frac{5}{8}$ ⑪ 3 ⑫ $3\frac{3}{7}$ ⑬ $2\frac{1}{16}$ ⑭ 5

61쪽

⑮ $3\frac{1}{8}$ ⑯ $5\frac{5}{8}$ ⑰ $4\frac{3}{8}$ ⑱ $3\frac{3}{4}$ ⑲ $3\frac{8}{9}$ ⑳ $3\frac{7}{27}$ ㉑ $6\frac{1}{9}$

㉒ $3\frac{1}{3}$ ㉓ $4\frac{4}{9}$ ㉔ $5\frac{2}{3}$ ㉕ $2\frac{6}{35}$ ㉖ $3\frac{17}{20}$ ㉗ 4 ㉘ $4\frac{7}{11}$

㉙ $2\frac{1}{9}$ ㉚ $3\frac{3}{4}$ ㉛ $2\frac{10}{13}$ ㉜ $2\frac{11}{14}$ ㉝ $3\frac{3}{8}$ ㉞ $4\frac{1}{3}$ ㉟ $3\frac{1}{4}$

14일 차

62쪽

① $1\frac{5}{9}$ ② $1\frac{3}{7}$ ③ $1\frac{1}{3}$ ④ $1\frac{5}{16}$ ⑤ $1\frac{2}{3}$ ⑥ $1\frac{7}{15}$ ⑦ $1\frac{3}{11}$

⑧ $6\frac{1}{9}$ ⑨ $4\frac{1}{20}$ ⑩ 5 ⑪ $2\frac{3}{5}$ ⑫ $2\frac{3}{4}$ ⑬ $7\frac{4}{5}$ ⑭ $7\frac{1}{5}$

⑮ $3\frac{5}{21}$ ⑯ 10 ⑰ $3\frac{11}{28}$ ⑱ $3\frac{6}{7}$ ⑲ $6\frac{6}{7}$ ⑳ $7\frac{6}{7}$ ㉑ $3\frac{2}{3}$

63쪽

㉒ $4\frac{2}{11}$ ㉓ $5\frac{5}{14}$ ㉔ 3 ㉕ 4 ㉖ $3\frac{1}{4}$ ㉗ $4\frac{7}{8}$ ㉘ $2\frac{18}{25}$

㉙ 6 ㉚ 6 ㉛ $1\frac{9}{11}$ ㉜ $7\frac{1}{2}$ ㉝ $5\frac{10}{11}$ ㉞ 7 ㉟ $5\frac{5}{6}$

㊱ $3\frac{3}{4}$ ㊲ 7 ㊳ $5\frac{1}{7}$ ㊴ $5\frac{1}{10}$ ㊵ $6\frac{1}{8}$ ㊶ $3\frac{8}{9}$ ㊷ $5\frac{1}{2}$

7 세 분수의 곱셈

15일 차

64쪽

① $\frac{1}{90}$ ② $\frac{1}{72}$ ③ $\frac{1}{28}$ ④ $\frac{1}{20}$ ⑤ $\frac{1}{54}$ ⑥ $\frac{1}{21}$ ⑦ $\frac{1}{9}$

⑧ $\frac{5}{16}$ ⑨ $\frac{1}{36}$ ⑩ $\frac{2}{35}$ ⑪ $\frac{5}{84}$ ⑫ $\frac{18}{35}$ ⑬ $\frac{9}{40}$ ⑭ $\frac{1}{18}$

65쪽

⑮ $4\frac{1}{2}$ ⑯ $1\frac{7}{9}$ ⑰ 8 ⑱ 12 ⑲ 5 ⑳ $8\frac{1}{4}$ ㉑ $6\frac{3}{16}$

㉒ $\frac{1}{9}$ ㉓ $\frac{7}{24}$ ㉔ $2\frac{2}{5}$ ㉕ 9 ㉖ $\frac{3}{4}$ ㉗ $\frac{11}{27}$ ㉘ $8\frac{1}{4}$

16일 차

66쪽

❶ $\frac{1}{42}$

❷ $\frac{1}{20}$

❸ $\frac{1}{24}$

❹ $\frac{1}{42}$

❺ $\frac{1}{48}$

❻ $\frac{1}{180}$

❼ $\frac{1}{66}$

❽ $\frac{5}{36}$

❾ $\frac{1}{60}$

❿ $\frac{1}{42}$

⓫ $\frac{4}{9}$

⓬ $\frac{2}{15}$

⓭ $\frac{3}{16}$

⓮ $\frac{1}{22}$

67쪽

⓯ $5\frac{3}{5}$

⓰ $2\frac{7}{9}$

⓱ 27

⓲ $6\frac{6}{7}$

⓳ 12

⓴ $6\frac{2}{7}$

㉑ $17\frac{1}{3}$

㉒ $1\frac{1}{6}$

㉓ $\frac{7}{9}$

㉔ $\frac{8}{9}$

㉕ $2\frac{2}{3}$

㉖ $11\frac{1}{3}$

㉗ $\frac{2}{27}$

㉘ $5\frac{1}{7}$

⑤~⑦ 다르게 풀기

17일 차

68쪽

❶ $\frac{2}{3}$

❷ $9\frac{5}{8}$

❸ $\frac{5}{21}$

❹ $8\frac{3}{4}$

❺ $\frac{4}{11}$

❻ $3\frac{4}{7}$

❼ $\frac{6}{49}$

❽ 4

69쪽

❾ $\frac{5}{28}$

❿ $\frac{8}{21}$

⓫ $\frac{1}{3}$

⓬ $2\frac{1}{10}$

⓭ $\frac{4}{5}$

⓮ 18

⓯ $1\frac{13}{15}$

⓰ $8\frac{5}{9}$

⓱ $\frac{4}{5}$, $\frac{1}{2}$, $\frac{2}{5}$

비법 강의 외우면 **빨라지는 계산 비법**

18일 차

70쪽

❶ 10, 10

❷ 30, 30

❸ 12, 12

❹ 20, 20

❺ 15, 15

❻ 3, 3

71쪽

❼ 40, 40

❽ 45, 45

❾ 48, 48

❿ 25, 25

⓫ 8, 8

⓬ 50, 50

⓭ 24, 24

⓮ 36, 36

⓯ 35, 35

⓰ 28, 28

평가 **2. 분수의 곱셈**

19일 차

72쪽

1 12

2 $1\frac{2}{3}$

3 $\frac{7}{12}$

4 $7\frac{5}{7}$

5 $3\frac{3}{4}$

6 $4\frac{2}{5}$

7 $25\frac{1}{3}$

8 $\frac{2}{3}$

9 $7\frac{1}{2}$

10 $14\frac{2}{3}$

11 $8\frac{3}{5}$

12 $3\frac{8}{9}$

13 20

14 $\frac{8}{35}$

73쪽

15 $\frac{1}{8}$

16 14

17 $\frac{4}{25}$

18 $8\frac{5}{8}$

19 $5\frac{1}{7}$

20 5

21 $2\frac{2}{3}$

22 $4\frac{1}{2}$

23 $\frac{1}{5}$

24 $28\frac{1}{3}$

25 $23\frac{1}{3}$

틀린 문제는 클리닉 북에서 보충할 수 있습니다.

1 7쪽
2 9쪽
3 11쪽
4 7쪽
5 8쪽
6 12쪽
7 10쪽
8 11쪽
9 9쪽
10 10쪽
11 8쪽
12 9쪽
13 12쪽
14 13쪽
15 11쪽
16 12쪽
17 11쪽
18 8쪽
19 13쪽
20 12쪽
21 13쪽
22 7쪽
23 11쪽
24 10쪽
25 12쪽

3. 합동과 대칭

① 도형의 합동

1일 차

76쪽

❶ (○) ( ) ( )

❷ ( ) ( ) (○)

❸ (○) ( ) ( )

❹ ( ) (○) ( )

77쪽 ❗정답을 위에서부터 확인합니다.

❺ 7, 45

❻ 50, 6

❼ 5, 70

❽ 120, 9

❾ 90, 5

❿ 40, 9

⓫ 7, 110

⓬ 5, 115

② 선대칭도형

2일 차

78쪽

❶ ○
❷ ×
❸ ○
❹ ×
❺ ○
❻ ○
❼ ×
❽ ○
❾ ○
❿ ×

79쪽 ❗정답을 위에서부터 확인합니다.

⓫ 8, 70
⓬ 120, 7
⓭ 13, 95
⓮ 10, 110
⓯ 90, 6
⓰ 12, 75
⓱ 9, 130
⓲ 10, 40

③ 점대칭도형

3일 차

80쪽

❶ ×
❷ ○
❸ ○
❹ ×
❺ ○
❻ ×
❼ ○
❽ ○
❾ ○
❿ ×

81쪽 ❗정답을 위에서부터 확인합니다.

⓫ 10, 40
⓬ 3, 100
⓭ 9, 90
⓮ 130, 5
⓯ 115, 8
⓰ 120, 5
⓱ 60, 6
⓲ 95, 6

평가 3. 합동과 대칭

4일 차

82쪽

1 (○)(　)
2 (　)(○)
3 (○)(　)
4 (○)(　)
5 (　)(○)
6 (위에서부터) 50, 8
7 (위에서부터) 7, 30
8 (위에서부터) 90, 9
9 (위에서부터) 6, 85

83쪽

10 (×)
11 (○)
12 (위에서부터) 90, 9
13 (위에서부터) 11, 115
14 (○)
15 (×)
16 (위에서부터) 9, 35
17 (위에서부터) 7, 55

틀린 문제는 클리닉 북에서 보충할 수 있습니다.

1 15쪽
2 15쪽
3 15쪽
4 15쪽
5 15쪽
6 15쪽
7 15쪽
8 15쪽
9 15쪽
10 16쪽
11 16쪽
12 16쪽
13 16쪽
14 17쪽
15 17쪽
16 17쪽
17 17쪽

4. 소수의 곱셈

① (1보다 작은 소수) × (자연수)

1일 차

86쪽

❶ 0.6
❷ 1.4
❸ 1.5
❹ 0.8
❺ 3.2
❻ 2
❼ 1.2
❽ 5.4
❾ 3.5
❿ 5.6
⓫ 2.7
⓬ 7.2

87쪽

⓭ 3.3
⓮ 9.5
⓯ 13.8
⓰ 0.08
⓱ 0.45
⓲ 0.34
⓳ 0.69
⓴ 2.72
㉑ 0.82
㉒ 3.12
㉓ 3.92
㉔ 2.68
㉕ 3.6
㉖ 7.56
㉗ 6.65
㉘ 2.16
㉙ 3.12
㉚ 6.66

2일 차

88쪽

❶ 1.6
❷ 0.9
❸ 2.4
❹ 4.2
❺ 4
❻ 1.8
❼ 5.6
❽ 6
❾ 12.6
❿ 0.28
⓫ 0.66
⓬ 1.56
⓭ 2.52
⓮ 2.84
⓯ 5.81
⓰ 4.59
⓱ 5.85
⓲ 13.57

89쪽

⓳ 0.8
⓴ 2.4
㉑ 3.6
㉒ 1.5
㉓ 3
㉔ 6.4
㉕ 6.3
㉖ 6
㉗ 7.8
㉘ 15.2
㉙ 0.65
㉚ 1.89
㉛ 2.56
㉜ 1.72
㉝ 1.77
㉞ 2.64
㉟ 5.84
㊱ 5.46
㊲ 3.64
㊳ 6.76
㊴ 21.75

② (1보다 큰 소수) × (자연수)

3일 차

90쪽

❶ 4.4
❷ 10.5
❸ 6.9
❹ 5.4
❺ 25.6
❻ 20.4
❼ 8.2
❽ 16.8
❾ 44.8
❿ 28.8
⓫ 77.4
⓬ 76

91쪽

⓭ 15.6
⓮ 30.4
⓯ 61.6
⓰ 4.84
⓱ 8.15
⓲ 7.02
⓳ 11.92
⓴ 6.32
㉑ 22.61
㉒ 37.52
㉓ 20.76
㉔ 16.41
㉕ 58.59
㉖ 43.74
㉗ 34.28
㉘ 18.96
㉙ 36.12
㉚ 33.28

4일 차

92쪽

① 2.6
② 14.4
③ 15.5
④ 39.2
⑤ 48.6
⑥ 22.8
⑦ 39.6
⑧ 63
⑨ 139.2
⑩ 2.94
⑪ 6.72
⑫ 15.64
⑬ 31.38
⑭ 43.26
⑮ 39.8
⑯ 39.68
⑰ 44.38
⑱ 83.34

93쪽

⑲ 9.6
⑳ 5
㉑ 29.7
㉒ 28.8
㉓ 26
㉔ 25.2
㉕ 54.6
㉖ 22.1
㉗ 45.6
㉘ 107.5
㉙ 14.77
㉚ 10.95
㉛ 25.14
㉜ 24.75
㉝ 42.24
㉞ 31.2
㉟ 29.12
㊱ 53.34
㊲ 64.82
㊳ 56.54
㊴ 97.95

①~② 다르게 풀기

5일 차

94쪽

① 1.2
② 10.8
③ 7.2
④ 39
⑤ 3
⑥ 2.86
⑦ 1.7
⑧ 15.63
⑨ 4.34
⑩ 65.28

95쪽

⑪ 5.4
⑫ 18.8
⑬ 13.3
⑭ 94.9
⑮ 1.4
⑯ 12.15
⑰ 10.26
⑱ 176.66
⑲ 1.6, 5, 8

③ (자연수) × (1보다 작은 소수)

6일 차

96쪽

① 0.2
② 0.8
③ 1
④ 2.1
⑤ 1.6
⑥ 2.4
⑦ 4.5
⑧ 4.2
⑨ 1.4
⑩ 2.8
⑪ 2.4
⑫ 5.4

97쪽

⑬ 7.6
⑭ 7.5
⑮ 16.8
⑯ 0.06
⑰ 0.38
⑱ 1.68
⑲ 2.04
⑳ 2.45
㉑ 3.76
㉒ 4.77
㉓ 3.35
㉔ 3
㉕ 6.02
㉖ 5.52
㉗ 7.92
㉘ 3.77
㉙ 6.72
㉚ 10.64

7일 차

98쪽

① 1.2
② 2.8
③ 2.5
④ 3.6
⑤ 5.6
⑥ 2.7
⑦ 5.4
⑧ 20
⑨ 16.2
⑩ 0.45
⑪ 0.96
⑫ 2.32
⑬ 2.22
⑭ 4.06
⑮ 5.85
⑯ 3.36
⑰ 7.36
⑱ 11.05

99쪽

⑲ 1.8
⑳ 1.8
㉑ 3.5
㉒ 4.8
㉓ 2.1
㉔ 1.6
㉕ 4.5
㉖ 6.4
㉗ 17.4
㉘ 36.8
㉙ 1.2
㉚ 2.31
㉛ 3.24
㉜ 2.58
㉝ 4.68
㉞ 4.83
㉟ 3.8
㊱ 3.52
㊲ 3.12
㊳ 9.69
㊴ 17.48

④ (자연수) × (1보다 큰 소수)

8일 차

100쪽

❶ 8.5
❷ 3.8
❸ 6.3
❹ 15.6
❺ 15.6
❻ 9.2
❼ 37.1
❽ 48.8
❾ 34.5
❿ 30.4
⓫ 41.5
⓬ 86.4

101쪽

⓭ 19.8
⓮ 37.7
⓯ 96.2
⓰ 3.14
⓱ 17.82
⓲ 12.9
⓳ 17.92
⓴ 29.25
㉑ 12.72
㉒ 40.72
㉓ 31.15
㉔ 27.12
㉕ 44.1
㉖ 62.44
㉗ 19.54
㉘ 27.84
㉙ 91.45
㉚ 306.16

9일 차

102쪽

❶ 8.8
❷ 23.1
❸ 14.4
❹ 45.9
❺ 51.2
❻ 43
❼ 81
❽ 44.8
❾ 268.8
❿ 4.62
⓫ 8.48
⓬ 30.15
⓭ 29.19
⓮ 41.92
⓯ 35.3
⓰ 26.22
⓱ 38.08
⓲ 133.98

103쪽

⓳ 12.6
⓴ 13.5
㉑ 22.8
㉒ 29.4
㉓ 23.6
㉔ 15
㉕ 24.9
㉖ 85.2
㉗ 126.5
㉘ 133
㉙ 22.72
㉚ 15.75
㉛ 25.06
㉜ 24.66
㉝ 23.88
㉞ 20.94
㉟ 15.24
㊱ 40.45
㊲ 40.7
㊳ 75.24
㊴ 441.36

③~④ 다르게 풀기

10일 차

104쪽

❶ 3.6
❷ 11.5
❸ 42.7
❹ 6.5
❺ 20.4
❻ 1.36
❼ 9.12
❽ 7.76
❾ 9.35
❿ 49.8

105쪽

⓫ 3.2
⓬ 7.4
⓭ 7.5
⓮ 22.4
⓯ 0.72
⓰ 20.05
⓱ 8.19
⓲ 51.6
⓳ 2, 0.4, 0.8

⑤ 1보다 작은 소수끼리의 곱셈

11일 차

106쪽

❶ 0.07
❷ 0.08
❸ 0.27
❹ 0.24
❺ 0.4
❻ 0.12
❼ 0.21
❽ 0.35
❾ 0.48
❿ 0.36
⓫ 0.108
⓬ 0.084

107쪽

⓭ 0.175
⓮ 0.504
⓯ 0.126
⓰ 0.034
⓱ 0.115
⓲ 0.064
⓳ 0.304
⓴ 0.369
㉑ 0.378
㉒ 0.224
㉓ 0.414
㉔ 0.36
㉕ 0.243
㉖ 0.688
㉗ 0.828
㉘ 0.0221
㉙ 0.0702
㉚ 0.4836

12일 차

108쪽

❶ 0.24
❷ 0.3
❸ 0.28
❹ 0.18
❺ 0.13
❻ 0.324
❼ 0.235
❽ 0.584
❾ 0.324
❿ 0.272
⓫ 0.336
⓬ 0.354
⓭ 0.256
⓮ 0.511
⓯ 0.656
⓰ 0.085
⓱ 0.4628
⓲ 0.2457

109쪽

⓳ 0.14
⓴ 0.15
㉑ 0.32
㉒ 0.54
㉓ 0.036
㉔ 0.201
㉕ 0.145
㉖ 0.312
㉗ 0.462
㉘ 0.752
㉙ 0.387
㉚ 0.08
㉛ 0.261
㉜ 0.148
㉝ 0.288
㉞ 0.13
㉟ 0.234
㊱ 0.658
㊲ 0.0837
㊳ 0.1125
㊴ 0.5292

⑥ 1보다 큰 소수끼리의 곱셈

13일 차

110쪽

❶ 2.76
❷ 7.98
❸ 9.88
❹ 16.45
❺ 27.52
❻ 13.92
❼ 8.64
❽ 17.98
❾ 47.45
❿ 24.14
⓫ 64.78
⓬ 48.88

111쪽

⓭ 2.898
⓮ 11.205
⓯ 7.874
⓰ 33.074
⓱ 50.526
⓲ 17.765
⓳ 8.987
⓴ 15.12
㉑ 10.638
㉒ 30.175
㉓ 20.904
㉔ 50.266
㉕ 16.128
㉖ 46.746
㉗ 48.439
㉘ 31.144
㉙ 2.2791
㉚ 17.2482

14일 차

112쪽

❶ 7.75
❷ 3.96
❸ 15.17
❹ 28.52
❺ 47.45
❻ 24.03
❼ 4.598
❽ 15.84
❾ 51.576
❿ 35.108
⓫ 8.023
⓬ 11.648
⓭ 3.645
⓮ 39.278
⓯ 35.232
⓰ 24.921
⓱ 8.8038
⓲ 52.7685

113쪽

⓳ 3.36
⓴ 10.64
㉑ 24.78
㉒ 24.12
㉓ 14.22
㉔ 45.65
㉕ 72.52
㉖ 6.617
㉗ 11.925
㉘ 24.876
㉙ 52.896
㉚ 33.603
㉛ 22.26
㉜ 18.032
㉝ 6.93
㉞ 20.634
㉟ 8.172
㊱ 21.07
㊲ 38.934
㊳ 32.6832
㊴ 69.434

⑤~⑥ 다르게 풀기

15일 차

114쪽

❶ 0.06
❷ 5.95
❸ 0.056
❹ 10.78
❺ 7.446
❻ 0.186
❼ 0.665
❽ 13.338
❾ 0.06
❿ 5.244

115쪽

⓫ 0.42
⓬ 4.86
⓭ 0.465
⓮ 6.893
⓯ 0.608
⓰ 32.04
⓱ 0.135
⓲ 7.0434
⓳ 0.9, 0.75, 0.675

⑦ 자연수와 소수의 곱셈에서 곱의 소수점 위치

16일 차

116쪽

❶ 2, 20, 200
❷ 8, 80, 800
❸ 1.3, 13, 130
❹ 7.4, 74, 740
❺ 6.75, 67.5, 675
❻ 11, 110, 1100
❼ 56, 560, 5600
❽ 30.8, 308, 3080
❾ 52.7, 527, 5270
❿ 93.29, 932.9, 9329

117쪽

⓫ 0.3, 0.03, 0.003
⓬ 0.5, 0.05, 0.005
⓭ 0.6, 0.06, 0.006
⓮ 0.9, 0.09, 0.009
⓯ 2.4, 0.24, 0.024
⓰ 3.1, 0.31, 0.031
⓱ 7, 0.7, 0.07
⓲ 8.9, 0.89, 0.089
⓳ 34.6, 3.46, 0.346
⓴ 61.2, 6.12, 0.612
㉑ 73.3, 7.33, 0.733
㉒ 90.2, 9.02, 0.902
㉓ 596, 59.6, 5.96
㉔ 678.3, 67.83, 6.783
㉕ 904.7, 90.47, 9.047

17일 차

118쪽

❶ 4, 40, 400
❷ 9, 90, 900
❸ 2.6, 26, 260
❹ 8.3, 83, 830
❺ 2.08, 20.8, 208
❻ 3.74, 37.4, 374
❼ 7.15, 71.5, 715
❽ 36, 360, 3600
❾ 61, 610, 6100
❿ 95, 950, 9500
⓫ 29.8, 298, 2980
⓬ 62.2, 622, 6220
⓭ 80.7, 807, 8070
⓮ 41.96, 419.6, 4196
⓯ 80.02, 800.2, 8002

119쪽

⓰ 0.2, 0.02, 0.002
⓱ 0.4, 0.04, 0.004
⓲ 0.7, 0.07, 0.007
⓳ 1.9, 0.19, 0.019
⓴ 4.6, 0.46, 0.046
㉑ 6.3, 0.63, 0.063
㉒ 9, 0.9, 0.09
㉓ 25.5, 2.55, 0.255
㉔ 56.3, 5.63, 0.563
㉕ 78.5, 7.85, 0.785
㉖ 82, 8.2, 0.82
㉗ 293.4, 29.34, 2.934
㉘ 318.9, 31.89, 3.189
㉙ 704, 70.4, 7.04
㉚ 829.6, 82.96, 8.296

⑧ 소수끼리의 곱셈에서 곱의 소수점 위치

18일 차

120쪽

❶ 0.27, 0.027, 0.0027
❷ 0.35, 0.035, 0.0035
❸ 0.36, 0.036, 0.0036
❹ 1.04, 0.104, 0.0104
❺ 1.38, 0.138, 0.0138
❻ 2.24, 0.224, 0.0224
❼ 2.44, 0.244, 0.0244
❽ 3.75, 0.375, 0.0375

121쪽

❾ 5.58, 0.558, 0.0558
❿ 6.51, 0.651, 0.0651
⓫ 7.56, 0.756, 0.0756
⓬ 9.44, 0.944, 0.0944
⓭ 15.41, 1.541, 0.1541
⓮ 27.69, 2.769, 0.2769
⓯ 35.7, 3.57, 0.357
⓰ 82.62, 8.262, 0.8262
⓱ 7.42, 0.742, 0.0742
⓲ 12.88, 1.288, 1.288
⓳ 1.547, 1.547, 0.1547
⓴ 2.145, 2.145, 0.2145

19일 차

122쪽

❶ 0.14, 0.014, 0.0014
❷ 0.3, 0.03, 0.003
❸ 1.44, 0.144, 0.0144
❹ 1.58, 0.158, 0.0158
❺ 1.86, 0.186, 0.0186
❻ 2.52, 0.252, 0.0252
❼ 3.36, 0.336, 0.0336
❽ 4.2, 0.42, 0.42
❾ 4.25, 0.425, 0.0425
❿ 0.583, 0.583, 0.0583
⓫ 6.3, 0.63, 0.063
⓬ 8.45, 0.845, 0.0845

123쪽

⓭ 11.07, 1.107, 0.1107
⓮ 13.86, 1.386, 0.1386
⓯ 20.44, 2.044, 0.2044
⓰ 26.86, 2.686, 0.2686
⓱ 49.4, 4.94, 0.494
⓲ 5.073, 0.5073, 0.5073
⓳ 68.38, 6.838, 0.6838
⓴ 9.798, 9.798, 0.9798
㉑ 11.78, 1.178, 0.1178
㉒ 3.06, 3.06, 0.306
㉓ 0.944, 0.944, 0.0944
㉔ 1.005, 1.005, 0.1005

⑦~⑧ 다르게 풀기

20일 차

124쪽

❶ 3, 30, 300
❷ 0.8, 0.08, 0.008
❸ 6.5, 65, 650
❹ 7.1, 0.71, 0.071
❺ 10.6, 106, 1060
❻ 36.4, 3.64, 0.364
❼ 43.02, 430.2, 4302
❽ 657, 65.7, 6.57

125쪽

❾ 0.15, 0.015, 0.0015
❿ 0.48, 0.048, 0.0048
⓫ 1.84, 0.184, 0.184
⓬ 4.96, 0.496, 0.0496
⓭ 16.1, 1.61, 0.161
⓮ 1.856, 1.856, 0.1856
⓯ 1.2, 100, 120

비법 강의 수 감각을 키우면 **빨라지는 계산 비법**

21일 차

126쪽

❗ 정답을 위에서부터 확인합니다.

❶ 3.68 / 3.2, 0.48
❷ 8.64 / 8.1, 0.54
❸ 7.98 / 7.6, 0.38
❹ 15.3 / 13.5, 1.8
❺ 14.28 / 10.2, 4.08
❻ 22.05 / 18.9, 3.15

127쪽

❼ 19.43 / 13.4, 6.03
❽ 19.88 / 14.2, 5.68
❾ 44.28 / 41, 3.28
❿ 31.68 / 28.8, 2.88
⓫ 3.819 / 3.8, 0.019
⓬ 7.852 / 7.8, 0.052
⓭ 14.508 / 14.4, 0.108
⓮ 22.68 / 22.5, 0.18

평가 4. 소수의 곱셈

22일 차

128쪽

1 4.5
2 24.3
3 1.08
4 27.78
5 0.3
6 7.824
7 2.6
8 5.28
9 5.64
10 8.5
11 91.2
12 0.56
13 0.138
14 16.56
15 9.858

129쪽

16 50.3, 503, 5030
17 68, 6.8, 0.68
18 1.65, 0.165, 0.0165
19 4.93, 0.493, 0.0493
20 38.16, 3.816, 3.816
21 0.48
22 32
23 11.76
24 0.2392
25 28.14

틀린 문제는 클리닉 북에서 보충할 수 있습니다.

문제	쪽	문제	쪽	문제	쪽	문제	쪽	문제	쪽	문제	쪽
1	19쪽	4	22쪽	7	19쪽	12	23쪽	16	25쪽	21	19쪽
2	20쪽	5	23쪽	8	20쪽	13	23쪽	17	25쪽	22	20쪽
3	21쪽	6	24쪽	9	21쪽	14	24쪽	18	26쪽	23	22쪽
				10	22쪽	15	24쪽	19	26쪽	24	23쪽
				11	22쪽			20	26쪽	25	24쪽

5. 직육면체

① 직육면체와 정육면체

1일 차

132쪽

❶ (○)(   )(   )
❷ (   )(○)(   )
❸ (○)(   )(   )
❹ (   )(   )(○)
❺ (   )(○)(   )

133쪽

❻ (   )(○)(   )
❼ (○)(   )(   )
❽ (   )(   )(○)
❾ (   )(○)(   )
❿ (○)(   )(   )
⓫ 꼭짓점, 면, 모서리
⓬ 모서리, 면, 꼭짓점
⓭ 면, 꼭짓점, 모서리
⓮ 꼭짓점, 면, 모서리
⓯ 면, 모서리, 꼭짓점

② 직육면체의 성질

2일 차

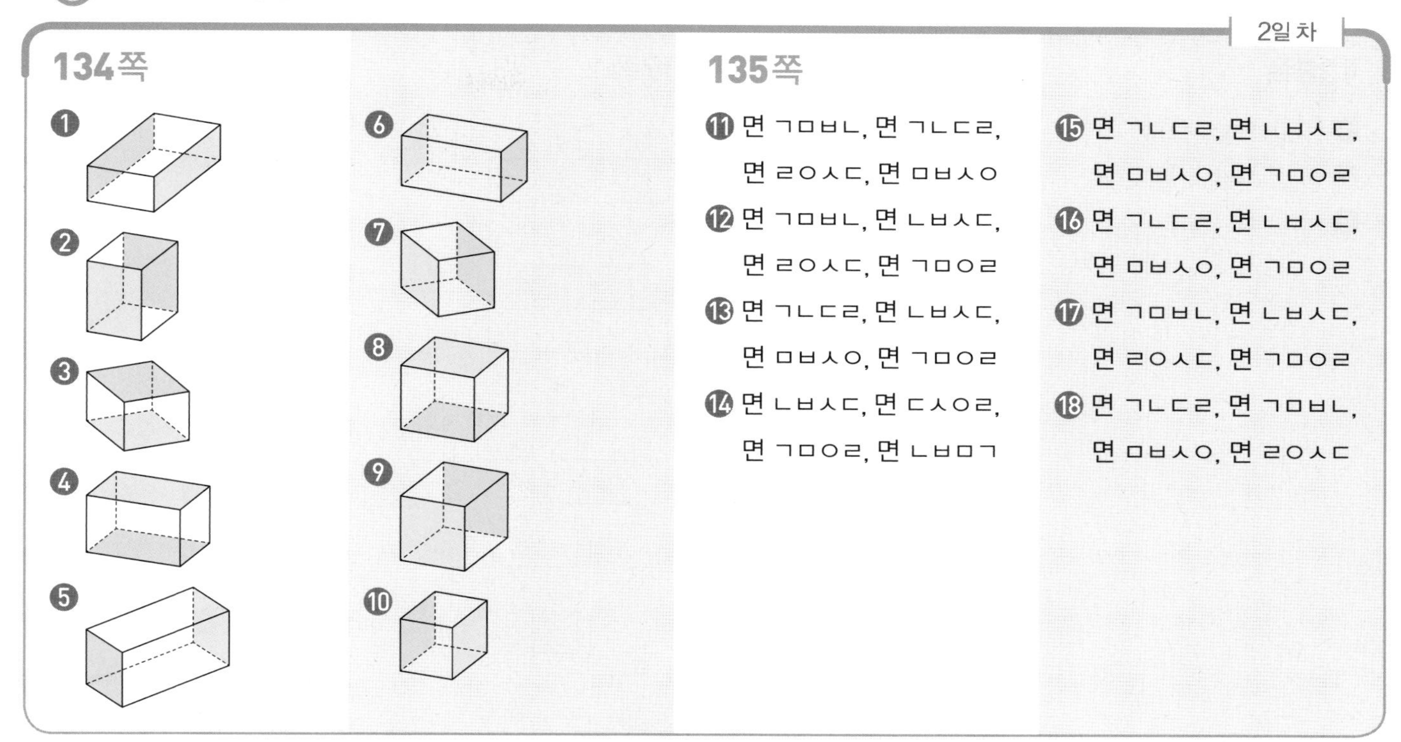

134쪽

❶ ❷ ❸ ❹ ❺ ❻ ❼ ❽ ❾ ❿

135쪽

⓫ 면 ㄱㅁㅂㄴ, 면 ㄱㄴㄷㄹ, 면 ㄹㅇㅅㄷ, 면 ㅁㅂㅅㅇ

⓬ 면 ㄱㅁㅂㄴ, 면 ㄴㅂㅅㄷ, 면 ㄹㅇㅅㄷ, 면 ㄱㅁㅇㄹ

⓭ 면 ㄱㄴㄷㄹ, 면 ㄴㅂㅅㄷ, 면 ㅁㅂㅅㅇ, 면 ㄱㅁㅇㄹ

⓮ 면 ㄴㅂㅅㄷ, 면 ㄷㅅㅇㄹ, 면 ㄱㅁㅇㄹ, 면 ㄴㅂㅁㄱ

⓯ 면 ㄱㄴㄷㄹ, 면 ㄴㅂㅅㄷ, 면 ㅁㅂㅅㅇ, 면 ㄱㅁㅇㄹ

⓰ 면 ㄱㄴㄷㄹ, 면 ㄴㅂㅅㄷ, 면 ㅁㅂㅅㅇ, 면 ㄱㅁㅇㄹ

⓱ 면 ㄱㅁㅂㄴ, 면 ㄴㅂㅅㄷ, 면 ㄹㅇㅅㄷ, 면 ㄱㅁㅇㄹ

⓲ 면 ㄱㄴㄷㄹ, 면 ㄱㅁㅂㄴ, 면 ㅁㅂㅅㅇ, 면 ㄹㅇㅅㄷ

③ 직육면체의 겨냥도

3일 차

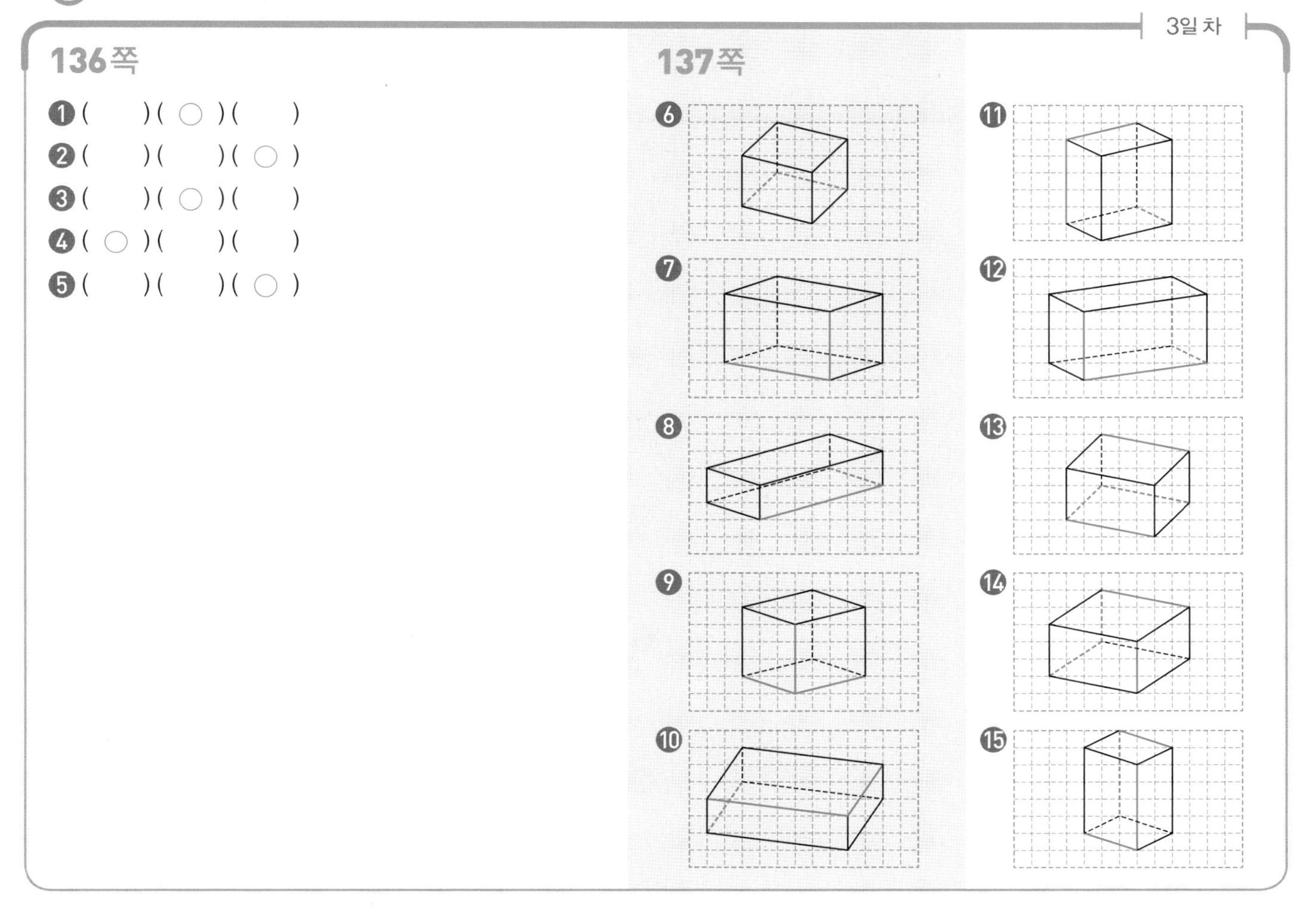

136쪽

❶ ( )(○)( )

❷ ( )( )(○)

❸ ( )(○)( )

❹ (○)( )( )

❺ ( )( )(○)

137쪽

❻ ❼ ❽ ❾ ❿ ⓫ ⓬ ⓭ ⓮ ⓯

④ 정육면체의 전개도

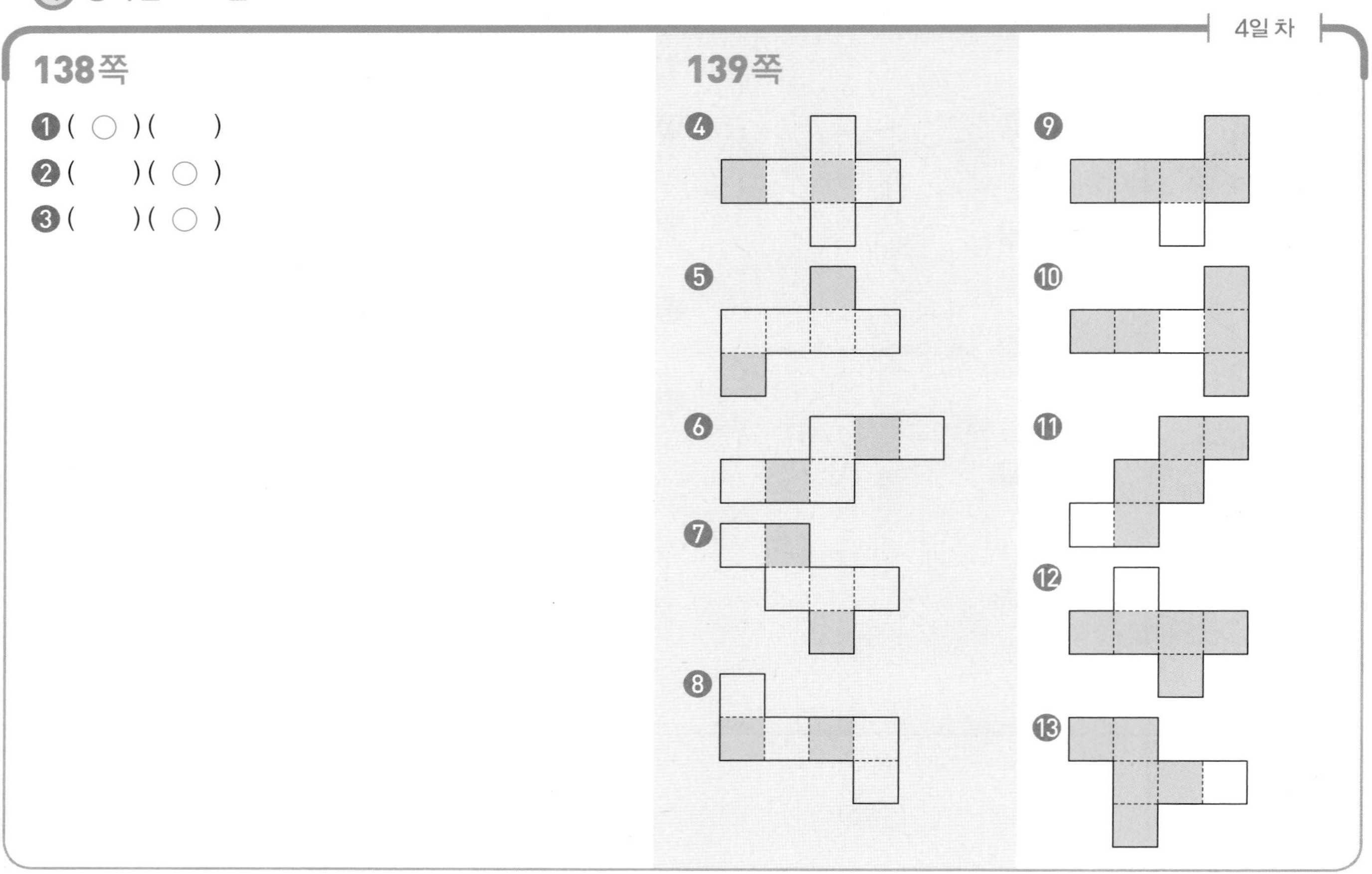

⑤ 직육면체의 전개도

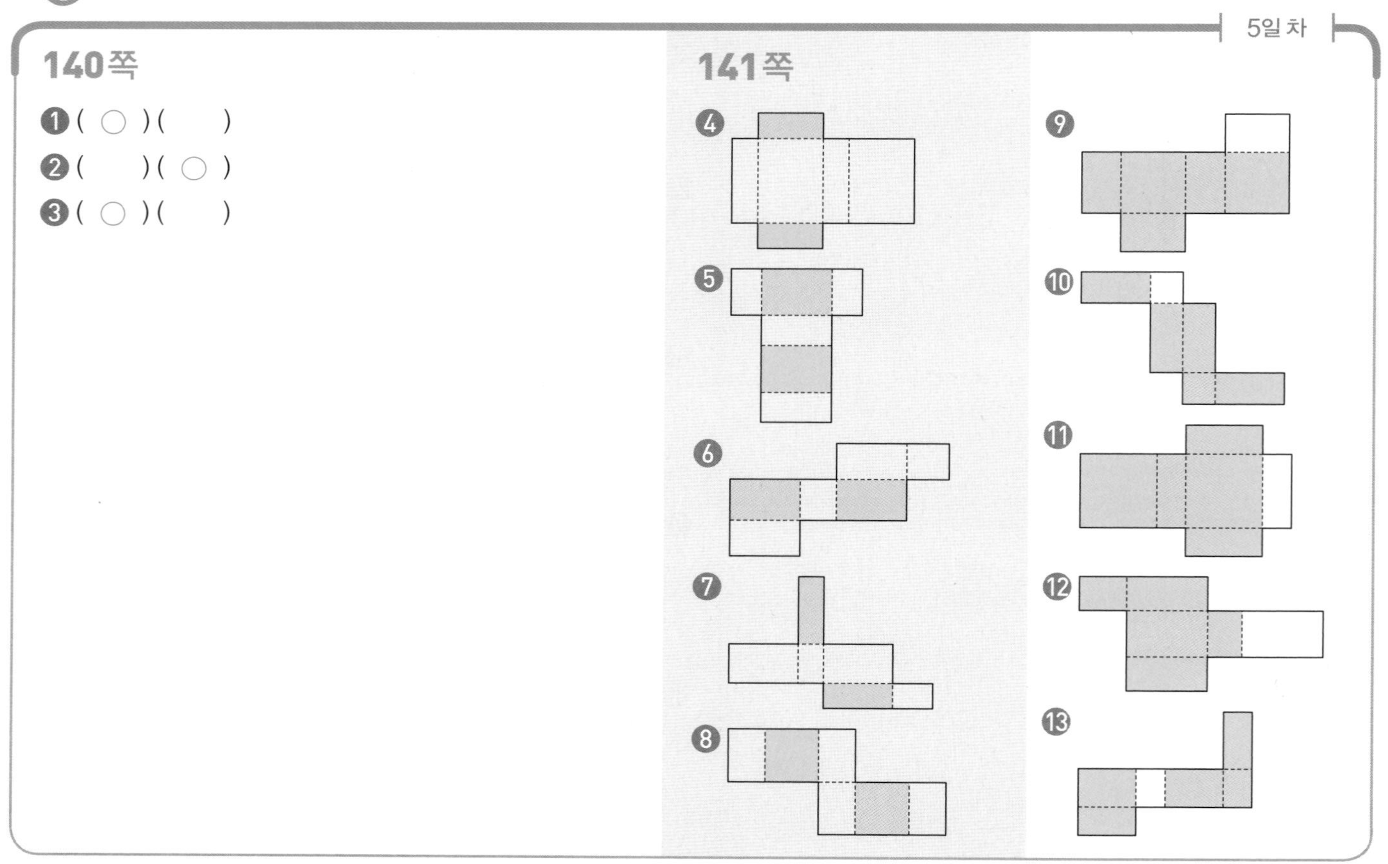

평가 **5. 직육면체**

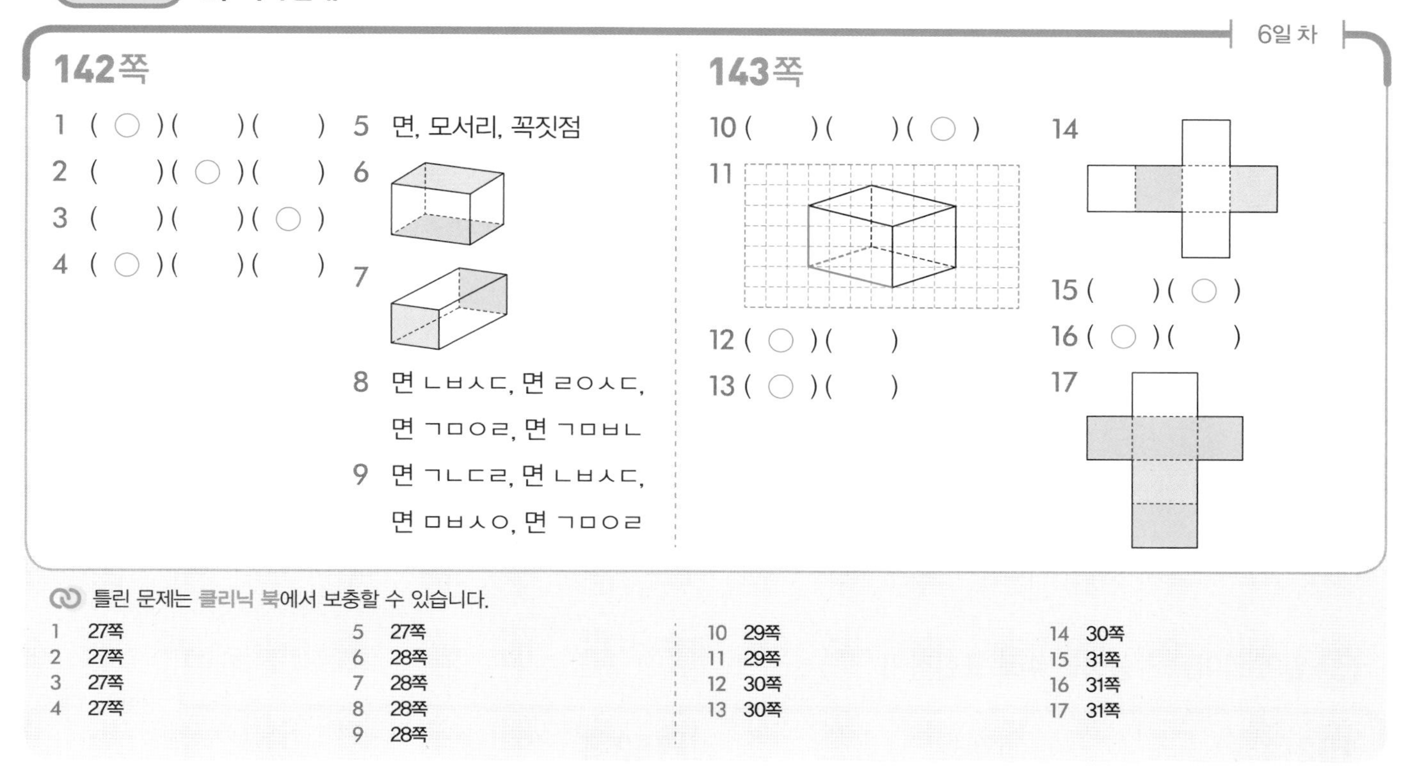

6일 차

142쪽

1 (○)(　)(　)

2 (　)(○)(　)

3 (　)(　)(○)

4 (○)(　)(　)

5 면, 모서리, 꼭짓점

6

7

8 면 ㄴㅂㅅㄷ, 면 ㄹㅇㅅㄷ, 면 ㄱㅁㅇㄹ, 면 ㄱㅁㅂㄴ

9 면 ㄱㄴㄷㄹ, 면 ㄴㅂㅅㄷ, 면 ㅁㅂㅅㅇ, 면 ㄱㅁㅇㄹ

143쪽

10 (　)(　)(○)

11

12 (○)(　)

13 (○)(　)

14

15 (　)(○)

16 (○)(　)

17

틀린 문제는 클리닉 북에서 보충할 수 있습니다.

문제	쪽	문제	쪽	문제	쪽	문제	쪽
1	27쪽	5	27쪽	10	29쪽	14	30쪽
2	27쪽	6	28쪽	11	29쪽	15	31쪽
3	27쪽	7	28쪽	12	30쪽	16	31쪽
4	27쪽	8	28쪽	13	30쪽	17	31쪽
		9	28쪽				

6. 평균과 가능성

① 평균

1일 차

146쪽

❶ 9
❷ 15
❸ 21
❹ 32
❺ 44
❻ 65

147쪽

❼ 4개
❽ 8자루
❾ 11개
❿ 16 ℃
⓫ 25명
⓬ 33 kg
⓭ 42분
⓮ 145 cm

2일 차

148쪽

❶ 4
❷ 5
❸ 8
❹ 14
❺ 18
❻ 26
❼ 35
❽ 49
❾ 57
❿ 84
⓫ 98
⓬ 126

149쪽

⓭ 3점
⓮ 7시간
⓯ 19초
⓰ 39권
⓱ 46분
⓲ 80점
⓳ 173 cm
⓴ 360 mL

② 일이 일어날 가능성을 말로 표현하고 비교하기

3일 차

150쪽

❶ 예

❷ 예

151쪽

❸ ㉤

❹ ㉣

❺ ㉤, ㉣, ㉢, ㉡, ㉠

❻ ㉠

❼ ㉢

❽ ㉠, ㉣, ㉢, ㉡, ㉤

③ 일이 일어날 가능성을 수로 표현하기

4일 차

152쪽

❶ 확실하다 / 1

❷ 불가능하다 / 0

❸ 반반이다 / $\frac{1}{2}$

❹ 확실하다 / 1

❺ 반반이다 / $\frac{1}{2}$

153쪽

❻ $\frac{1}{2}$

❼ 1

❽ 0

❾ $\frac{1}{2}$

❿ 0

⓫ $\frac{1}{2}$

평가 6. 평균과 가능성

5일 차

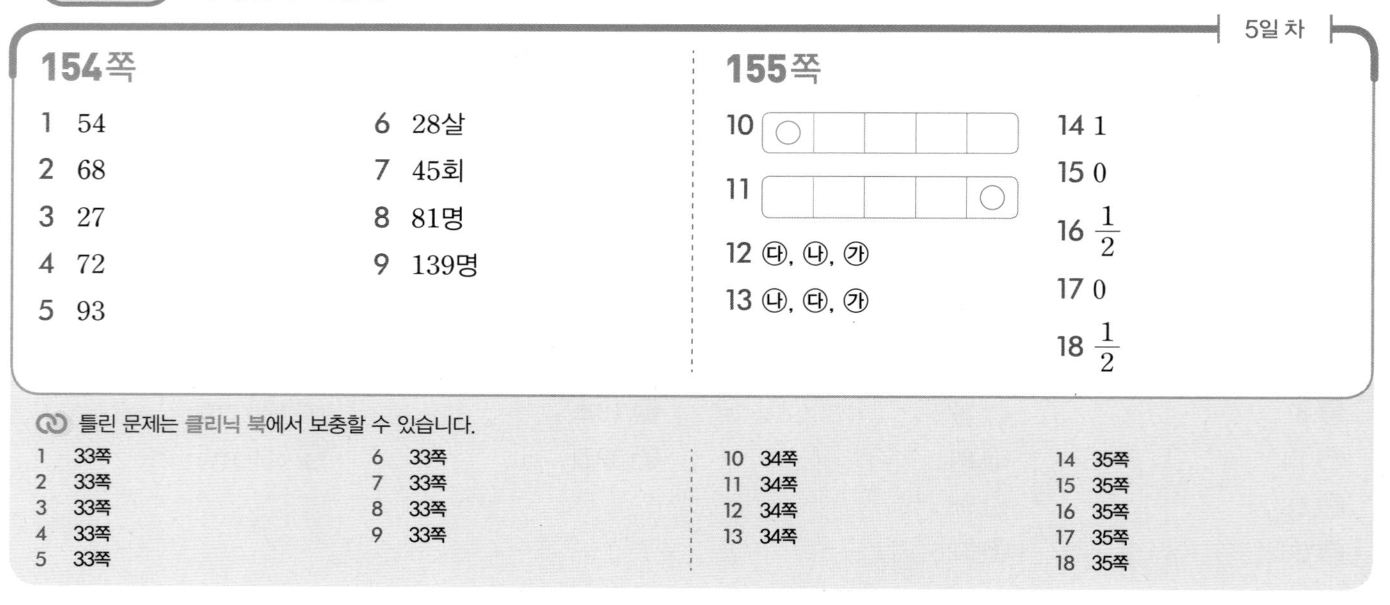

154쪽

1 54

2 68

3 27

4 72

5 93

6 28살

7 45회

8 81명

9 139명

155쪽

10

11

12 ㉢, ㉡, ㉠

13 ㉡, ㉢, ㉠

14 1

15 0

16 $\frac{1}{2}$

17 0

18 $\frac{1}{2}$

틀린 문제는 클리닉 북에서 보충할 수 있습니다.

1 33쪽
2 33쪽
3 33쪽
4 33쪽
5 33쪽
6 33쪽
7 33쪽
8 33쪽
9 33쪽
10 34쪽
11 34쪽
12 34쪽
13 34쪽
14 35쪽
15 35쪽
16 35쪽
17 35쪽
18 35쪽

1. 수의 범위와 어림하기

1쪽 1 이상과 이하

❶ 10, 9
❷ 15.2, 19
❸ 31, 37, 33.6
❹ 60, 58.3, 59
❺ 11, 12
❻ 27, 24.6
❼ 41, 40.8, 39
❽ 58, 69, 68
❾ 23.8, 19, 17
❿ 45, 38, 40.1
⓫ 57, 61.3, 53
⓬ 80.7, 78.3, 79

2쪽 2 초과와 미만

❶ 8, 7
❷ 24, 27
❸ 39.4, 40, 38.5
❹ 51.3, 60, 53
❺ 10, 12
❻ 45, 40.6
❼ 48, 53.7, 52
❽ 72, 74.3, 75
❾ 33, 30, 29.5
❿ 50, 49.7, 51
⓫ 66.8, 74.2, 73
⓬ 78.1, 83, 85.6

3쪽 3 올림

❶ 160
❷ 400
❸ 4400
❹ 6500
❺ 9000
❻ 30000
❼ 56080
❽ 81500
❾ 93000
❿ 3
⓫ 5.6
⓬ 7.43

4쪽 4 버림

❶ 630
❷ 700
❸ 1000
❹ 2100
❺ 5890
❻ 18000
❼ 30000
❽ 52970
❾ 75600
❿ 4.15
⓫ 5
⓬ 9.8

5쪽 5 반올림

❶ 200
❷ 560
❸ 1790
❹ 3000
❺ 7400
❻ 30000
❼ 43000
❽ 58300
❾ 80480
❿ 5
⓫ 6.5
⓬ 7.09

2. 분수의 곱셈

7쪽 1 (진분수) × (자연수)

❶ $\frac{2}{3}$
❷ $2\frac{1}{2}$
❸ $1\frac{3}{5}$
❹ $\frac{3}{4}$
❺ $\frac{1}{3}$
❻ $1\frac{1}{5}$
❼ 6
❽ $4\frac{1}{2}$
❾ $2\frac{4}{5}$
❿ $2\frac{2}{7}$
⓫ $8\frac{3}{4}$
⓬ $\frac{2}{3}$
⓭ $5\frac{3}{5}$
⓮ $1\frac{1}{11}$
⓯ $\frac{5}{6}$
⓰ $3\frac{4}{7}$
⓱ $1\frac{3}{5}$
⓲ 26
⓳ $1\frac{5}{7}$
⓴ $4\frac{1}{2}$
㉑ $1\frac{1}{6}$

8쪽 2 (대분수)×(자연수)

❶ 3	❷ 12	❸ 10
❹ $4\frac{2}{3}$	❺ $5\frac{1}{2}$	❻ $9\frac{3}{5}$
❼ 10	❽ 22	❾ $7\frac{1}{5}$
❿ $25\frac{1}{2}$	⓫ $4\frac{5}{7}$	⓬ $5\frac{1}{2}$
⓭ $6\frac{1}{2}$	⓮ 34	⓯ $2\frac{4}{13}$
⓰ $15\frac{1}{2}$	⓱ $12\frac{4}{5}$	⓲ $4\frac{3}{4}$
⓳ $2\frac{8}{17}$	⓴ $17\frac{1}{3}$	㉑ $10\frac{4}{7}$

9쪽 3 (자연수)×(진분수)

❶ $1\frac{2}{3}$	❷ $\frac{3}{4}$	❸ $\frac{1}{3}$
❹ $\frac{1}{2}$	❺ $1\frac{1}{4}$	❻ $\frac{3}{7}$
❼ $4\frac{2}{3}$	❽ 6	❾ $4\frac{4}{5}$
❿ $3\frac{1}{3}$	⓫ 10	⓬ $\frac{3}{4}$
⓭ $10\frac{1}{2}$	⓮ $2\frac{1}{3}$	⓯ $18\frac{2}{3}$
⓰ 6	⓱ $6\frac{2}{5}$	⓲ $4\frac{4}{9}$
⓳ $\frac{4}{5}$	⓴ $9\frac{1}{3}$	㉑ $2\frac{7}{9}$

10쪽 4 (자연수)×(대분수)

❶ 6	❷ $9\frac{1}{3}$	❸ $4\frac{1}{2}$
❹ $2\frac{2}{9}$	❺ $16\frac{1}{2}$	❻ $9\frac{3}{4}$
❼ $11\frac{2}{3}$	❽ $13\frac{1}{2}$	❾ $24\frac{1}{2}$
❿ $19\frac{1}{5}$	⓫ 65	⓬ 22
⓭ 68	⓮ 26	⓯ $28\frac{3}{4}$
⓰ $14\frac{2}{3}$	⓱ 32	⓲ $28\frac{1}{2}$
⓳ $8\frac{4}{5}$	⓴ $12\frac{8}{9}$	㉑ $14\frac{4}{5}$

11쪽 5 (진분수)×(진분수)

❶ $\frac{1}{10}$	❷ $\frac{1}{12}$	❸ $\frac{1}{35}$
❹ $\frac{1}{18}$	❺ $\frac{1}{42}$	❻ $\frac{1}{88}$
❼ $\frac{8}{15}$	❽ $\frac{5}{8}$	❾ $\frac{4}{13}$
❿ $\frac{5}{14}$	⓫ $\frac{10}{21}$	⓬ $\frac{7}{10}$
⓭ $\frac{14}{33}$	⓮ $\frac{4}{27}$	⓯ $\frac{3}{8}$
⓰ $\frac{2}{3}$	⓱ $\frac{1}{8}$	⓲ $\frac{1}{12}$
⓳ $\frac{4}{17}$	⓴ $\frac{5}{14}$	㉑ $\frac{8}{35}$

12쪽 6 (대분수)×(대분수)

❶ 2	❷ $1\frac{3}{5}$	❸ $1\frac{11}{24}$
❹ $1\frac{13}{35}$	❺ $1\frac{8}{27}$	❻ $1\frac{1}{4}$
❼ $8\frac{1}{2}$	❽ $5\frac{2}{3}$	❾ 3
❿ 4	⓫ $6\frac{4}{5}$	⓬ $5\frac{1}{13}$
⓭ $7\frac{5}{7}$	⓮ $1\frac{11}{18}$	⓯ $1\frac{25}{26}$
⓰ $2\frac{2}{11}$	⓱ $4\frac{1}{14}$	⓲ $3\frac{5}{13}$
⓳ $2\frac{7}{11}$	⓴ $7\frac{1}{5}$	㉑ $2\frac{2}{3}$

13쪽 7 세 분수의 곱셈

❶ $\frac{1}{24}$	❷ $\frac{1}{48}$
❸ $\frac{5}{24}$	❹ $\frac{1}{72}$
❺ $\frac{1}{7}$	❻ $\frac{1}{11}$
❼ $2\frac{1}{2}$	❽ 8
❾ 18	❿ 48
⓫ $\frac{1}{4}$	⓬ $\frac{5}{16}$
⓭ $3\frac{3}{10}$	⓮ $17\frac{1}{3}$

3. 합동과 대칭

15쪽 1 도형의 합동

❶ (○) (   ) (   )
❷ (   ) (   ) (○)
❸ (위에서부터) 7, 60
❹ (위에서부터) 8, 70
❺ (위에서부터) 10, 100
❻ (위에서부터) 4, 75

16쪽 2 선대칭도형

❶ ○ ❷ × ❸ ○
❹ × ❺ × ❻ ○
❼ (위에서부터) 25, 9
❽ (위에서부터) 7, 130
❾ (위에서부터) 85, 6
❿ (위에서부터) 115, 8

17쪽 3 점대칭도형

❶ ○ ❷ × ❸ ○
❹ × ❺ ○ ❻ ×
❼ (위에서부터) 110, 6
❽ (위에서부터) 11, 60
❾ (위에서부터) 85, 10
❿ (위에서부터) 115, 8

4. 소수의 곱셈

19쪽 1 (1보다 작은 소수) × (자연수)

❶ 1.2 ❷ 2.5 ❸ 5.6
❹ 4.8 ❺ 7.2 ❻ 0.24
❼ 1 ❽ 2.43 ❾ 12.88
❿ 2.8 ⓫ 4.8 ⓬ 3.6
⓭ 3.6 ⓮ 15.5 ⓯ 0.63
⓰ 1.44 ⓱ 5.36 ⓲ 4.73

20쪽 2 (1보다 큰 소수) × (자연수)

❶ 13.3 ❷ 25.8 ❸ 52.8
❹ 33.6 ❺ 106.5 ❻ 20.12
❼ 24.51 ❽ 46.7 ❾ 76.27
❿ 27.2 ⓫ 52.2 ⓬ 24.6
⓭ 128.1 ⓮ 161.5 ⓯ 6.48
⓰ 30.33 ⓱ 19.26 ⓲ 61.49

21쪽 3 (자연수) × (1보다 작은 소수)

❶ 1.2 ❷ 4 ❸ 5.4
❹ 3.3 ❺ 11.7 ❻ 0.18
❼ 1.36 ❽ 4.34 ❾ 3.92
❿ 1.5 ⓫ 4.9 ⓬ 7.2
⓭ 5.2 ⓮ 6 ⓯ 1.26
⓰ 3.24 ⓱ 3.65 ⓲ 11.78

22쪽 4 (자연수) × (1보다 큰 소수)

❶ 8 ❷ 10.5 ❸ 53.6
❹ 96.6 ❺ 98.6 ❻ 12.32
❼ 15.96 ❽ 50.33 ❾ 146.63
❿ 17.4 ⓫ 29.2 ⓬ 62.3
⓭ 112 ⓮ 122.2 ⓯ 14.6
⓰ 49.44 ⓱ 53.7 ⓲ 33.36

23쪽 5 1보다 작은 소수끼리의 곱셈

❶ 0.18 ❷ 0.45 ❸ 0.16
❹ 0.234 ❺ 0.135 ❻ 0.104
❼ 0.141 ❽ 0.0448 ❾ 0.48
❿ 0.1 ⓫ 0.16 ⓬ 0.72
⓭ 0.623 ⓮ 0.248 ⓯ 0.228
⓰ 0.228 ⓱ 0.013 ⓲ 0.4134

24쪽 6 1보다 큰 소수끼리의 곱셈

❶ 1.95 ❷ 19.04 ❸ 21.28
❹ 7.661 ❺ 53.418 ❻ 7.452
❼ 28.602 ❽ 3.5568 ❾ 20.5048
❿ 10.08 ⓫ 18.27 ⓬ 41.4
⓭ 10.878 ⓮ 34.816 ⓯ 10.152
⓰ 13.62 ⓱ 5.8348 ⓲ 27.04

25쪽 7 자연수와 소수의 곱셈에서 곱의 소수점 위치

❶ 6, 60, 600 ❷ 4.1, 41, 410 ❸ 1.29, 12.9, 129
❹ 49, 490, 4900 ❺ 35.6, 356, 3560 ❻ 72.84, 728.4, 7284
❼ 2.6, 0.26, 0.026 ❽ 7.4, 0.74, 0.074 ❾ 8, 0.8, 0.08
❿ 13, 1.3, 0.13 ⓫ 50.2, 5.02, 0.502 ⓬ 61.7, 6.17, 0.617
⓭ 472.1, 47.21, 4.721 ⓮ 834, 83.4, 8.34 ⓯ 963.5, 96.35, 9.635

26쪽 8 소수끼리의 곱셈에서 곱의 소수점 위치

❶ 0.28, 0.028, 0.0028 ❷ 0.54, 0.054, 0.0054 ❸ 0.85, 0.085, 0.0085
❹ 1.5, 0.15, 0.015 ❺ 2.64, 0.264, 0.0264 ❻ 5.67, 0.567, 0.0567
❼ 12.98, 1.298, 0.1298 ❽ 17.76, 1.776, 0.1776 ❾ 23.52, 2.352, 0.2352
❿ 7.82, 0.782, 0.0782 ⓫ 13.87, 1.387, 0.1387 ⓬ 2.976, 2.976, 0.2976

5. 직육면체

27쪽 1 직육면체와 정육면체

❶ (○)( )( ) ❷ ( )(○)( )
❸ ( )(○)( ) ❹ ( )( )(○)
❺ ( )(○)( ) ❻ (○)( )( )
❼ ( )( )(○) ❽ ( )( )(○)
❾ 모서리, 면, 꼭짓점 ❿ 면, 모서리, 꼭짓점

28쪽 2 직육면체의 성질

❶ 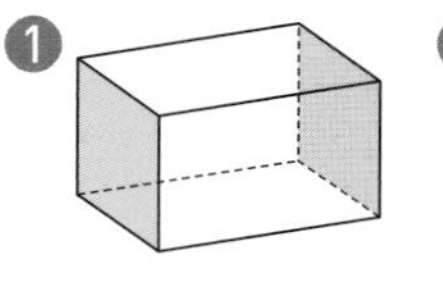 ❷ 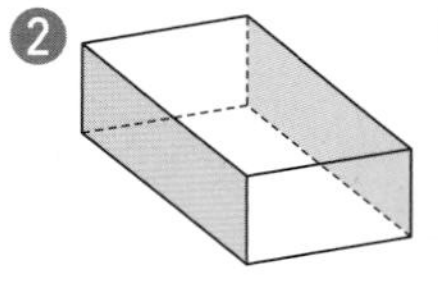 ❸ 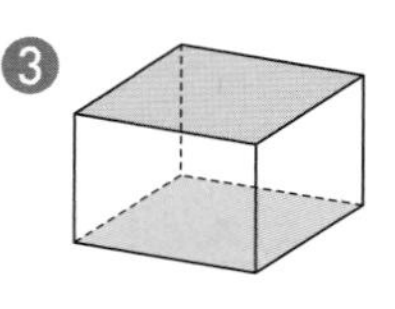

❹ 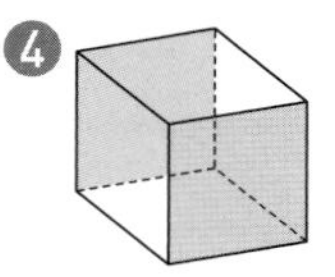 ❺ 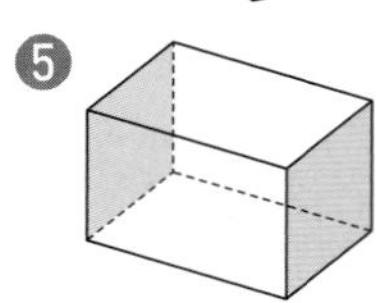 ❻ 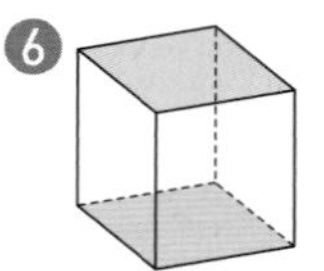

❼ 면 ㄱㅁㅂㄴ, 면 ㅁㅂㅅㅇ, 면 ㄹㅇㅅㄷ, 면 ㄱㄴㄷㄹ ❽ 면 ㄱㄴㄷㄹ, 면 ㄴㅂㅅㄷ, 면 ㅁㅂㅅㅇ, 면 ㄱㅁㅇㄹ
❾ 면 ㄱㄴㄷㄹ, 면 ㄷㅅㅇㄹ, 면 ㅁㅂㅅㅇ, 면 ㄴㅂㅁㄱ ❿ 면 ㄱㅁㅂㄴ, 면 ㄴㅂㅅㄷ, 면 ㄹㅇㅅㄷ, 면 ㄱㅁㅇㄹ
⓫ 면 ㄴㅂㅅㄷ, 면 ㄷㅅㅇㄹ, 면 ㄱㅁㅇㄹ, 면 ㄴㅂㅁㄱ ⓬ 면 ㄱㄴㄷㄹ, 면 ㄴㅂㅅㄷ, 면 ㅁㅂㅅㅇ, 면 ㄱㅁㅇㄹ

29쪽 3 직육면체의 겨냥도

❶ ( ) (○) ( )

❷ (○) ( ) ( )

❸ ( ) ( ) (○)

❹

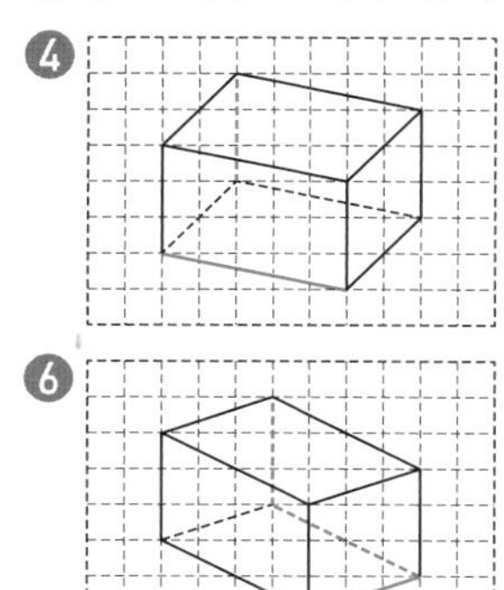

❺ ❻ ❼

30쪽 4 정육면체의 전개도

❶ ( ) (○)

❷ ( ) (○)

❸

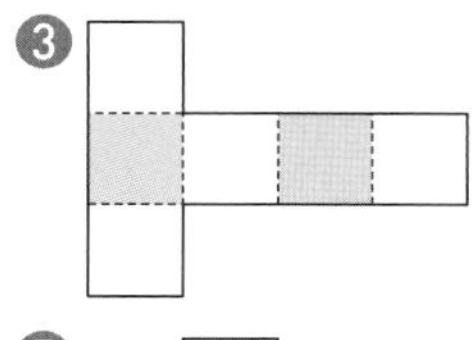

❹

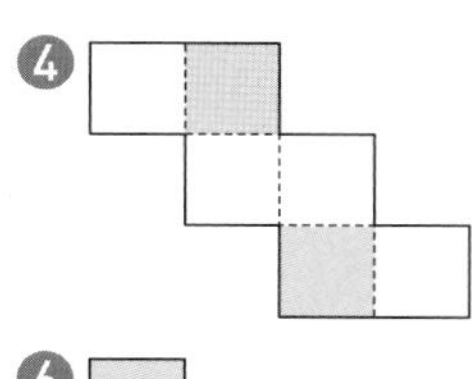

❺

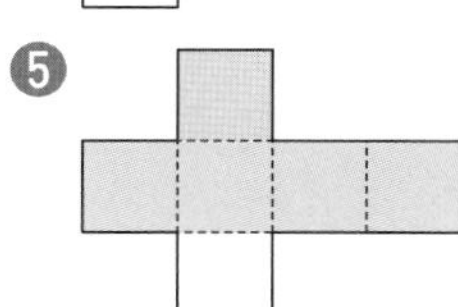

❻

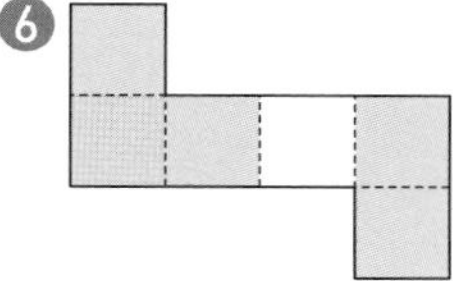

31쪽 5 직육면체의 전개도

❶ ( ) (○)

❷ (○) ( )

❸

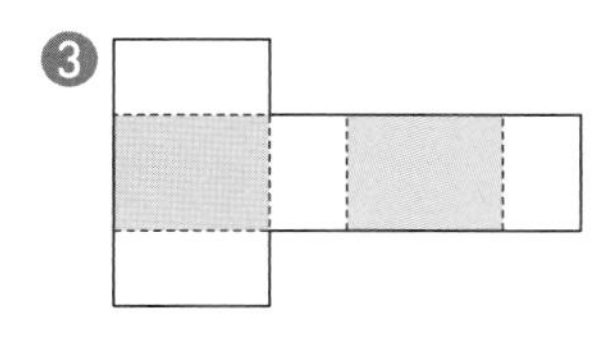

❹

❺

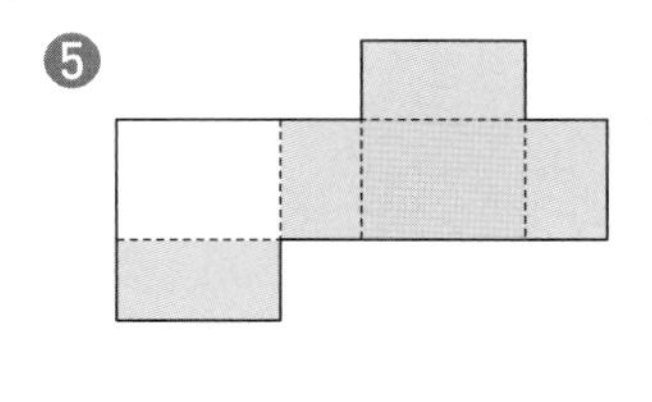

❻

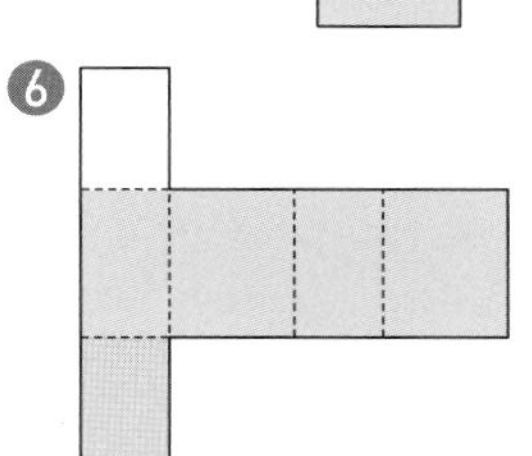

6. 평균과 가능성

33쪽 1 평균

❶ 7
❷ 10
❸ 29
❹ 42
❺ 67
❻ 99
❼ 5개
❽ 23 m
❾ 83점
❿ 144 cm

34쪽 2 일이 일어날 가능성을 말로 표현하고 비교하기

❶ 예

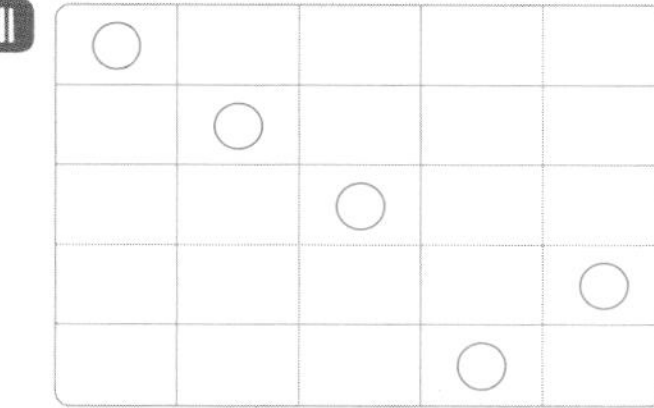

❷ ㉮

❸ ㉯

❹ ㉮, ㉱, ㉰, ㉯, ㉮

35쪽 3 일이 일어날 가능성을 수로 표현하기

❶ 불가능하다 / 0

❷ 반반이다 / $\frac{1}{2}$

❸ 확실하다 / 1

❹ 0

❺ $\frac{1}{2}$